高等职业教育园林类专业系列教材

园林设计初步 第4版

YUANLIN SHEJI CHUBU

主　编　刘　磊

副主编　钟建民　朱晓霞　唐贤巩　付晓渝

主　审　朱　捷

重庆大学出版社

内容提要

本书是高等职业教育园林类专业系列教材之一,它是以"基础知识+技法流程+范例"的形式编写的。内容有:园林概述、构成要素及园林与社会的关系,中外古典园林及中外古典建筑基础知识;风景园林表现技法如线条、字体、钢笔画、测绘图、水彩渲染、淡彩、水粉表现图及模型制作等,并强调风景园林素材的表现;形态构成设计基础包括平面构成、立体构成、色彩构成及空间构成;风景园林设计入门方法包括对设计的认识、空间的认知及设计的过程。

本书重点突出,形式新颖,图文并茂,注重提高学生的学习兴趣和艺术鉴赏力。本书按照认知过程的顺序,由易到难,通俗实用,通过本书的学习,能将基础知识、基本技法运用到实践中,并培养一定的创新思维能力和实践动手能力。本书配有电子教案,可扫描封底二维码查看,并在电脑上进入重庆大学出版社官网下载。书中还有 37 个授课视频,可扫书中二维码学习。

本书可作为园林工程、园林技术、风景园林、环艺、建筑、艺术等设计相关专业学生的教材,也适合从事园林景观设计、环境艺术设计及城市规划工作的初、中级读者阅读。

图书在版编目(CIP)数据

园林设计初步/刘磊主编. -- 4 版. -- 重庆:重庆大学出版社,2023.1(2024.1 重印)
高等职业教育园林类专业系列教材
ISBN 978-7-5624-7903-1

Ⅰ. ①园… Ⅱ. ①刘… Ⅲ. ①园林设计—高等职业教育—教材 Ⅳ. ①TU986.2

中国版本图书馆 CIP 数据核字(2022)第 122118 号

园林设计初步
(第4版)

主　编　刘　磊
副主编　钟建民　朱晓霞　唐贤巩　付晓渝
主　审　朱　捷
责任编辑:何　明　　版式设计:莫　西　何　明
责任校对:关德强　　责任印制:赵　晟

*
重庆大学出版社出版发行
出版人:陈晓阳
社址:重庆市沙坪坝区大学城西路 21 号
邮编:401331
电话:(023) 88617190　88617185(中小学)
传真:(023) 88617186　88617166
网址:http://www.cqup.com.cn
邮箱:fxk@ cqup.com.cn(营销中心)
全国新华书店经销
重庆长虹印务有限公司印刷
*
开本:787mm×1092mm　1/16　印张:16.25　字数:481 千　插页:16 开 16 页
2014 年 1 月第 1 版　2023 年 1 月第 4 版　2024 年 1 月第 10 次印刷
印数:23 001—28 000
ISBN 978-7-5624-7903-1　定价:57.00 元

编委会名单

主　任　江世宏

副主任　刘福智

编　委（按姓氏笔画为序）

卫　东	方大凤	王友国	王　强	宁妍妍
邓建平	代彦满	闫　妍	刘志然	刘　骏
刘　磊	朱明德	庄夏珍	宋　丹	吴业东
何会流	余　俊	陈力洲	陈大军	陈世昌
陈　宇	张少艾	张建林	张树宝	李　军
李　璟	李淑芹	陆柏松	肖雍琴	杨云霄
杨易昆	孟庆英	林墨飞	段明革	周初梅
周俊华	祝建华	赵静夫	赵九洲	段晓鹃
贾东坡	唐　建	唐祥宁	秦　琴	徐德秀
郭淑英	高玉艳	陶良如	黄红艳	黄　晖
彭章华	董　斌	鲁朝辉	曾端香	廖伟平
谭明权	潘冬梅			

编写人员名单

主　编　刘　磊　西南大学

副主编　钟建民　云南林业职业技术学院

　　　　朱晓霞　甘肃农业大学

　　　　唐贤巩　湖南农业大学

　　　　付晓渝　苏州大学

参　编　陈　霞　云南林业职业技术学院

　　　　张婷婷　重庆建筑工程职业学院

　　　　刘会颖　四川建筑职业技术学院

　　　　徐海顺　南京林业大学

　　　　李陆娟　重庆市轻工业学校

　　　　冯　艳　河南农业大学

主　审　朱　捷　重庆大学

前　言

"园林设计初步"是园林专业学生的一门重要的专业基础课。高等职业教材需要突出其特色，注重培养学生的实践能力，对于基础理论知识，采用"实用为主，必须和够用为度"的原则，而基本技能训练则应该贯彻课程始终。本课程是低年级学生接触园林设计的第一门课程，教材确定三个方面的主要教学目标：一是通过学习风景园林的概念、发展等了解风景园林设计的背景知识；二是通过技法训练掌握风景园林设计的基本表现手法；三是通过造型设计训练及小空间调查、设计初步培养学生的设计思维。通过学习本书，初学者能了解专业的基本知识，掌握园林设计表达技术，初步训练设计思维，通过本阶段的学习为进一步学习园林规划、设计、工程等高年级专业课程作好准备。

本书内容共分两部分五章。园林基础知识部分包括：第1章园林的概述、园林的构成要素及园林与社会的关系；第2章中外园林基本知识部分，包括中国古典园林、外国古典园林、近现代园林及中外古建筑基础知识。园林表现及设计能力训练部分包括：第3章园林表现技法，内容有园林制图基础知识及常用园林表现技法如线条练习、字体练习、钢笔画、测绘图、水彩渲染、淡彩、水粉表现图及模型制作等并强调风景园林素材的表现；第4章形态构成设计基础，包括平面构成、立体构成、色彩构成及空间构成；第5章风景园林设计入门，包括风景园林设计的认识、风景园林空间认知，并通过风景园林设计作业了解设计的过程。

本书有以下特点：

一、通俗实用，强化能力。本书采用学生认知过程的顺序，由易到难，由一般问题到特殊问题，通过本教材的学习，学生能将所学知识直接运用到实践中，能掌握园林制图的基本知识、园林造景要素的表现方法、形态构成设计和风景园林设计入门的一些基本方法，并培养一定的创新思维能力和实践动手能力。

二、重点突出，形式新颖。以风景园林的概念、组成要素、发展概况为铺垫，重点讲述风景园林的不同表现技法、形态构成设计及风景园林设计入门。

三、注重实践。每一章均配以适量的实训练习，结合讲课内容完成技法训练及简单设计。

四、书中含37个授课视频，可扫码学习。

本书由刘磊担任主编，钟建民、朱晓霞、唐贤巩、付晓渝任副主编，重庆大学朱捷教授担任主审。具体编写任务如下：南京林业大学的徐海顺编写第1章；苏州大学的付晓渝编写第2章1、2节；河南农业大学的冯艳编写第3章第1节，甘肃农业大学的朱晓霞编写第3章第2、3节；湖南农业大学的唐贤巩编写第4章第1、2、3、4节；西南大学的刘磊编写第2章第3节、第4章第5节及第5章；云南林业职业技术学院钟建民、陈霞编写各章实训。重庆建筑工程职业学院张婷婷、四川建筑职业技术学院刘会颖和重庆市轻工业学校李陆娟参加了编写。全书由刘磊统稿。

在本书的编写过程中,得到西南大学园艺与园林学院叶敏、陈岚、吴春燕、薛彦斌的鼎力相助,以及重庆大学出版社何明编辑的大力支持,在此一并表示衷心感谢!同时,在本书编写过程中参阅并引用了大量相关研究成果和资料,在此向有关作者表示真诚谢意。

由于我们的水平有限,书中缺点和错误在所难免,希望能得到有关专家和广大读者的批评指正,以便今后进一步修改完善。

编　者

2022 年 10 月

目　录

1 风景园林基础知识

[本章导读]

本章提出了风景园林的概念和范围,介绍了风景园林学科的知识构成以及风景园林的三大关系,重点讲述组成园林的物质要素:植物、建筑、地形与道路和水体,从园林设计的角度简要地介绍它们在园林设计空间布局方面的特征。通过本章的学习,应熟练掌握风景园林的相关概念,了解风景园林的基本构成要素以及空间布局形式,并对风景园林学科的知识体系达到初步了解的程度。

1.1 概 述

1.1.1 风景园林释义

园林的基本概念

园林的学科范畴及功能

1)风景园林的定义

风景园林是一个动态的概念,它随着社会历史和人类认识的发展而变化着,不同的阶段有不同的内容和适用范围,但不同的历史阶段风景园林有其共性。《中国大百科全书》中对风景园林的定义是:在一定的地域运用工程技术和艺术手段,通过改造地形(或进一步筑山、叠石、理水)、种植树木花草、营造建筑和布置园路等途径创作而成的美的自然环境和游憩境域。由此可知,园林是一种环境和境域,园林和建筑有相同的本质,即二者同为"空间"。

通常人们把 19 世纪中期以来的园林称为现代风景园林(Landscape Architecture)。随着工业革命带来的社会、文化的变革,经历了经济飞速增长以及快速城市化发展所带来的人口、交通、资源、环境方面的诸多问题,如何避免城市环境恶化就成了规划建设的首要任务,这在客观上促进了真正意义上的现代风景园林学的诞生。"美国风景园林之父"弗雷德里克·劳·奥姆斯特德(Frederick Law Olmsted,1822—1903 年,图

图 1.1 风景园林师奥姆斯特德

1.1)于 1858 年在其与同伴共同参与的纽约中央公园设计建设中(图1.2),首次提出了"风景园林(Landscape Architecture)"的概念,强调建筑与自然景观和环境的和谐一致。他将自己所从事的职业称为风景园林师(Landscape Architect)。他的儿子小奥姆斯特德于 1900 年,在哈佛大学设立美国乃至世界上第一个现代风景园林专业。奥姆斯特德推动了现代风景园林职业的诞生和发展:1863 年,现代风景园林学科诞生;1899 年,美国风景园林师协会(ASLA)成立;1948 年,国际风景园林师联合会(IFLA)成立。

对于 20 世纪风景园林(L. A.)这一学科和职业,IFLA 在其章程的宗旨中是这样阐述的:鉴

图1.2　美国纽约中央公园

于世界各国人民的长远健康、幸福和欢乐,是要建立在人们与他们的生存环境和谐共处和明智地利用资源的基础之上的。又由于那些增长的人口,加之迅速发展的科学技术能力,导致了人们在社会上、经济上和物质上对资源需求的不断增长!又由于为了满足那些对资源不断增长的需求而不致恶化环境和浪费资源,这就要有一种与自然系统、自然界的演化进程和人类社会发展的关系相密切联系的专门知识、专门技能和专门经验。这些专门的合格的知识、技能和经验,我们已在L.A.这个专业的实践工作中找到了。这就是风景园林这个学科和专业的现代概念。

2)风景园林的范围和类型

(1)风景园林的范围　现代风景园林是"一门只有百余年历史的专业,但它存在的历史却像艺术一样古老"(诺曼·牛顿),这说明风景园林不仅内涵丰富,而且处于不断的变化之中。随着社会的发展,园林逐渐摆脱建筑的束缚,园林的范围不再局限于庭园、庄园、别墅等单个相对独立的空间范围,而是扩大到城市环境、风景区、自然保护区、大地景观等区域,涉及人类的各种生存空间,其服务对象也从少数上层阶级,转变为公众,社会各个阶层对公园和开放空间价值都有了一致的认同。

现代风景园林学科所涉及的知识面较广,所以,风景园林规划设计所涉及的研究内容及范围也相当广泛。根据《大英百科全书》的解释,其主要包含庭院及景观设计(Garden and Land-scape Design)、基地规划(Site Planning)、土地规划(Land Planning)、纲要规划(Master Planning)、都市设计(Urban Design)和环境规划(Environmental Planning)等方面。

我国园林学科的创始人之一北京林业大学教授孙筱祥先生认为,当前我国风景园林主要从事下列两项工作:一是保护和规划国家、地方风景名胜区,国家自然保护区,国家森林草原、牧场、湿地、河流湖泊、海滨、岛屿等原始地区;二是城市园林绿地系统,城市、居住区园林绿地设计,大型公园、郊区公园设计,工矿、机关、医院、学校、郊区风景区、旅游休闲胜地、度假村等园林绿地设计。它包括从古典的小面积的庭园、花园、公园等地形地貌设计,道路、建筑,叠石堆山及种植设计,一直到现代整个大城市园林绿地系统工程的规划设计和建设;从一个小园林的设计一直到宏观的,涉及土地利用、自然资源的经营管理、农业区域的变迁与发展、大地生态的保护、城镇和大城市的园林绿地系统规划。

(2)风景园林的类型　依据园林所处的位置,我们可以将风景园林划分为两种类型。

①城市内的风景园林类型:包括城市公共园林类型,如公园、游园、广场、林荫道等,以及城市内的单位附属园林,如居住区环境、单位庭院等。

②城市外的风景园林类型:风景区、森林公园、自然保护区、农业观光园等。

其中,城市园林绿地按照最新《城市绿地分类标准》(CJJ/T 85—2017),分为公园绿地、防护绿地、广场用地、附属绿地、区域绿地等5大类(表1.1):

表 1.1　城市绿地分类表

类别代码			类别名称	内容与范围	备　注
大类	中类	小类			
G1			公园绿地	向公众开放,以游憩为主要功能,兼具生态、景观、文教和应急避险等功能,有一定游憩和服务设施的绿地	
	G11		综合公园	内容丰富,适合开展各类户外活动,具有完善的游憩和配套管理服务设施的绿地	
	G12		社区公园	用地独立,具有基本的游憩和服务设施,主要为一定社区范围内居民就近开展日常休闲活动服务的绿地	
	G13		专类公园	具有特定内容或形式,有相应的游憩和服务设施的绿地	
		G131	动物园	在人工饲养条件下,移地保护野生动物,供观赏、普及科学知识,进行科学研究和动物繁育,并具有良好设施的绿地	
		G132	植物园	进行植物科学研究、引种驯化、植物保护,并供观赏、游憩及科普等活动,具有良好设施和解说标识系统的绿地	
		G133	历史名园	体现一定历史时期代表性的造园艺术,需要特别保护的园林	
		G134	遗址公园	以重要遗址及其背景环境为主形成的,在遗址保护和展示等方面具有示范意义,并具有文化、游憩等功能的绿地	
		G135	游乐公园	单独设置,具有大型游乐设施,生态环境较好的绿地	绿化占地比例应大于或等于65%
		G139	其他专类公园	除以上各种专类公园外,具有特定主题内容的绿地。主要包括儿童公园、体育健身公园、滨水公园、纪念性公园、雕塑公园以及位于城市建设用地内的风景名胜公园、城市湿地公园和森林公园等	绿化占地比例宜大于或等于65%
	G14		游园	除以上各种公园绿地外,用地独立,规模较小或形状多样,方便居民就近进入,具有一定游憩功能的绿地	
G2			防护绿地	用地独立,具有卫生、隔离、安全、生态防护功能,游人不宜进入的绿地。主要包括卫生隔离防护绿地、道路及铁路防护绿地、高压走廊防护绿地、公用设施防护绿地等	

续表

类别代码			类别名称	内容与范围	备　注
大类	中类	小类			
G3			广场用地	以游憩、纪念、集会和避险等功能为主的城市公共活动场地	绿化占地比例宜大于或等于35%；绿化占地比例大于或等于65%的广场用地计入公园绿地
XG			附属绿地	附属于各类城市建设用地（除"绿地与广场用地"）的绿化用地。包括居住用地、公共管理与公共服务设施用地、商业服务业设施用地、工业用地、物流仓储用地、道路与交通设施用地、公用设施用地等用地中的绿地	
	RG		居住用地附属绿地	居住用地内的配建绿地	
	AG		公共管理与公共服务设施用地附属绿地	公共管理与公共服务设施用地内的绿地	
	BG		商业服务业设施用地附属绿地	商业服务业设施用地内的绿地	
	MG		工业用地附属绿地	工业用地内的绿地	
	WG		物流仓储用地附属绿地	物流仓储用地内的绿地	
	SG		道路与交通设施用地附属绿地	道路与交通设施用地内的绿地	
	UG		公用设施用地附属绿地	公用设施用地内的绿地	
EG			区域绿地	位于城市建设用地之外，具有城乡生态环境及自然资源和文化资源保护、游憩健身、安全防护隔离、物种保护、园林苗木生产等功能的绿地	不参与建设用地汇总，不包括耕地
	EG1		风景游憩绿地	自然环境良好，向公众开放，以休闲游憩、旅游观光、娱乐健身、科学考察等为主要功能，具备游憩和服务设施的绿地	
		EG11	风景名胜区	经相关主管部门批准设立，具有观赏、文化或者科学价值，自然景观、人文景观比较集中，环境优美，可供人们游览或者进行科学、文化活动的区域	

续表

类别代码			类别名称	内容与范围	备注
大类	中类	小类			
EG		EG12	森林公园	具有一定规模,I自然风景优美的森林地域,可供人们进行游想成科学、文化、教育活动的绿地	
		EG13	湿地公园	以良好的湿地生态环境和多样化的湿地景观资源为基础,具有生态保护、科普教育、湿地研究、生态休闲等多种功能,具备休憩和服务设施的绿地	
		EG14	郊野公园	位于城区边缘,有一定规模、以郊野自然景观为主,具有亲近自然、游憩休闲、科普教育等功能,具备必要服务设施的绿地	
		EG19	其他风景游憩绿地	除上述外的风景游想绿地,主婴包括野生动植物园、遗址公园、地质公园等	
	EG2		生态保育绿地	为保障城乡生态安全,改善景观质量而进行保护、恢复和资源培育的绿色空间。主要包括自然保护区、水源保护区、湿地保护区、公益林、水体防护林、生态修复地、生物物种栖息地等各类以生态保育功能为主的绿地	
	EG3		区域设施防护绿地	区域设施指具有安全、防护、卫生、隔离作用的绿 城市建设用地。主要包括各级公路、铁路、输变电地外的设施设施、环卫设施等周边的防护隔离绿化用地	区域设施指城市建设用地外的设施
	EG4		生产绿地	为城乡绿化美化生产、培育、引种试验各类苗木、花草、种子的苗圃、花圃、草圃等圃地	

1.1.2 风景园林的功能

风景园林是面对户外空间环境,以生态环境、功能活动和文化审美为主要内容,受多学科交叉影响的综合性学科,生态、游憩、审美是风景园林的主要功能。

1)生态功能

城市里的绿色主体是园林绿地系统,这些有生命的绿色植物在城市中具有不可替代和估量的生态功能。园林绿地系统是城市生态系统的重要组成部分,它通过一系列的生态效应,净化城市空气、改善城市气候、增强城市抗灾能力、提供城市野生动物生境、维持城市生物多样性;它给城市生态环境以反馈调节作用,是完善城市生存环境和维持自然生态平衡的关键。

（1）净化空气、水体和土壤

①净化空气。城市园林中大量的植物进行光合作用时可以吸收二氧化碳，释放氧气，维持碳氧平衡，城市园林是名副其实的城市绿肺。

②净化水体。园林植物特别是水生植物和沼生植物，可以很大程度地净化城市污染水体，去除水体中的污染物和有毒有害物质。

③净化土壤。对于土壤中的有害物质和细菌，园林系统也有很好的净化和杀菌作用，从而减少对人类造成的伤害。

（2）改善城市小气候

①调节温度。园林植物具有很好的吸热、遮阴的作用，它可以吸收太阳辐射热，并通过其叶片的大量蒸腾水分，吸收环境中的大量热能，从而消耗城市中的辐射热和来自路面、墙面和相邻物体的反射热而产生降温增湿效益，缓解城市的热岛和干岛效应，改善人居环境。

②调节湿度。绿色植物，尤其是乔木林，具有较强的蒸腾能力，使绿地区域空气的相对湿度和绝对湿度都比未绿化区域要大。

③调节气流。城市园林绿地对气流的调节作用表现在形成城市通风道和形成防风屏障两个方面。

（3）降低噪声　风景园林对于控制和降低城市噪声也有一定的作用，当声波投射到树木叶片上后，有的被吸收，有的被反射到各个方向，造成树叶微振，使声的能量消耗而减弱。

（4）减灾防灾

①防火避灾。随着全球生态系统的破坏，各种灾害日益增多。在防灾减灾体系的诸多"构件"中，园林绿地系统占有十分重要的位置，它的作用甚至是其他类型的城市空间所无法替代的。

②防风固沙。随着土地沙漠化问题日益严重，城市沙尘暴已经成为影响城市环境，制约城市发展的一个重要因素。植树造林、保护草场是防止风沙污染城市的一项有效措施。

③涵养水源，保持水土。园林绿地对涵养水源、保持水土、防止泥石流等自然灾害有着重要的生态功能。

④有利备战防空和防御放射性污染。有些园林植物还可用于绿化覆盖军事要塞、保密设施等，起隐蔽作用。

（5）提供野生动物生境，维持城市生物多样性　城市中不同群落类型配置的绿地可以为不同的野生动物提供栖息的生活空间，另外与城市道路、河流、城墙等人工元素相结合的带状绿地形成了城市中优质空间，保证了动物迁徙通道的畅通，提供了基因交换、营养交换所必需的空间条件，使鸟类、昆虫和鱼类和一些小型哺乳动物得以在城市中生存。

2）游憩功能

游憩功能是园林绿地最常规的使用功能，园林中可以提供观赏、休息和其他娱乐活动供人们放松身心。

（1）娱乐健身　娱乐健身活动功能是园林绿地的主要功能之一。园林绿地是人们日常游憩活动的场所，是人们锻炼身体、消除疲劳、恢复精力、调剂生活的理想场所。市民的休息娱乐活动属于自发性活动或社会性活动，其活动质量的好坏多依赖于环境载体的情况。这些环境包括：城市中的公园、街头小游园、城市林荫道、广场、居住区公园、小区公园、组团院落绿地等园林绿地。人们日常的娱乐可分为动、静两类，其活动内容主要包括：

①文娱活动。如弈棋、音乐、舞蹈、戏剧、电影、绘画、摄影、阅览等。

②体育活动。如田径、游泳、球类、体操、武术、划船、溜冰、滑雪等。

③儿童活动。有滑(如滑梯)、转(如电动转马)、摇(如摇船)、荡(如荡秋千)、钻(如钻洞)、爬(如爬梯)、乘(如乘小火车)等。

④安静休息。如散步、坐息、钓鱼、品茶、赏景等。

(2)社会交往　社会交往是园林绿地的重要功能之一。公共园林绿地则为人们的社会交往活动提供了不同类型的开放空间。园林绿地中,大型空间为公共性交往提供了场所;小型空间是社会性交往(指相互关联人们的交往)的理想选择;私密性空间给最熟识的朋友、亲属、恋人等提供了良好氛围。

(3)观光游览　我国的风景名胜区无论是自然景观还是人文景观都非常丰富,中国古典园林的艺术水平很高,被誉为"世界园林之母"。桂林山水、黄山奇峰、泰山日出、峨眉秀色、青岛海滨等郁郁葱葱的自然景观都为人们提供了优美的旅游度假去处,使人们感受到大自然的秀美风光。西湖胜境、苏州园林、嵩山古刹、北京故宫等园林与历史古迹也都值得国内外的游客参观游览。总之,这些自然风景区、城市园林绿地与人文景观是很好的观光游览资源,是发展旅游业的优越条件。

(4)度假疗养　植物对人类有着一定的心理调节功能。随着医学和心理学的发展,人们不断深化对这一功能的认识。著名未来预测学家格雷厄姆·T. T. 莫利托认为,休闲是新千年全球经济发展的五大推动力中的第一引擎。新千年"一个以休闲为基础的新社会有可能出现",休闲将在人类生活中扮演更为重要的角色。在城市郊区的森林、水域、山地或郊野公园等绿地,往往景色优美、气候宜人、空气清新、水质纯净,如海滨、水库、高山、温泉等风景名胜区以及森林公园,对于饱受城市环境污染和快节奏工作压力的现代人来说,这些地方无疑是缓解压力、恢复身心健康的最佳休息、疗养场所。

(5)科普教育　园林绿地是进行文化宣传、开展科普教育的场所,特别是科普知识型园林,它属于生态教育的范畴,是以生态学为依据,传播生态知识和生态文化,提高人们的生态意识及生态素养,塑造生态文明风尚。

3)审美功能

风景园林是一种综合大环境的概念,它是在自然景观基础上,通过人为的艺术加工和工程措施而形成的。风景园林设计是结合美学、艺术、绘画、文学等方面的综合知识,尤其是美学的运用,力求创造美妙景致的艺术门类。所以,风景园林的审美价值是评价园林的重要标准之一,而细分风景园林的审美功能则可分为以下几点:

(1)自然美　在园林中,凡不加以人工雕琢的自然事物,如泰山日出、钱江海潮、黄山云海、黄果树瀑布、峨眉佛光、云南石林等,其声音、色泽和形状都能令人身心愉悦,产生美感,并能寄情于景的,都是自然美。

(2)生活美　园林是一个可游、可憩、可赏、可居、可学、可食的综合活动空间,满意的生活服务,健康的文化娱乐,清洁卫生的环境,交通便利与治安保证,都将怡悦人们的性情,带来生活的美感。

(3)艺术美　人们在欣赏和研究自然美、创造生活美的同时,孕育了艺术美。艺术美应是自然美和生活美的提炼,自然美和生活美是创造艺术美的源泉。尤其是中国传统园林的造景,虽然取材于自然山水,但并不像自然主义那样,把具体的一草一木、一山一水加以机械模仿,而是集天下名山胜景,加以高度概括和提炼,力求达到"一峰则太华千寻,一勺则江湖万里"的神似境界,这就是艺术美。康德和歌德称艺术美为"第二自然"。

还有 些艺术美的东西,如音乐、绘画、照明、书画、诗词、碑刻、园林建筑以及园艺等,都可以组织到园林中来,丰富园林景观和游赏内容,使对美的欣赏得到加强和深化。

1.1.3　风景园林学科的知识构成

风景园林是一门涉及艺术、建筑、工程、生态、生物、文学等多学科的综合性应用学科,在自然科学方面涉及生物学、生态学、农学、林学、园艺学、地理学、建筑学、城市规划学、土木工程学、地质学、气象学、水文学、土壤学等学科;在社会科学方面涉及政治学、社会学、经济学、心理学、法学以及文学、美学、绘画等文化领域的学科;当前更拓展到地理信息系统、航空遥感、卫星定位等多个学科领域。因此,风景园林专业学生应将各类自然与人文科学知识进行高度的综合,并融会贯通于风景园林之中,和谐处理自然、建筑和人类活动之间的复杂关系。

1)历史、艺术、表现类知识

园林在某种意义上而言,是以人为中心的环境感知,是基于视觉的所有形态及其感受的风景审美和美学艺术。文学是时间的艺术,绘画是空间的艺术,而园林中的景物既需"静观",也要"动观",即在游动、行进中领略欣赏,故园林是时空综合的艺术。园林美是园林设计师对生活、自然的审美意识和优美的园林形式的有机统一,从最早的造园开始,以审美、娱乐为主要目的的物质空间营造便是园林学科的核心价值观和指导思想,因而园林创作应运用艺术门类之间的触类旁通,将诗画艺术与园林艺术融为一体,使得园林从总体到局部都包含浓郁的诗情画意的情趣与体验意境。

此外,风景园林专业的核心是规划设计,而规划设计成果的表现方式是图文(图纸和文本、说明书),因而扎实的文字功底、较强的手绘表现能力、熟练的绘图软件操作技能以及制图的规范化训练,是风景园林专业教育中必不可少的重要内容。

2)农学、园艺学、生态类知识

风景园林与农学、林学及园艺学也有密切的关系。农学为研究农业发展改良的学科,农业是利用土地来畜养种植有益于人类的动植物,以维持人类的生存和发展,以土地作为主要经营对象。风景园林也以土地为载体进行规划设计和建造,是经营大地的艺术,注重空间的塑造和精神满足。农学和农业以生产物质资料为主,视觉上的精神享受为辅,农学和农业的发展促进了风景园林的发展,风景园林在某种程度上可以说是农业和农学发展的结果。植物是风景园林的重要构成要素,对造园的重要性是不言而喻的。园艺学分为生产园艺和装饰园艺,前者以经营果树、蔬菜及观赏植物(花卉)等栽培及果蔬的处理加工生产为主,后者包括室内花卉及室外土地装饰,以花卉装饰及盆栽植物利用为主。风景园林则以利用园艺植物、美化土地为主,进行庭院、公园及规模更大的风景园林的规划设计。

在严峻的环境危机和人地关系危机面前,风景园林设计表现出了对人与自然关系的强烈关注。20世纪60年代以后,以 I. McHarg(麦克·哈格)的 *Design with Nature*(1969)为代表的(景观)生态规划,将生态学思想运用到风景园林设计中,赋予了 LA 学科从拯救城市走向拯救人类、拯救大地的历史使命。风景园林学首先是科学,然后才是艺术;风景园林要解决的是"一切关于人类使用土地及户外空间的问题"(西蒙兹)。因而,应用生态学原理解决人类所面临的资源环境问题,已成为当前风景园林学科的时代特征,我们的设计应尊重自然,使人在谋求自我利益的同时,保护自然过程和格局的完整性,从而实现对于资源环境的保护、恢复和创造。把风景园林设计与生态学完美地融合起来的趋势,开辟了生态化风景园林设计的科学时代,也产生了更为广泛意义上的生态设计。

3)景观规划设计、管理类知识

传统园林以封闭性的庭园为主要形式,现代园林以开敞的公共园林、城市绿化等人居环境建设为主要特征。园林的范畴随着人类对自然认识的加深而不断扩大,尤其是生态学思想的引入,使风景园林设计的思想和方法发生了重大转变,风景园林的应用范围已扩展到多种多样的景观类型和领域。风景园林设计不再停留在花园设计的狭小天地,它开始介入更为广泛的环境规划与设计领域。从类型上看,现代风景园林师已广泛参与了国土规划、土地利用规划、资源保护规划、流域规划、区域规划、风景名胜区规划、旅游区规划、自然保护区规划、地质公园规划、城市规划、城市绿地系统规划、生态整治与恢复等规划设计领域;从尺度上看,现代风景园林包括宏观尺度的国土、流域、区域和土地利用等综合规划,中尺度的旅游区、风景名胜区、自然保护区、地质公园以及城市市域空间,小尺度的城市公园、居住区、城市地段和街区以及更小尺度的场地设计等领域,形成了大尺度、中尺度与微观尺度相补充的尺度体系。对不同尺度的景观规划设计与管理类专业知识的学习与积累是风景园林专业学科的核心范畴。

4)建筑、工程建造类知识

风景园林与建筑学专业是一脉相承的,风景园林和建筑学存在着许多的交叉领域,扎实的建筑学基础,如建筑力学与结构、建筑构造与选型、建筑历史与艺术等十分有助于风景园林专业的学习。

正如已故园林学先驱李嘉乐先生所言,风景园林建设不仅需要规划、设计,还需要施工、养护、植物培育等各个环节,因而风景园林专业学科体系也离不开工程、管理、维护等知识的支撑,如工程测量、土木工程、施工与养护、工程材料学、工程造价与预决算、给排水、水利、管线工程等。园林工程按工程项目及专业工种可分为园林土建、绿化工程(种植工程)、园林供电照明、园林给排水、雕塑工程等。其中园林土建工程中包括园林土方、园林筑山、园林建筑、园林小品、园路广场工程等。园林工程的施工管理是一项实践性很强的工作,要求工程人员既要有精深的园林工程管理知识,又要具备丰富的指导和控制现场施工、较高的艺术审美水平等方面的经验和能力,只有这样才能在保证工程质量、成本、进度的前提下,把园林工程的科学性、技术性、艺术性等有机地结合起来。

此外,园林行业有句俗语叫"三分靠种,七分靠养",说的是一个成功的园林景观仅仅有优秀的设计和创意、严格的施工管理是不够的,更重要的是项目建成后的园林绿化养护管理。园林绿化管理的水平直接决定着景观的效果,好的园林绿化管理是对园林景观的二次升华,因而风景园林专业的学生也不能忽视对这方面知识的学习。

5)新技术手段类知识

当前,生态主义的设计早已不是停留在论文或图纸上的空谈,也不再是少数设计师的实验,生态主义已成为风景园林设计师内在的和本质的思考,在设计中对生态的追求已经与对功能和形式的追求同等重要,有时甚至超越了后者,占据了首要位置。尊重自然发展过程,倡导能源与物质的循环利用和场地的自我维持,可持续景观技术的思想贯穿于风景园林设计、建造和管理的始终。这就需要有一种与自然系统、自然演变进程和人类社会发展密切联系的特殊的新知识、新技术和新经验,如雨水收集、中水回用、生态绿色建筑、废弃物资源化处理、湿地净化、清洁能源、再生材料应用等新型可持续景观技术。再者,随着大尺度景观生态规划领域的拓展,许多源于统计学、地理学、生态学的研究方法和手段被应用到景观规划设计领域,如图像处理、三维模型模拟与虚拟现实技术、3S技术(遥感、地理信息系统、全球定位系统)等,对风景园林师提出了更高的素养要求。

　　自20世纪70年代起,在现代风景园林设计中,源于建筑领域以新技术手段及新材料应用为设计理念的"高技派"设计思潮,在后现代园林中真正兴起。来自"高技派"的审美观以及对新材料的使用,激发了园林设计师创作的灵感。在现代主义与后现代主义的影响下,高技术手段创造的园林形式,使现代园林拓宽了发展空间,新的技术手段与新的艺术形式完美结合,独具生命力,使现代城市景观设计师更能显示出喷涌不绝的艺术灵感,并为整个社会创造出一系列具有强烈时代感的空间意象性作品,同时也向城市景观形态的精神层面与物质层面提出了更高的审美要求。

　　总而言之,风景园林学科的本质特点,就在于它的综合性。风景园林是综合利用科学和艺术手段,营造美好人居环境的一个行业和一门学科。

1.2　风景园林与社会的关系

1.2.1　风景园林与生态环境的关系

　　工业化的高度发展和城市化进程的加剧给人类带来了生存环境的危机,迫使人们保护自然生态环境、仿造自然环境,以谋求优良的生存环境。人类对人居环境的不断重视,极大地推动了园林学与生态学的发展和融合,把园林绿化作为主要手段,因势利导,从整治国土、促进生态平衡的高度,全面绿化人类的生存环境,将园林绿化事业推向了生态园林的新阶段。

　　生态园林是指以生态学原理为指导(如互惠共生、生态位、物种多样性、竞争、化学互感作用等)所建设的园林绿地系统,在这个系统中,乔木、灌木、草本和藤本植物被因地制宜地配置在一个群落中,种群间相互协调,有复合的层次和相宜的季相色彩,具有不同生态特性的植物能各得其所,能够充分利用阳光、空气、土地空间、养分、水分等,构成一个和谐有序、稳定的群落。遵循生态学原理,运用生态设计手法,构建人、生物与环境的和谐共存、良性循环的生态环境,实现人类和环境的和谐共融和可持续发展,成为生态园林的历史使命。

1.2.2　风景园林与人的关系

　　园林是在人与自然的关系历程中产生和发展的,被称为"第二自然"。它是在人和自然的关系从依附自然到脱离自然的过程中产生的,最早产生的园林是统治阶级为了满足脱离劳动、亲近自然的欲望而建立的。随着人类改造自然能力的不断加强,园林作为自然环境的功能逐渐退化,园林的营造完全转向于以满足人的物质享受和精神享受为主,并升华到艺术创作的新境界,审美的情趣和意境开始成为造园理念,人们开始寓情于园林,尤其以写意山水园的出现为代表。同时,园林也成为了统治阶级和权贵炫耀财力和社会地位的重要手段。

　　随着工业革命的开展,在公众平等的民主化进程中,园林的服务对象由面向少数统治阶级开始转变为面向公众,以19世纪的城市公园运动为代表,公共园林逐渐成为人们游憩、交流、活动的公共娱乐场所,园林不再是仅供少数人享受的奢侈品,园林的内涵发生了重大的变革。

1.2.3　风景园林与城市的关系

城市是人类文明的产物,是人们利用自然物质而创造出来的一种"人工环境"。人们的聚居由群落到村镇再到城市,逐步离开了自然,也可以说城市化的过程是人和自然分隔的过程。而园林作为"第二自然",可以说现代城市从其诞生起,园林绿地就伴随着城市的发展,成为城市文明的代表和见证。

近一个多世纪以来,随着工业的发展、人口的聚集,城市的规模不断扩张,城市环境不断退化,带来了一系列的城市弊病。越来越多的人开始意识到,人类要有更高的物质生活和社会生活,永远也离不开自然的抚育,人们希望在令人窒息的城市中寻得"自然的窗口"。从 19 世纪初开始,人们探寻这个"窗口"的脚步从未停止,"城市公园运动""田园城市"等是其中重要的思想。当前,城市的开发与建设愈加回归理性,城市环境应该建立起一种人与自然、人工环境与自然环境相平衡的新秩序,园林与城市相协调发展的理念已逐步得到人们的共识,生态园林城市成为城市发展的新内涵。

1.3　风景园林基本构成要素和布局形式

风景园林基
本构成要素

1.3.1　基本构成要素

风景园林的规模形式各不相同,组成内容迥异,但归根究底,它都是由地形、水体、植物、建筑、广场与道路、园林小品等几种基本元素组成的。

1)地形

地形是构成园林的骨架,主要包括平地、土丘、丘陵、山峦、山峰、凹地、谷地等。地形要素的利用与改造,将影响园林的形式、建筑的布局、植物配置、景观效果、给排水工程、小气候等诸因素。

2)水体

水是园林的灵魂,有的园林设计师称之为"园林的生命",足见水体是园林中重要的组成因素。水体可以分成静水和动水两类。静水包括湖、池、塘、潭、沼等形态;动水常见的形态有河、湾、溪、渠、涧、瀑布、喷泉、涌泉、壁泉等。另外,水声、倒影等也是园林水景的重要组成部分。水体中还形成堤、岛、洲、渚等地貌。

3)植物

植物是园林设计中有生命的题材。植物要素包括乔木、灌木、攀缘植物、花卉、草坪地被、水生植物等。植物的四季景观,本身的形态、色彩、芳香、习性等都是园林造景的题材。园林植物与地形、水体、建筑、山石、雕塑等有机配置,将形成优美、雅静的环境和艺术效果。

4)建筑

根据园林设计的立意、功能要求、造景等需要,必须考虑适当的建筑和建筑的组合;同时考虑建筑的体量、造型、色彩以及与其配合的假山艺术、雕塑艺术、园林植物、水景等诸要素的安排,并要求精心构思,使园林中的建筑起到画龙点睛的作用。

5)广场与道路

广场与道路、建筑的有机组织,对于园林形式的形成起着决定性的作用。广场与道路的形式可以是规则的,也可以是自然的,或二者兼有。广场和道路系统将构成园林的脉络,并且起到园林中交通组织、联系的作用。

此外,园林小品也是园林构成不可缺少的组成部分,它使园林景观更富于表现力。园林小品,一般包括园林雕塑、园林山石、园林壁画、摩崖石刻等内容。很难想象,将西方园林中的雕塑作品去掉,或把中国园林中的假山、石驳岸、碑刻、壁雕等去掉,如何构成完整的园林艺术形象。反之,园林小品也可以单独构成专题园林,如雕塑公园、假山园等。

1.3.2　空间布局形式

1)园林布局的形式与特点

风景园林是由园林中的各种景区、景点组织而成的景观群,是由设计者把各景物按照一定的要求有机地组织起来形成景观。只有把园林中各景物以合理的布局形式组织起来,才能创造出一个和谐完美的整体,这个组织和创造的过程称为园林布局。园林布局的风格和形式千差万别,受文化差异、地理条件的不同等因素的影响,形成了迥异而又各成体系的布局形式。1954年国际风景园林师联合会第四次大会上,英国造园家杰里科在致词中说:"世界造园史上有三大流派:中国、西亚和古希腊。"将世界上不同的园林形态归纳起来,可以把园林的形式分为三类:自然式、规则式和混合式。

(1)自然式园林　自然式园林又称风景式、不规则式、山水派园林(图1.3)。自然式园林以模仿再现自然为主,不追求对称的平面布局,立体造型及园林要素布置均较自然和自由,相互关系较隐蔽含蓄。这种形式较能适合于有山有水有地形起伏的环境,以含蓄、幽雅、意境深远见长。自然式园林在我国从周朝开始形成,经历代的发展,多有传世精品,不论是皇家宫苑还是私家宅园,都是以自然山水园林为源流。发展到清代,为园林鼎盛时期,保留至今的皇家园林,如颐和园、承德避暑山庄;私家宅园,如苏州的拙政园、网师园等都是自然山水园林的代表作品。

自然式园林特有之处有以下几点:

①地形。自然式园林的地形设计讲究"相地合宜,构园得体"。在竖向设计上,主要的处理手法是"高方欲就亭台,低凹可开池沼"的"得景随形"。自然式园林最主要的地形特征是"自成天然之趣",所以,在园林中,要求再现自然界的山峰、崖、岗、岭、峡、岬、谷、坞、坪、洞、穴等地貌景观。在山地和丘陵地区,则可以选择利用原有的地形和地貌,除了园林建筑和广场基地外不采取人工阶梯的地形改造,并且将原有相对突兀破碎的剖面地形加以整理,使之成为相对平缓的自然曲线。

②水体。水体作为园林要素中形体最为多变、形象最为活跃的元素,自然式园林的水体设计讲究"疏源之去由,察水之来历",力求再现自然界水景,避免露出人工痕迹。水体的轮廓为自然曲折,水岸为自然曲线的倾斜坡度,驳岸主要用自然山石驳岸、石矶等形式,在建筑附近或根据造景需要也部分用条石砌成直线或折线驳岸。

③广场与园路。自然式园林的广场与街道在设计时也有一定的要求,通常仅在体量较大、规格较高的建筑前的广场设计时采用规则式造型和布局,园林中其他的空旷地和广场的外形轮廓均为自然式。在园路的走向和布置上多随地就势,街道的平面和竖向剖面多为自然的起伏曲折的平面线和竖曲线组成。

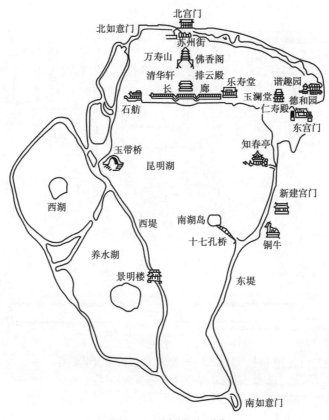

图 1.3　颐和园平面图

④建筑。自然式园林中的单体建筑多采用对称布置,少数不对称布置也尽量是各方建筑体量相对均衡;而建筑群或大规模的建筑组群,多采用不对称均衡的布局。全园无明确的轴线,更不以严格的几何样式约束。

⑤植物。植物在自然式园林中的设计力求反映自然界植物群落之美,不成行、成列栽植。树木不修剪成规则的几何形体,配置以孤植、丛植、群植、密林为主要形式。花卉的布置以花丛、花群为主要形式。

⑥其他景观元素。自然式园林中小品、假山、石品、盆景、石刻、砖雕、石雕、木刻等也多反映自然之美。其中雕像的基座多为自然式,小品的位置多配置于透视线集中的焦点。

(2)规则式园林　规则式园林又称整形式、建筑式或者几何式园林(图1.4)。规则式园林给人以庄严、雄伟、整齐之感,一般用于气氛较严肃的纪念性园林或有对称轴的建筑庭院中。整个平面布局、立体造型以及建筑、广场、街道、水面、花草树木等都要求严整对称。在18世纪,英国风景园林产生之前,西方园林主要以规则式为主,其中以文艺复兴时期意大利台地园和19世纪法国勒诺特平面几何图案式园林为代表;我国的北京天坛、南京中山陵也采用规则式布局。

①中轴线。规则式园林相对于自然式园林最大的特点就在于全园在平面规划上有明显的中轴线,并大抵以中轴线的左右前后对称或拟对称布置,园地的划分大都成为几何形体。

②竖向。规则式园林的广场选择在开阔、较平坦地段建设,略有高差则采用不同高程的水平面及缓倾斜的平面组合成园;在山地及丘陵地段,由阶梯式的大小不同的水平台地倾斜平面及石级组成,其剖面均为直线所组成。

③广场和园路。规则式园林在广场和园路的布局上特点尤为突出,广场多为规则对称的几

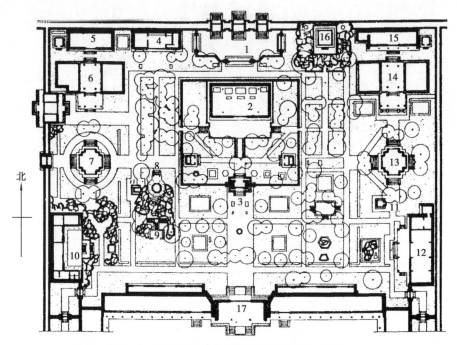

图1.4　规则式园林布局(故宫御花园平面图)

1.承光门;2.钦安殿;3.天一门;4.延晖阁;5.位育斋;6.澄瑞亭;
7.千秋亭;8.四神祠;9.鹿圃;10.养性斋;11.井亭;12.绛雪轩;
13.万春亭;14.浮碧亭;15.摛藻堂;16.御景亭;17.坤宁门

何形,主轴和副轴线上的广场形成主次分明的系统;园路均为直线形、折线形或几何曲线形。广场与园路构成方格形式、环状放射形、中轴对称或不对称的几何布局。

④建筑。规则式园林中的建筑群组和单体建筑多采用中轴对称均衡设计,多以主体建筑群和次要建筑群形成与广场、街道相组合的主轴、副轴系统,形成控制全园的总格局。一般情况下,主体建筑主轴线和室外轴线是一致的。园林轴线多视为主体建筑室内中轴线向室外的延伸。

⑤水体。规则式园林在水体的表现形式上也采用以几何形的外形轮廓为主,轮廓通常是圆形和长方形,水体的驳岸多整形、垂直,有时加以雕塑;水景有整形水池、整形瀑布、喷泉、壁泉及水渠运河等。古代神话雕塑与喷泉构成水景的主要内容。

⑥植物。在规则式园林中,植物经常被用于配合组成中轴对称的总体格局,全园树木配置以等距离行列式、对称式为主,树木修剪整形多模拟建筑形体、动物造型等,大量运用修剪成几何形体的植物,绿篱、绿墙、绿柱为规则式园林较突出的特点。园内常运用大量的绿篱、绿墙和丛林划分和组织空间,花卉布置常为以图案为主要内容的花坛和花带,有时布置成大规模的花坛群。

⑦其他景观元素。规则式园林中其他景观元素也遵循规则式园林的整体风格,园林雕塑、瓶饰、园灯、栏杆等装饰点缀园景。西方园林的雕塑主要以人物雕像布置于室外,并且雕像多配置于轴线的起点、焦点或终点。雕塑常与喷泉、水池一起构成水体的主景。

(3)混合式园林　混合式园林因地制宜地展现出园林美好的景致,其主要手法是通过将自然式和规则式的一些特点和原则组合使用(图1.5)。全园没有明显的自然山水骨架,没有控制全园的主中轴线和副轴线,只有局部景区、建筑以中轴对称布局等。在风景园林布局形式的设计选择上,往往需要结合地形,在原地形平坦处,根据总体规划需要多安排规则式的布局;当原地形条件较复杂,具备起伏不平的丘陵、山谷、洼地等地形时,多结合地形规划成自然式。

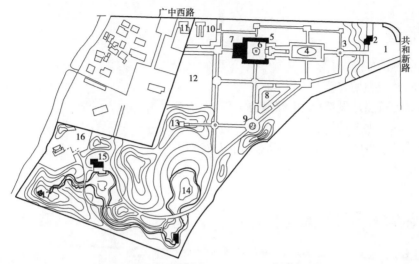

图1.5　混合式园林布局(上海广中公园平面图)

1.公园入口广场;2.售票、值班室;3.入口西洋名雕;4.沉床园;5.廊柱花架;

6.喷泉;7.荟萃展厅;8.纹样花坛;9.花钟;10.花圃;

11.公园管理处;12.儿童乐园;13.格兰亭;14.水池;15.茶室;16.和风庭

2)影响园林形式的主要因素

(1)文化的影响　风景园林作为一种艺术必然受到其所处环境的地区、民族文化传统和其他艺术的影响,不同的文化、传统等造就了各不相同的园林形式。中国由于传统文化的沿袭,追求天人合一的境界,形成了自然山水园的自然式规划形式。而同样是多山的国家意大利,由于其传统文化和本民族固有的艺术特色,即使是自然山地条件,它的园林则采用规则式台地园风格。

(2)意识形态的影响　不同地区的人们具有不同的意识形态,对园林形式的影响也十分大。中国传统的宗教,所描述的神仙通常深居在名山大川之中,所以人们一般将园林中的神像供奉在殿堂之内,而不展示于园林空间中,这样一来就自然形成了园林的中心;而西方传统神话中的神皆是人化了的神明,实际上意识形态上宣扬的是人本和人性,人类当然可以生活在自然界中,所以结合西方雕塑艺术,在园林中把许多神像规划在园林空间中,而且多数放置在轴线上,或轴线的交叉中心。由此可见,不同的意识形态对园林形式有不同的影响。

(3)主题的影响　除了文化和意识形态对园林形式的影响外,园林的主题是影响园林形式更直接和更具体的因素。不同的园林有不同的主题和性质,由于园林布局形式力求反映园林的主题和性质,不同主题的园林必然会形成不同的布局形式。如以纪念历史上某一重大历史事件中英勇牺牲的革命英雄为主题的烈士陵园,较著名的有中国广州起义烈士陵园、南京雨花台烈士陵园、长沙烈士陵园、德国柏林的苏军烈士陵园、意大利的都灵战争牺牲者纪念碑园等,都是纪念性园林。这类园林的性质,主要是缅怀先烈革命功绩,激励后人发扬革命传统,起到爱国主义、国际主义思想教育的作用。这类园林布局形式多采用中轴对称、规则严整和逐步升高的地形处理,从而创造出雄伟崇高、庄严肃穆的气氛。而动物园主要属于生物科学的展示范畴,要求公园给游人以知识和美感,所以,从规划形式上,要求自然、活泼,创造寓教于游的环境。儿童公园更要求形式新颖、活泼,色彩鲜艳、明朗,公园的景色、设施与儿童的天真、活泼性格协调。形式服从于园林的内容,体现园林的特性,表达园林的主题。

复习思考题

1. 风景园林的概念是什么?
2. 风景园林的类型有哪些?
3. 园林绿地按照建设部《城市绿地分类标准》有哪几种绿地?
4. 风景园林的生态功能有哪些?
5. 风景园林学科的知识构成包括哪几个方面?
6. 风景园林基本构成要素有哪些?

实训　某公共园林调查分析

1. 实训目的

了解风景园林的基本构成要素,以及各要素在景观设计中的功能作用分析。完成风景园林基础知识课程讲解后,通过对当地典型的园林案例如公园、广场、风景区等进行现场的参观调查,教师引导学生学习园林的构成要素,了解基本空间格局,体会园林的综合特征,探讨园林与人、自然、社会的关系,以巩固课堂知识。

2. 实训材料器材

速写本、铅笔、钢笔、皮尺。

3. 实训内容

(1)分析项目案例的各造园要素组成。
(2)分析项目案例的地形设计特点以及对其他造园要素的影响。
(3)分析道路、场地的类型、尺度、材料设计以及与其他造园要素的结合。
(4)分析园林建筑小品的类型、尺度、材料设计以及与其他造园要素的结合。
(5)分析园林水景的类型、尺度、材料设计以及与其他造园要素的结合。
(6)分析假山与置石的类型、尺度、材料设计以及与其他造园要素的结合。
(7)分析园林植物的品种、生态特性、观赏价值以及与其他造园要素的结合。

4. 实训步骤

1)课前准备

教师提前一周下达实训任务书,强调实训着装;学生阅读教材相关内容,做好各项准备工作。

2)现场实训

(1)着装要求:务必穿方便外出的衣服,避免穿高跟鞋。

(2)教师讲解项目案例的各造园要素组成。

3)现场教学

现场绘图,现场讲解,现场记录。

4)课后作业

整理资料,完成报告。

5)课堂交流

公共园林调查心得体会(制作课件与作品展示)。

5. 实训要求

(1)认真听老师的讲解,细心观察。

(2)实时实地调查及绘制。

(3)按质按量完成实训内容。

(4)掌握园林现场调查方法。

6. 实训作业

(1)完成有代表性的景点拍照分析 3～5 处。

(2)完成课件一份,题目自拟,内容包括实训目的、实训时间及地点、公共园林调查的方法、实训体会等。

(3)要求:图文并茂。

评分:总分(100 分) = 图纸(50 分) + 参观表现(20 分) + 语言表达及课件制作(30 分)。

7. 教学组织

1)老师要求

指导老师 2 名,其中主导老师 1 名,辅导老师 1 名。

2)主导老师要求

(1)全面组织现场教学及考评。

(2)讲解参观学习的目的及要求。

(3)中国古典园林调查的内容和标准。

(4)强调参观安全及学习注意事项。

(5)现场随时回答学生的各种问题。

3)辅导老师要求

(1)联系外出用车及参观单位,准备麦克风等外出实训用具。

(2)协助主导老师进行教学及管理。

(3)强调学生外出纪律和安全。

(4)现场随时回答学生的各种问题。

4)学生分组

3 人 1 组,以组为单位进行各项活动,每组独立完成参观学习及实训报告,以组为单位进行交流。

5）实训过程

师生实训前各项准备工作→教师现场讲解答疑，学生现场提问记录或拍照→资料整理，实训报告→全班课堂交流，教师点评总结。

8. 说明

公共园林调查一定要选择当地有代表性的案例。例如，对各造园要素组成丰富、构图精美、功能合理的案例进行调查。

2 中外园林基本知识

[本章导读]

本章分为中国园林、西方园林和中外风景园林建筑简述三部分。其中,中国园林部分按照历史朝代的发展进行介绍,对其中典型的造园手法进行具体分析。西方园林部分,按照时间的脉络选择了几个典型国家的园林进行阐述。中外风景园林建筑简述部分概括了中国古典建筑的情况,同时简述了西方古典建筑的发展进程,并列举了近现代欧洲较为典型的建筑设计理论及思潮。通过本章学习,要求对中外园林的发展历程有一个较为清晰的思路。

2.1 中国园林简述

2.1.1 中国古典园林的类型与特点

中国古典园林博大精深、源远流长。大约从公元前 11 世纪的奴隶社会末期直到 19 世纪末期封建社会解体为止,在 3 000 余年漫长的发展过程中形成了世界上独树一帜的自然山水式园林体系——中国古典园林体系。按照园林的隶属关系,我国古典园林主要分为三类:皇家园林、私家园林、寺观园林。

1)皇家园林

(1)概说 皇家园林在古籍里面被称为"苑""囿""宫苑""御苑"等,是属于皇帝个人或皇家所私有的。中国自奴隶社会到封建社会这一阶段,连续几千年的历史时期,帝王君临天下,至高无上,皇权是绝对的权威。与此相适应的,一整套突出帝王至上、皇权至尊的礼法制度也必然渗透到与皇家有关的一切政治仪典、起居规则、生活环境之中,表现为所谓皇家气派。园林作为皇家生活环境的一个重要组成部分,当然也不例外,从而形成了有别于其他园林类型的皇家园林。在我国漫长的造园发展过程中,几乎每个朝代都有宫苑的建置,而这些皇家园林因功能的不同有"大内御苑""行宫御苑"和"离宫御苑"之别。大内御苑一般建置在皇城和宫城之内,如北京北海(图 2.1)、中南海、故宫内的御花园、慈宁宫花园、宁寿宫西侧花园(乾隆花园)等;行宫御苑和离宫御苑则建置在都城的近郊、远郊或更远风景地带。前者供皇帝偶尔游憩或驻驿之用,后者则作为皇帝长期居住、处理朝政的地方,如颐和园。总的来说,皇家园林的特点尽管是模拟山水风景的,但营造山水风景的同时也要体现皇家气派和皇权的至尊。

(2)造园特点

①规模宏大。皇帝能够利用其政治上的特权与经济上的雄厚财力,占据大片土地面积来营造园林,其规模之大,远非私家园林可比拟。

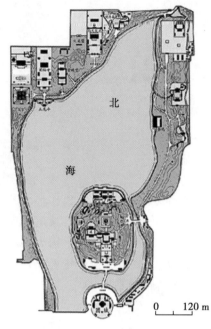

图2.1　北京北海平面图

②选址自由。皇家园林既可以包罗原山真湖，如清代避暑山庄，其西北部的山是自然真山，东南的湖景是天然堰塞湖改造而成；亦可叠砌开凿，宛若天然的山峦湖海，如宋代的艮岳、清代的清漪园。可见，凡是皇家看中的地域，皆有构造为皇家园林的可能。

③建筑富丽。秦始皇所建阿房宫，"五步一楼，十步一阁"，汉代未央宫"宫馆复道，兴作日繁"，到清代更增加园内建筑，凭借皇家手中所掌握的雄厚财力，加重园内的建筑分量，突出建筑的形式美因素，作为体现皇家气派的一个最主要的手段，从而将园林建筑的审美价值推到了无与伦比的高度，论其体态，雍容华贵；论其色彩，金碧辉煌，充分体现浓郁华丽、高贵的宫廷色彩。

④皇权的象征寓意。在古代凡是与帝王有直接关系的宫殿、坛庙、陵寝，莫不利用其布局和形象来体现皇权至尊的观念。皇家园林作为其中一项重要营建，概莫能外。到了清代雍正、乾隆时期，皇权的扩大达到了中国封建社会前所未有的程度，这在当时所修建的皇家园林中也得到了充分体现，其皇权的象征寓意比以往范围更广泛，内容更博大。

⑤江南园林意境的汲取。北方皇家园林模仿江南，早在明代中叶已见端倪。康熙年间，江南著名造园家张然奉诏为西苑的瀛台、玉泉山静明园堆叠假山，稍后又与江南画家叶洮共同主持畅春园的规划设计，江南造园技艺开始引入皇家园林。而对江南造园技艺更完全、更广泛的吸收，则是乾隆时期，乾隆六下江南，由于他"艳羡江南，乘兴南游"，凡他所中意的园林，均命随行画师摹绘成粉本，作为皇家建园的参考，从而促成了自康熙以来皇家造园之模拟江南、效法江南的高潮。他们把北方和南方、皇家与民间的造园艺术来一个大融汇，使其造园技艺达到了前所未见的广度和深度。

2) 私家园林

（1）概说　中国古代园林，凡属于王公、贵族、地主、富商、士大夫、地主等私人所有的园林，称为私家园林；古籍里称之为园、园墅、池馆、山池、山庄、别墅、别业等。园林的享受作为一种生活方式，它必然受到封建理法的制约，无论内容上或形式方面都不同于皇家园林。私家园林绝大多数为宅园，位置在邸宅的后部"后花园"，成前宅后园的格局，或一侧而成跨院；在郊外山林风景的私家园林，大多数则为"别墅园"。

与皇家园林相比，私家园林更多体现的是文人学士的审美心态。文人士大夫建造私家园林，希望造山理水以配天地，寄托自己的政治抱负。但社会的动荡和政治的腐败总令信奉礼教的中国知识分子失望，于是一部分士大夫受老庄思想影响，崇尚自然，形成与儒家五行学说比较形式化的天地观而相对立的、以自然无为为核心的天地观念。由于封建权力和礼制的打压，私家园林的规模与建筑样式受到诸多限制，从南北朝时期起，私家园林就自觉地"尚小巧，贵情趣"。

儒家知识分子虽不像道家知识分子那样消极遁世，却也有了"道不明则隐"的清醒选择。他们要在城市的喧闹中造就一种隐居的氛围，在小小的园林（"勺园""壶园""芥子园""残粒园"等)中"一箪食,一瓢饮",乐而不改其志,坚定地等待着。

(2)造园特点 归纳私家园林的造园特点,大体有以下几点:

①规模较小。一般占地只有几亩至十几亩,小者仅一亩半亩而已。造园家的主要构思是"小中见大",即在有限的范围内运用含蓄、扬抑、曲折、暗示等手法来启迪人的主观再创造,曲折有致,造成一种似乎深邃不尽的景境,扩大人们对于实际空间的感受。

②内向式布局。私家园林多处市井之地,布局常取内向式,即在一定的范围内围合,精心营造。它们大多在中心设置主厅堂为主要活动中心,假山和水池与主厅堂形成对景,四周散布建筑,构成一个个景点,几个景点围合而成景区。景物紧凑多变,用墙、垣、漏窗、走廊等划分空间,大小空间主次分明、疏密相间、相互对比,构成有节奏的变化。它们常用多条观赏路线联系起来,道路迂回蜿蜒,主要道路上往往建有曲折的走廊;池水以聚为主,以分为辅,大多采用不规则状,用桥、岛等使水面相互渗透,构成深邃的趣味。

③诗画情趣、意境深远。园主多是文人学士出身,能诗会画,善于品评,园林风格以清高风雅、淡素脱俗为最高追求,充溢着浓郁的书卷气。园林与山水画和田园诗相生相长,结下了不解之缘。诗人画家遍游大山名川之后,要把它移植于有限的空间庭院。原封不动地照搬是根本不可能的,地理环境、植物选择等都受其局限,唯一的办法就是像绘画那样把对于自然的感受用写意的方法再现于园内。

④中国私家园林相对多集中在南方。因为南方地区具有造园的自然、经济与人文的诸方面优势条件。江南江流纵横,河网密布,水源十分丰富,气候温和,适宜生长常青树木,植物花卉品种繁多。江浙一带还多产石料,如苏州洞庭西山所产太湖石自唐代以来就蜚声全国。此外,江南人文荟萃,很多江南文人或士大夫参与了造园,使得江南私家园林盛极一时。

3)寺观园林

(1)概说 寺观园林或称寺庙园林,指的是佛寺、道观、历史名人纪念性祠庙的园林。寺观园林最晚在公元4世纪就已经出现。东晋太元年间(公元376—396年),僧人慧远在庐山营造东林寺。据慧皎《高僧传》说:"却负香炉之峰,傍带瀑布之壑;仍石垒基,即松栽构,清泉环阶,白云满室。复于寺内别置禅林,森树烟凝,石径苔生。"这已经是在自然景观环境中设置人工禅林的先驱。《洛阳伽蓝记》描述北魏洛阳城内外的许多寺庙:"堂宇宏美,林木萧森""庭列修竹,檐拂高松""斜峰入牖,曲沼环堂"。可以想象到当时城内寺庙园林的盛况。从两晋、南北朝到唐、宋,随着佛教、道教的几度繁盛,寺庙园林的发展在数量和规模上都十分可观,名山大岳几乎都有这种园林了。

相对于皇权来说,佛教或道教始终屈居次要的、从属的地位。以儒家为正宗、儒道佛互补互渗,在建筑上无更新、更特殊的要求,而是世俗住宅的扩大和宫殿的缩小,更多地追求人间的赏心悦目、恬适宁静,很讲究内部庭院的绿化,多有以栽培名贵花木而闻名于世。郊野的寺观大多修建在风景优美的地带,一些名山也多为名僧所占,形成"自古名山僧占多"的格局。狭者仅方丈之地,广者则泛指整个宗教圣地,其实际范围包括寺观周围的自然环境,是寺庙建筑、宗教景物、人工山水和天然山水的综合体。一些著名的大型寺庙园林,往往历经成百上千年的持续开发,积淀着宗教史迹与名人历史故事,题刻有历代文化雅士的摩崖碑刻和楹联诗文,使寺庙园林蕴含着丰厚的历史和文化游赏价值。寺庙园林的范围可小可大,伸缩的弹性极大,小者往往处于深山老林一隅的咫尺小园,取其自然环境的幽静深邃,以利于实现"远者尘世,念经静修"的宗教功能;大者构成萦绕寺院内外的大片园林,甚至可以结合周围山水风景,形成大面积的园林环境,形成闻名遐迩的旅游胜地。

（2）造园特点

①特殊的受众群。寺观园林不同于专供君主享用的禁苑和属于私人专用的宅园,而是面向广大的香客、游人,除了传播宗教以外,还带有公共游览性质。宗教目的旨在"普度众生",对来庙敬香者、瞻仰者、游览者,一概欢迎。由于具有公共游览性质,因此它有适应最广大阶层游客观赏的景观内涵,不同于只供少数人独享其乐的皇家园林和私家园林。

②发展的稳定性。帝王苑、囿常因改朝换代而废毁,私家园林也难免受家业衰落而败损。相对来说,寺庙园林具有较稳定的连续性。一些著名寺观的大型园林往往历经若干世纪的持续开发,不断地扩充规模,美化景观,积累着宗教古迹,题刻下历代的吟诵、品评的诗文。自然景观与人文景观相交织,使寺庙园林包含着历史和文化的价值。

③选址多名山胜地。宫苑多限于京都城郊,私家园林多邻于宅第近旁,而寺庙则可以散布在广阔的区域,有条件挑选自然环境优越的名山胜地,"僧占名山"成为中国佛教史上带规律性的现象。特殊的地理景观是多数寺庙园林所具有的突出优势,不同特色的风景地貌,给寺庙园林提供了不同特征的构景素材和环境意蕴。

④由于寺庙园林主要依赖自然景貌构景,因而在造园上积累了极其丰富的处理建筑与自然环境关系的设计手法。传统的寺庙园林特别擅长于把握建筑的"人工"与自然的"天趣"的融合。为了满足香客和游客的游览需要,在寺庙周围的自然环境中,以园林构景手段,改变自然环境空间的散乱无章状态,加工剪辑自然景观,使环境空间上升为园林空间。

2.1.2 中国古典园林发展

中国古典园林在历史的发展进程中,先后出现了囿苑、林苑、皇家宫室园林、皇家离宫园林、私家别业园林、私家宅第园林、寺庙园林等园林形式,形成了一个完整的园林体系。我国的古典园林经历了以下几个发展阶段:

1）古典园林发展的生成期

最早见于史籍记载的园林是殷周时期建立的"囿",园林里面主要的构筑物是"台",可以说中国古典园林产生于囿与台的结合。

园林的雏形生成期

最早的囿是蓄养禽兽的地方,主要目的为帝王狩猎活动,《说文》中就有相关的记载:"苑,所以养禽兽也;囿,苑有垣也";《周礼地官》则称:"囿人掌囿游之兽禁,牧百兽",等等。"囿"的范围广阔,除有天然植被外,种树、养菜,也有一些简单的建筑物。帝王在打猎的间隙,可以观赏自然风景,这就具备了园林的基本功能和格局。"台"即用土堆筑而形成的高台,《吕氏春秋》:"积土四方而高曰台",它的用处是登高以观天象、通神明。

在商朝末年和周朝初期,不但"帝王"有囿,等而下之的奴隶主也有囿,只不过在规模大小上有所区别。从各种史料记载中可以看出,商朝的囿多是借助于天然景色,让自然环境中的草木鸟兽及猎取来的各种动物滋生繁育,加以人工挖池筑台,掘沼养鱼。范围宽广,工程浩大,一般都是方圆几十里,或上百里,供奴隶主在其中游憩或从事礼仪等活动。在囿的娱乐活动中不只是狩猎,同时囿也是欣赏自然界动物活动的一种审美场所。

殷周时期的王、诸侯、卿士大夫所经营的园林,可以统称为"贵族园林"。它们尚未完全具备皇家园林的性质,但却是后者的前身。它们之中有两处特别典型的,也是文献最早有记载的苑囿:殷纣王的"沙丘苑台"和周文王的"灵囿"。

到了秦汉时期,"囿"得到进一步发展,形成了皇家园林的基本形式——宫苑。在这个时期,"囿"除供游乐狩猎的活动内容外,还在其中开始建"宫"设"馆",增加了帝王寝居、静观活动的内容,促使了具有宫苑式特征的"园"的形成。

(1)秦汉宫苑与"一池三山"　秦始皇完成了统一中国的大业后,开始连续不断地营建宫、苑,大小不下三百处,其中最为有名的应推朝宫——阿房宫。据《三辅黄图》记载:阿房宫,亦曰阿城。惠文王造,宫未成而亡。始皇广其宫,规恢三百余里。离宫别馆,弥山跨谷,辇道相属,阁道通骊山八十余里。表南山之巅以为阙,络樊川以为池。作前殿阿房,东西五十步,南北五十丈,上可以坐万人,下可以建五丈旗。以木兰为梁,以磁石为门,怀刃者止之。周驰为复道,度渭属之咸阳,以象太极阁道抵营室也。阿房宫未成,成欲更择令名名之。作宫阿房,故天下谓之阿房宫。从对阿房宫的记述中,可以看出秦朝的宫苑建筑大抵因势而筑,规模宏伟壮丽,显示出了帝王的尊严和极权。

西汉迁都长安,社会经济繁荣,国力强大,政权巩固,皇家造园活动遂达空前。汉武帝在秦上林苑的基础上进行扩建,据《三辅黄图》记载,上林苑周围三百里,可容千乘万骑,其中"苑二十六,宫二十,观三十五",形成了园中套园,宫、苑并存的形式。其中最大的宫苑"建章宫",最早出现了在"太液池"中建立"瀛洲、蓬莱、方丈"的"一池三山"的宫苑式布局的形式。从此,遂成为历来皇家宫苑主要模式,一直沿袭到清代(图2.2)。

图2.2　上林苑建章宫

(2)私家园林　秦汉时期文献记载的私家园林极少,可见私家园林并非为造园主流。《汉书·梁孝王传》中记载,西汉文帝的四子梁孝王刘武酷爱园林之乐,建有兔园,也称梁园,在园内已开始用土、石堆叠假山。东汉桓帝时,大将军梁冀在洛阳修建园林规模也为可观。汉代商业发达,富商大贾的奢侈生活不下王侯,也营造园林来满足寻欢作乐的需要。汉时期贵族、富豪的私园,规模比宫苑小,内容仍不脱囿和苑的传统,以建筑组群结合自然山水,构石为山,反映当时已用人工构筑石山。园中有大量建筑组群,景色还是比较粗放的。这种园林形式一直延续到东汉末期。

（3）小结　在这个阶段中,首先,中国古典园林尚不具备其全部的类型,造园的主流是皇家园林,私家园林仅是模仿皇家园林的内容,二者尤明显区别。其次,园林功能由早先的狩猎、通神、求仙逐步转化为游憩、观赏为主。此外,造园活动多数是大自然的客观写照,虽本于自然却未必高于自然。在园林里进行审美的经营,还处于较低水平上,造园活动尚未达到艺术创作的境地。

2）古典园林发展的转折期（魏晋南北朝）

园林的转折期

（1）造园风格的发展　魏晋南北朝时期,是中国古代园林史上的一个重要转折时期。这段时期由于社会长期动乱,是思想、文化、艺术上有重大变化的时代,从而引起园林创作的变革。文人雅士厌烦战争,加之老庄哲理、佛道精义、六朝风流、诗文画作趣味的影响,他们玄谈玩世,寄情山水,风雅自居,并纷纷建造私家园林,把自然式风景山水缩写于自己的私家园林中。古代苑囿中山水的处理手法依然被继承,以山水为骨干作为园林布局的基础。据《洛阳伽蓝记》记载:当时四海晏清,八荒率职……于是帝族王侯、外戚公主,擅山海之富、居川林之饶,争修园宅,互相夸竞。崇门丰室、洞房连户,飞馆生风、重楼起雾。高台芳树,家家而筑;花林曲池,园园而有。莫不桃李夏绿,竹柏冬青。入其后园,见沟渎蹇产,石蹬礁硗。朱荷出池,绿萍浮水,飞梁跨阁,高树出云。如西晋石崇的"金谷园",是当时著名的私家园林。据他自著《金谷诗序》:有别庐在河南县界金谷涧中,去城十里或高或下,有清泉茂林,众果、竹、柏、药草之属,莫不毕备。又有水碓、鱼池、土窟,其为娱目欢心之物备矣。

（2）造园形式的多样　南北朝时道、佛盛行,作为宗教建筑的佛寺、道观大量出现。随着寺观的大量兴建,相应地出现了寺观园林这个新的园林类型。很多寺庙建于郊外,或选山水胜地营建。佛寺园林不同于一般帝王贵族的园林,它已经有了公共园林的性质。这些寺庙不仅是信徒朝拜进香的圣地,还逐步成为风景游览的胜区。

这一时期皇家园林的造园方面远不如私家园林之盛,加之由于注重传统的承传,造园艺术势必有一定的保守性,对待时代美学思潮远不如私家园林敏感。但后期的皇家园林也逐渐受到私家园林的影响刺激而局部运用默写写意的手法,不断向私家园林吸取新鲜营养。从此以后,在私家园林、皇家园林与寺观园林三大园林并行发展中,成了中国园林史上一直贯穿的事实。

（3）小结　这一时期的园林主要表现出以下两方面特点:

①园林风格得到了发展。园林艺术转向自然山水园发展,绘画理论中的各种构图规律开始作为造园的理论基础。在以自然美为核心时代的美学思潮的直接影响下,中国古典风景式园林由再现自然进而表现自然,由单纯地模拟自然山水进而艺术化地再现自然,开始在如何本于自然又高于自然方面进行探索。

②园林形式变得多样化,由以皇家宫苑单一为主,转而向多样化发展,出现了皇家、私家、寺观三大园林体系并行发展的局面。

总的来说,魏晋南北朝以前的苑囿,其主要特点是气派宏大、豪华富有,在内容方面尽量包罗万象。而艺术性还处于初期阶段,既不可能富有诗情画意,更不可能考虑韵味和含蓄,也没有悬念。到了魏晋南北朝时期,因为没有过多的政治束缚,当时的文化思想领域也比较自由开放,人们的思想比较活跃。加之文学绘画等方面的发展,人们对自然美从直观、机械、形式的认识中有所突破,不再是单纯地追求园林宏大、华丽富贵、铺张罗列,而是追求自然恬静、情景交融,这对以后的园林艺术创作是一个崭新的开端。

3）古典园林发展的全盛期（隋唐）

隋代统一全国,政局稳定,经济文化繁荣,呈现出历史空前的太平盛世的安定局面,人们普遍追求园林享受之乐,各类形式的园林应运而生,如雨后春笋。

隋唐时期的皇家园林集中在长安和洛阳的城内、近郊、远郊,规模之大远远超过魏晋南北朝时期,显示了泱泱大国的气概。皇家三大御园类型分工明确,各自布局特点也更为突出。这个时期皇家造园活动以隋代、初唐、盛唐最为频繁。在为数众多的隋唐宫苑中,洛阳西苑是其中的佼佼者。

（1）隋唐宫苑——西苑　隋炀帝大业元年（公元605年）在洛阳兴建的西苑,是继汉武帝上林苑后最豪华壮丽的一座皇家园林。

西苑有起伏的平原,北背邙山水源充沛,南临洛河,是一座人工山水园。园内理水、筑山、植物配置和建筑营造工程极其浩大,总体布局以人工开凿最大水域"北海"为中心,周长十余里,海中筑三座岛山,立出水面百余尺。北海的水渠曲折萦绕注入海中。沿着水渠置十六院,均极为华丽,院内皆临渠,三岛相距几百步,岛上分别建置各种楼台亭阁,水上有船,连接十六院。关于西苑十六院,《大业杂记》中记有延光院、明彩院、凝辉院、丽景院、飞英院、流芳院、耀仪院、百福院、长春院、永乐院、清暑院等,每院开东、西、南三门,门开临龙鳞渠,渠宽二十步,上跨飞桥,过桥百步即杨柳修竹,四面郁茂,名花异草,隐映轩陛（台阶）。另外筑游观数十,或泛轻舟画舸,习采菱之歌,或升飞桥阁道,奏游春之曲。

从西苑布局内容可见,它以人工叠造山水,并以山水为园的主要脉络。总体结构上大体沿用汉以来的"一池三山"的宫苑模式,山上有道观建筑,但仅是求仙象征,实为观赏景点;用十六组建筑群结合水道的穿插而构成园中有园的小园集群,则为规划创新之举。苑内营造大量建筑,植物配置范围广泛,品种极其丰富,足以说明西苑不仅是复杂的艺术创作,也是庞大的土木工程和绿化工程,是园林规划设计方面的里程碑,它的建成标志着中国古典园林全盛期的到来。

（2）城市私园与文人造园的兴起　皇家园林建造深化的同时,私家园林也大为发展。北宋时期的李格非在《洛阳名园记》中提到,唐贞观开元年间,公卿贵戚在东都洛阳建造的邸园,总数就有一千多处,足见当时园林发展的盛况。在唐代担任地方官职的官僚有许多都是著名的文人,他们不仅参与风景的开发,还参与建造园林。这些文人以风雅高洁自居,多自建园林,并将诗情画意融贯于园林之中,追求抒情的园林趣味。这便出现了"文人园林"。文人园林的兴起更侧重于赏心悦目而寄托理想、陶冶情操、表现隐逸,渗透出另一种造园风格——园林与诗画的沟通,折射出文人士大夫的独立人格、价值观念和审美观念。作为园林艺术的灵魂,造园并非仅为生活的享受,而是以泉石松竹养心怡情——地与尘相远,人将境共幽。白居易便是其中一位具有代表性的参与造园的文人官僚,他曾先后主持营造了自己的四处私园,比如庐山草堂正是表达了一个历经宦海沉浮、人世沧桑的知识分子对于退居林下,独善其身作泉石之乐的向往之情。

私家园林此时不单在城市中兴盛,郊野别墅园也出现了一些典型的实例,如王维、白居易创造的辋川别业与庐山草堂。

（3）郊野别墅园——辋川别业　别业一词是与"旧业"或"宅第"相对而言,业主往往原有一处住宅,而后另营别墅,称为别业。辋川别业是王维晚年在陕西蓝田县南终南山下建造的（图2.3）。据《唐书》记载:维别墅在辋川,地奇胜,有华子冈、欹湖、竹里馆,柳浪茱萸泮,辛夷坞。《山中与裴秀才迪书》中有:北涉玄灞,清月映郭。夜登华子冈,辋水沦涟,与月上下,寒山远火,明灭林外。深巷寒犬,吠声如豹……步仄径,临清流也。当待春中,草木蔓发,春山可望。轻鲦出水,白鸥矫翼。从《辋川集》的诗句中,更可体会到王维别业的诗情画意了。《华子冈》有:"飞鸟去不穷,连山复秋色。上下华子冈,惆怅情何极。"等诗句,说明园林建筑建在山岭起伏,树木葱郁的冈峦环抱中的辋川山谷,隐露相合,是王维很得意的好居处。在文杏馆一景有"文杏裁为梁,香茅结为宇",用文杏木作栋梁,香茅草铺屋顶的文杏馆是山野茅庐的构筑,更富山野趣味了。此外,还有以树木绿化题名的辛夷坞、漆园、椒园等。

辋川别业图局部(原载《关中胜迹图志》)

图2.3　辋川别业

辋川别业今已不复存,但从题名和诗情来看,辋川别业是有湖水之胜的天然山地园。别业所处的地理位置、自然条件未必胜过南方,但由于在造园中吸取了诗情画意的意境,精心布置,充分利用自然条件,构成湖光山色与园林相结合的园林胜景。别业内山、岭、岗、湖、溪、泉、植物的茂盛,总体上以天然风景取胜,王维长于绘画,园林造景更重画意,寓诗情于园景。

(4)郊野别墅园——庐山草堂　白居易在游庐山时被自然景观所吸引,营建了庐山草堂,并自撰《庐山草堂记》,仰观山,俯听泉,旁睨竹树云石,自辰至酉,应接不暇……一宿体宁,再宿心恬,三宿后颓然嗒然,不知其然而然。庐山草堂前有平地广十丈,中为平台,台前有方池,广二十丈,环池多山竹野卉,池中种植有白莲,亦养殖白鱼。由台往南行,可抵达石门涧,夹涧有古松老林,林下多灌丛萝。草堂北五丈,依原来的层崖,堆叠山石嵌空,上有杂木异草,四时一色。草堂东有瀑布,草堂西依北崖用剖竹架空、引崖上泉水,自檐下注,犹如飞泉。草堂附近四季景色,春有杜鹃花,夏有潺潺门前溪水和蓝天白云,秋有月,冬有雪。阴暗、显晦、晨昏,千变万化各有异景,犹如多变的水墨画。

(5)小结　从以上造园实例中,可以看到园林的基本形式有以西苑等为代表的皇家宫苑,以洛阳等地为代表的城市私家园林。这些园林在形式、造园手法等方面,进一步开创了我国园林艺术的一代新风,进入了极高的境界。这一阶段的园林发展,我们可以从以下几方面进行认识:

①皇家园林的"皇家气派"已经完全形成。作为该种园林的特征,不仅表现为规模的宏大,而且反映在园林总体和局部的设计处理上,出现了像西苑、华清宫、九成宫这样的一些具有划时代意义的作品。

②私家园林融糅诗画,应运而生的便是意境含蕴。唐代以诗入园、因画成景的做法已见端倪。通过山水景物诱发游赏者的联想活动,意境的创造还处于朦胧的状态。文人参与造园,他们把儒家、道家、佛家的哲理融汇于造园思想之中,从而形成独特的园林观,给私家园林的创作注入了新鲜的血液,深化了写实与写意相结合的创作手法,为宋代文人园林兴盛打下基础。

③寺观园林进一步世俗化,发挥出城市公共园林的职能。郊野寺观的园林,不仅促进原始型旅游的发展,也在一定程度上保护了生态环境。

④由于山水画、山水诗文、山水园林这3个艺术门类的相互渗透,中国古典园林诗画情趣的特点开始形成。虽意境含蕴还处于朦胧状态,但隋唐作为一个完整的园林体系已经成型,这种全胜的局面继续发展下去,自然走向了中国古典园林的成熟期。

4)古典园林发展的成熟前期(宋)

成熟期－宋元园林

宋代由于都城的迁移,皇家园林集中在东京和临安,若以规模和气派论它远不及隋唐,但其规划设计的精细、艺术水平之高则远远有过之而无不及,寿山艮岳就是其中的代表。

(1)皇家园林——寿山艮岳 宋徽宗政和七年(1117年)兴工,宣和四年(1122年)竣工,初名万岁山,后改名艮岳、寿岳,或连称寿山艮岳,亦号华阳宫(图2.4)。艮岳位于汴京(今河南开封)景龙门内以东、封丘门(安远门)内以西、东华门内以北、景龙江以南,周长约3 km,面积约为50 hm^2。它突破秦汉以来宫苑"一池三山"的模式,把诗情画意移入园林,以典型、概括的山水创作为主题,苑中叠石、掇山的技巧,以及对于山石的审美趣味都有提高。全园以山石奇秀、洞空幽深的艮岳为园内各景的构图中心。"山周十余里,其最高一峰九十步,上有介亭,分东西二岭,直接南山。"艮岳的掇山,雄壮敦厚,是整个山岭中高而大的主岳,而万松岭和寿山是辅,形成主从关系,这就是我国造园艺术中"山贵有脉""岗阜拱状""主山始尊"的造园手法。苑中奇花异石丰富,多取自南方民间,此事件为历史上著名的"花石纲"。艮岳称得上是一座集叠山、理水、花木、建筑为一体,具有浓郁诗画情趣而少皇家气派的人工山水园,它代表着宋代皇家园林的特征和宫廷造园艺术的最高水平。这个典型的山水宫苑,也成为宋以后元、明、清宫苑的重要借鉴。

(2)私家文人园林的兴盛 北宋以汉唐旧都洛阳为西京,私家园林为数众多。宋时李格非的《洛阳名园记》中,记述他所视历的出名园林19处,大多是利用唐代遗址所建。萌芽于唐代的文人园林,到宋代已成为造园活动中的一股新兴潮流,占园林的主导地位,同时还影响了皇家和寺观园林。文人园林,相承着南北朝以来的隐逸思想的表现,而不重于生活之享受,其园林的风格特点大体可归纳为:简约、疏朗、雅致、天然。这一期间文人园林渗入到寺观造园中,佛寺园林也由俗世化进一步文人化,对原有寺院大加整修、完善。寺观园林除了尚保留着一点烘托佛国、仙界的功能之外,它们与私家园林的差异已基本消失。

(3)其他园林 公共园林性质的寺院丛林在宋朝也有所发展,如我国的一些名山胜景庐山、黄山、嵩山、终南山等地,修建了许多寺院,有的既是贵族官僚的别庄,往往又作为避暑消夏的去处。此外,散布在全国各地的风景名胜区在宋代也已成型,尤以杭州成为最为集中之地。在南宋都城临安(今杭州)的西湖及近郊一带,皇戚官僚及富商们的园林数以百计,众多的诗人画家更以西湖为题吟诗作画。"湖上春来似画图,乱峰围绕水平铺。松排山面千重翠,月点波心一颗珠……""水光潋滟晴方好,山色空蒙雨亦奇。欲把西湖比西子,淡妆浓抹总相宜。"白居易、苏东坡这些描写西湖的名诗千百年来一直脍炙人口,他们写园,也参加造园,这都直接促进了我国园林艺术的发展。

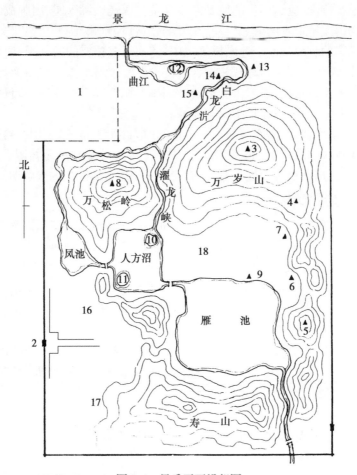

图 2.4　艮岳平面设想图

1.上清宝箓宫；2.华阳门；3.介亭；4.萧森亭；5.极目亭；6.书馆；
7.萼绿华堂；8.巢云亭；9.绛霄楼；10.芦渚；11.梅渚；12.蓬壶；
13.消闲馆；14.濑玉轩；15.高阳酒肆；16.西庄；17.药寮；18.射圃

（4）小结　宋代在中国古典园林发展的进程中起到了重要的承前启后的作用,这一阶段造园的主要成就表现在：

①文人园林兴盛,这是我国古典园林发展到成熟境地的一个重要标志。文人园林作为一种风格几乎涵盖了私家造园的所有活动,并为它的进一步发展奠定基础。

②皇家园林较多受到文人园林的影响,佛寺园林也由俗世化进一步文人化。

③公共园林虽不是造园活动的主流,但比之以前更加活跃,除了寺观园林之外,某些皇家园林与私家园林也定期向社会开放,发挥公共园林的职能。

④对于山水、植物、建筑等造园要素的处理技法更加精湛丰富,进一步提升了园林设计的精致程度。

⑤"写意山水园"的塑造在宋代得以最终完成。从唐代写实与写意相结合的园林传统转化到了写意园林的创作,深化了园林意境的蕴涵。

5）古典园林发展的成熟后期（元明清）

中国古典园林艺术在这一时期内进入了它的成熟阶段,不仅继承了宋代文人园的园林设计理论和造园手法,而且也出现了较多反映民间艺术和市民生活需求的新的审美意识的园林艺术,这就形成了代表市民文化的以享乐为目的的民间园林和代表士大夫阶层的以陶冶性情、注重个人情感的文人园重叠并置的格局。这两种园林经过长期互相渗透、互相影响,最后呈现逐渐融合的趋势。从清乾隆到宣统,是中国古典园林的集大成阶段,这时的中国园林艺术已经达到了它的艺术最高峰,显示了中国古典园林艺术的辉煌成就,尤其是在乾隆年间,造园活动之广泛,造园技术水平之高超,超越了宋、元、明以来的造园水平。在北方的北京、河北承德一带地区建造的大批皇家园林和在江南一带的私家园林是中国园林艺术发展过程中的两个高峰。

(1)北方皇家园林 元、明、清三代建都北京,大力营造宫苑,历经营建,完成了西苑三海、故宫御花园、圆明园、清漪园(今颐和园)、静宜园(香山)、静明园(玉泉山),以及承德避暑山庄等著名宫苑。宫苑中以山水、地形、植物来组景,因势因景点缀园林建筑,但仍可明显地看到"一池三山"传统的影响。

元代宫苑的代表作为太液池。太液池为元大都内御园,主要是琼华岛及其周围的湖泊开拓而成,池中三岛布列,沿袭皇家园林的"一池三山"的传统模式。最大的岛屿即金代的琼华岛(曾改名万岁山)。明代西苑是在元代太液池的基础上加以发展而成的。元代太液池只有北海和中海两部分,明代又开凿南海,于是形成了中、南、北三海,清代在三海中更进一步兴建。北海在三海中面积最大,形状不规则,琼华岛突出于水中,岛的面积较大,也相当高,用土堆成。岛山选山石建殿宇,岛顶在元明时代原有广寒宫,是皇帝赐宴群臣的地方;清代顺治八年,在此改建成一座白色喇嘛塔,构成北海整个园林区的中心,对整个北海起到收敛凝聚的作用。北海西岸建筑物很少,东岸看到一些土山与树木,北岸有几组宗教建筑,如小西天、大西天、阐福寺等。整个布局重点突出,主次分明,重点是集中在琼华岛上。中海是南海和北海联系过渡的狭长水面,两岸树木茂密,园林建筑较少,仅在东岸露出万寿殿一角和水中立一小亭,西岸也只露出紫光阁片段。南海水面比较小而圆,水面却十分清幽,在碧波清澈的湖水中构置岛屿,称为瀛台。岛上建筑物都比较低平,远远看去,高出水面却十分协调。北海与中海、南海连在一起,总称西苑。西苑建筑疏朗,树木蓊郁,既有仙山琼阁之景,又有富水细园之野趣。

清代皇家园林建设重点逐渐转向行宫和离宫,如承德避暑山庄、颐和园等。清朝皇家园林的建造往往规模宏大,历时甚久,就其代表作圆明园来说,康熙在位六十年,期间修建圆明园的工程一直未停过,后又雍、乾、嘉、道、咸五朝,一百五十年的经营,建成了这座历代王朝前所未有的、世界园林史上的奇迹。乾隆在《圆明园后记》中,曾得意地写道:"规模之宏敞,邱壑之幽深,风土草木之清佳,高楼邃室之具备,亦可称观止……"圆明园由圆明、长春、万春(绮春)三园组成,三园紧相毗连,通称圆明园,共占地5 200余亩(约350 hm^2),是一座大型皇家宫苑。清朝皇家园林的另一代表作,是位于北京西郊的清漪园,是清乾隆在大型天然山水瓮山、瓮山泊的基础上改建的,占地290 hm^2,水面约占3/4,并将原来的瓮山、瓮山泊分别改名为万寿山、昆明湖,营建大量亭、台、楼、阁、轩、榭,1860年英法联军入侵被毁,光绪十四年(1888年),慈禧挪用海军军费重修之后,改名颐和园(图1.3)。这座大型天然山水园林是中国最后的一座皇家园林,光绪、慈禧太后曾在这里居住和处理朝政,因此颐和园具有"宫"和"苑"的双重功能。现存最大的皇家园林则是承德避暑山庄,清初这里还只是帝王狩猎途中的一座行宫。由于这一带地区峰奇水美,气候宜人,又离京城较近,自康熙四十年(1701年)起,开始营建大型离宫别馆。至乾隆年间,在山峦连绵起伏,松林苍郁的自然山地,建成了这座规模宏大的宫苑。

就这一时期的皇家园林来说,除继承了历代苑园的特点外,又有新的发展,具体表现在以下几点:

①规模宏大、气势磅礴。在两宋时期的皇家园林,比如艮岳虽然规划设计精细,但规模气派相对更接近私家园林,冲淡了皇家的味道。到元明清时期,皇家园林的规模又有趋大,重新浓郁皇家气派。

②建造的数量大。特别是清朝,园林艺术装饰豪华,建筑尺度大、庄严,园林的布局多为园中有园。在有山有水的园林总体布局中,非常注重园林建筑起控制和主体作用,也注重景点的题名,形成清代山水园林与建筑宫苑的明显特点。这种园林艺术的代表作,如北京西郊的圆明园、颐和园,承德的避暑山庄,故宫中的乾隆御花园,以及众多的私家园林。

③使用上的多功能。皇家园林的功能多样,如听政、看戏、居住、休息、游园、读书、受贺、祈祷、念佛以及观赏和狩猎,栽植奇花异木等,在著名的圆明园中,连做买卖的商业市街之景也设在其中,可以说是包罗了帝王的全部活动。

④再现自然,模仿江南。这一时期皇家园林积极地吸收江南私家园林的养分,引进江南园林的造园手法,尤其是某些小品、细部装修等。运用江南各流派堆叠假山的方法(但材料以北方所产的北太湖石和青石为主),临水的石矶、驳岸的处理,水体开合变化,水面划分也都借鉴江南园林。把讲究整体格局、精致淡雅的宫廷色彩融入江南文人园林的自然、朴质、清新、素雅的诗情画意。更直接的干脆在皇家宫苑中仿建江南名园,比如狮子林是苏州的名园,乾隆三次御驾三观此园后,在北京的长春园与承德避暑山庄内也分别建制小园林"狮子林";颐和园中的谐趣园,是模仿无锡寄畅园;昆明湖上西堤六桥,是模仿杭州西湖苏堤六桥;承德避暑山庄的小金山,则是模仿镇江金山寺的金山亭;避暑山庄的烟雨楼是模仿嘉兴南湖的烟雨楼;文津阁是仿宁波天一阁等。

(2)江南私家园林　元代的私家园林主要是继承和发展唐宋以来的文人园形式,其中较为著名的有河北保定张柔的莲花池,苏州的狮子林,浙江归安的莲庄,以及张九思的遂初堂,宋本的垂纶亭等。有关这些园林详尽的文字记载较少,但从存留至今日的元代绘画、诗文等与园林风景有关的艺术作品来看,园林已开始成为文人雅士抒写自己心情的重要艺术手段,由于元代统治者的等级划分,众多汉族文人往往在园林中以诗酒为伴,弄风吟月,这对园林审美情趣的提高是大有好处的,也对明清园林起着较大的影响。

明、清是我国园林艺术的集成时期,除建造了规模宏大的皇家园林之外,封建士大夫们为了满足家居生活的需要,还在城市中大量建造以山水为骨干、饶有山林之趣的宅园,满足日常聚会、游息、宴客、居住等需要。江南水多,气候好,花木繁多,又盛产石材,为造园创造了条件。其私家园林以扬州、无锡、苏州、湖州、上海、常熟、南京等城市居多,其中又以扬州、苏州最为著称,也最具有代表性。私家园林也出现了一些特有的地方风格,逐渐显露出造园艺术的地方特色,形成北方、江南、岭南三大体系(图2.5、图2.6)。

这一时期的江南私家园林,除继承了历代私园的特点外,也有新的发展,具体表现在以下几点:

①以小见大、巧于因借是江南私家园林的一大特点。在园景的处理上,善于在有限的空间内有较大的变化,巧妙地组成千变万化的景区和游览路线。利用借景的手法,使得盈尺之地,俨然大焉。借景的办法,通常是通过漏窗,使园内外或远或近的景观有机地结合起来,给有限的空间以无限延伸,造成空间多变,层次丰富。这种园中之园,又常在曲径通幽处,在你感到"山重水复疑无路"时却又"柳暗花明又一村",使之产生"迂回不尽致,云水相忘之乐"。有时也远借他之物、之景为我所有,丰富园景。比如拙政园中部就远借其西面的北寺塔,西部的宜两亭又临借中部之景。

图2.5　留园曲溪楼景区

图2.6　怡园鸟瞰

成熟期-明清的园林

②特有的室内陈设艺术。江南私家园林建筑的室内普遍陈设有各种字画、工艺品和精致的家具。这些工艺品和家具与建筑功能相协调，经过精心布置，形成了我国园林建筑特有的室内陈设艺术，极大地突出了园林建筑的欣赏性。如苏州留园的楠木厅里，家具都由楠木制成，室内装饰美观精致、朴素大方，形成了一个典雅的室内环境。

③文人画家参与园林的设计与造园实践。明朝有著名的张南垣、周秉成、计成等，清代有张链、张然、叶眺等。他们既擅长绘画，又是造园家。其中计成总结了造园的理论，著有《园冶》一书；张涟叠白沙翠竹与江村石壁；计成叠影园山；石涛叠片石山房、万石园等。他们的实践和理论，大大地促进了江南园林艺术的发展。

（3）小结　元明清是中国古典园林成熟期的第二阶段，这一阶段造园活动的发展主要表现在：

①文人园林涵盖了民间的造园活动，私家园林达到艺术成就的高峰，江南私家园林是其代表。在后期，私家园林更是形成江南、岭南、北京三大地风格的鼎峙局面。

②皇家园林的规模趋大，皇家气派浓郁，反映了明以后绝对君主集权政治的日益发展。此外，在皇家园林中全面传承、创新地引进江南造园技艺，形成南北园林的大融糅，为宫廷造园注入了新血液，出现一些具有里程碑性质的优秀的大型园林作品，例如避暑山庄、颐和园、静宜

园等。

③明末清初,在江南地区出现一批优秀的造园家,一批理论著作也刊行于世,如《园冶》《一家言》《长物志》等,出现了前所未有的成果,这是江南民间造园艺术达到高峰境地的一个标志。但清代中期之后,造园的理论探索停滞不前,许多精湛的造园艺术仅停留在口授心传的原始水平上,未能系统地总结提高从而升华为科学理论。

④明末清初,叠石假山更为流行,流派纷呈,促使写意山水园开辟和发展,带动了造园技巧的丰富多彩。

⑤在某些发达地区,公共园林已经比较普遍。它们多数利用废旧水渠、运河、废园等加以改造修建而成。这些公共园林虽不是主流,但其绿化空间具备的开放的、多功能的性质已是非常明显了。

6) 古典园林发展的尾声(清末)

古典园林总结及近现代阶段发展

清朝末年是中国园林由古典园林转入近代园林的一个急剧变革的时期,也是中国古典园林全部发展历史的一个终结时期。这个时期园林既继承了以上的传统,取得了辉煌成就,同时也暴露了封建文化的末世衰退迹象。事物的发展规律往往是到达顶峰之后就是衰退的开始,中国园林艺术也不例外。在清代后期的园林设计中出现了程式化严重,过分拘泥于形式和技巧等问题,成为园林艺术进一步发展的桎梏,再加上中国封建王朝的政治腐败和帝国主义的大肆劫掠这样内忧外患的政治局面,以及经济水平的严重倒退,大量西方文化的涌入,使中国古典园林艺术无法再现昔日辉煌的局面,开始进入近现代园林的阶段。

2.1.3　中国近现代园林

1) 中国近代园林概况

1840年鸦片战争后,中国社会发生了巨变,也带来了园林的新发展。随着资产阶级民主思想与西方造园艺术的进一步传播,人们开始认识到园林是为公众服务的,公园的出现是一个显著的标志。从鸦片战争到新中国成立这个阶段,出现的公园可以概括为3种类型:

(1)租界公园　帝国主义国家利用不平等条约在中国建立租界,并在租界建立公园。这类公园比较著名的有上海的外滩公园,或称外滩花园(现黄浦公园,建于1868年),虹口公园(建于1905年),法国公园(又名顾家宅公园,现复兴公园,建于1908年);天津的英国公园(现解放北园,建于1887年),法国公园(现中心公园,建于1917年)等。开始因在租界,这类公园不准中国人进入,在五卅运动和北伐战争的影响下,这个规定才被废止。

(2)自建公园　如齐齐哈尔的龙沙公园(建于1904年),无锡的城中公园(建于1905年),成都的少城公园(建于1911年,现人民公园),南京的玄武湖公园(建于1911年)等。辛亥革命之后,许多在沿海和长江流域的城市也陆续建立公园,如广州的中央公园(现人民公园,建于1921年)和黄花岗公园(均建于1918年);重庆的万州西山公园(建于1924年)和重庆中央公园(现人民公园,建于1929年)。

(3)转型公园　转型公园有皇家苑囿或旧时衙署园林、孔庙等开放形成的大众公园。这类公园大多集中在北京,有1916年开放的城南公园(先农坛),1914年开放的中央公园(社稷坛,现中山公园),1914年开放的颐和园,1925年开放的北海公园。到抗日战争前夕,在全国建有数百座公园。抗日战争爆发直至1949年,各地的园林建设基本上处于停顿状态。

2）中国现代园林概况

（1）中华人民共和国成立初期的园林　中国现代园林主要是指1949年中华人民共和国建立以后营建、改建和整理的城市园林。新中国成立之初，百废待兴，中国的园林还处在一个调整、恢复的阶段；20世纪50年代全国各城市结合旧城改造、新城开发和市政工程建设，建造了一大批新公园，例如，北京的紫竹院公园、上海的长风公园和合肥的逍遥津公园等。但是之后，特别是受"文化大革命"的阻碍，使得我国园林的发展陷于一段时间的停顿。

①紫竹院公园。紫竹院公园位于北京西北近郊，海淀区白石桥附近，北京首都体育馆西侧，因园内有明清时期庙宇福荫紫竹院而得名，始建于1953年，是新中国成立后新建的大型公园。全园占地近48 hm²，其中水域面积16 hm²，南长河、双紫渠穿园而过，形成三湖两岛一堤一河一渠（长河与紫竹渠）的基本格局，是一个以水景为主，以竹造景，以竹取胜，深富江南园林特色的自然园林公园（图2.7）。

图2.7　紫竹院公园

②长风公园。长风公园原址为上海吴淞江的一片河湾农田，采用中国传统的"挖湖堆山"手法，建成的一座大水面、主景山的现代综合性公园。该园始建于1958年，面积约为37.4 hm²，其中水面占41%。陆地中，绿地82%，道路广场13.0%，建筑1.8%，其他3.2%。园内主要景区有：银锄湖：宽广辽阔，是当时市区公园里最大的水面，能开展各种水上活动；铁臂山：茂林幽径，亭台掩映，供散步休息；疏林草坪区：有露天舞台、艺术雕塑、自然花境等，适于文化娱乐活动；"勇敢者之路"：结合山水地形，专为青少年设置的一组体育游戏器械（图2.8）。

（2）改革开放之后园林的发展　20世纪七八十年代改革开放之后，中国的园林在原有基础上重新起步、蓬勃发展，在20世纪90年代之后，还出现了新兴繁荣的局面。在这40多年的时间中，中国的园林取得了空前的成就，这里通过以下的几个实例主要对这个阶段做一个回顾。

①上海东安公园。上海东安公园南界龙华西路，北临中山南二路，占地近2万m²。原为清代张姓私园，中华人民共和国成立后改名为东安苗圃，面积1.13万m²。1980年开始将苗圃改建为公园，并征用临近土地7 000多m²，1983年5月1日局部开放，1984年5月全园开放。

上海东安公园是一座以竹为主的江南庭园式公园。公园布局采用传统院落与现代园林相结合的方法，通过植物、地形、水面、建筑等园林要素组成自然、简洁的园林空间。运用小中见大造园手法创造多种园林意境，避免了单调、俗套。洞门、漏窗、游廊相连，构成重重深院，曲折幽深，环境优雅。园内花墙环绕，院落布局时而幽深，时而开朗；植物种植时而翠竹掩映，时而花木茂盛。

②昆明世博园。昆明世界园艺博览园（简称世博园）是1999年昆明世界园艺博览会会址，设在昆明东北郊的金殿风景名胜区，距昆明市区约4 km。博览园占地约218 hm²，植被覆盖率达76.7%，其中有120 hm²灌木丛茂密的缓坡，水面占10%～15%。园区整体规划依山就势、错落有致，气势恢宏，集全国各省、区、市地方特色和95个国家风格迥异的园林园艺精品，庭院建筑和科技成就于一园，体现了"人与自然和谐发展"的时代主题，是一个具有"云南特色、中国气派、世界一流"的园林园艺精品大观园。博览园主要由5个展馆、7个专题展园、34个国内展园和33个国际展园组成。五大场馆：国际馆、中国馆、人与自然馆、科技馆和大温室；七大专题

展园:树木园、竹园、盆景园、药草园、茶园、蔬菜瓜果园和会后新建的名花艺石园;三大室外展区:国际室外展区、中国室外展区和企业室外展区。作为世界上唯一完整保留的世博会会址,世博园凭借全世界规模最大、最具原创性的园林园艺大观园独有的历史文化和景观价值,已成为具有世界性、民族性、园艺性的会址文化遗产。

　　③北京奥林匹克森林公园。北京奥林匹克森林公园总占地680 hm²,建设地点在北京市朝阳区洼里乡,奥林匹克公园北部,与奥运场馆及相关设施集中分布的中心区南北毗邻,遥相呼应。整个奥林匹克公园位于北京城市中轴线的北端,也即是说北京城市的传统中轴线贯穿整个奥林匹克公园(图2.9)。

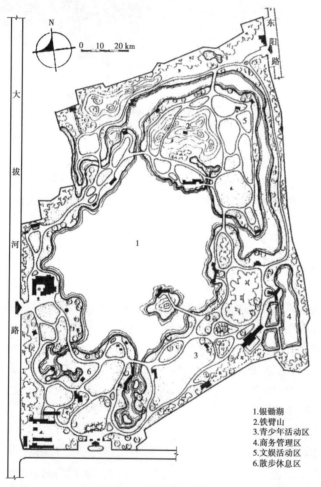

1.银锄湖
2.铁臂山
3.青少年活动区
4.商务管理区
5.文娱活动区
6.散步休息区

图2.8　上海长风公园

图2.9　奥林匹克公园

　　奥林匹克森林公园的总体规划是对秩序的追求和自然的和谐统一完美结合。在满足奥运会场馆功能基础上,赋予北京城中轴线新的延伸——坐落于轴线北部端点的森林公园,将使这条举世无双的城市轴线完美地消融在自然山林之中。奥林匹克森林公园的设计立意为"通往自然的轴线"——磅礴大气的森林自然生态系统,使代表城市历史、承载古老文明的中轴线完美地消融在自然山林之中,以丰富的生态系统、壮丽的自然景观终结这条城市轴线。

　　森林公园分为南北两园。南园,占地380 hm²,定位为生态森林公园,以大型自然山水景观的构建为主,山环水抱,创造自然、诗意、大气的空间意境,兼顾群众休闲娱乐功能,设置各种服务设施和景观景点，为市民百姓提供良好的生态休闲环境。南园的重要景观景点包括仰山、奥海、天境、天元观景平台、林泉高致、湿地及叠水花台、垂钓区、南入口、露天剧场、生态廊道等，构筑完善的功能结构体系，充实为游人服务的内容。北园占地 300 hm²，定位为自然野趣密林，将成为乡土植物种源库，以生态保护和生态恢复功能为主，尽量保留现状自然地貌、植被，形成微地形起伏及小型溪涧景观，尽量减少设施，限制游人量，为动植物的生长、繁育创造良好环境。2008 年，奥运会已经完满结束，它为北京留下了一份珍贵的奥运遗产——森林公园，成为市民百姓的休闲乐土，城市的绿肺和生态屏障。

2.2　西方园林简述

2.2.1　西方古典园林发展

古代时期西方园林，
中世纪的园林状况

1）古代时期西方园林

古代时期的西方园林指的是 4 世纪之前这段时间的造园。人们对园林的想象往往是从神话传说中发展起来的。《圣经故事》中出现的伊甸园（Eden）可以说是早期人们造园的蓝本，是人类对赖以生存的自然环境的崇拜与再现，伊甸园被描述为园子中种植有生命之树和分别善恶的树，有河从伊甸流出来，滋润那园子，从那里分为四道……

（1）古埃及园林　地中海东部沿岸地区是西方文明发展的摇篮，同样也孕育出了早期的西方园林。公元前 3 000 多年，古埃及在北非建立奴隶制国家。由于尼罗河经常泛滥，导致经常重新丈量土地而发展了几何学，古埃及便将几何运用到造园之中。最早有关埃及园林的史料可以上溯到大约公元前 2700 年的古埃及第二王朝时期，在地方官的墓穴中，已描绘有园林的形象。虽然现今古埃及园林的实物已荡然无存，但从流传下来的文字、壁画、雕刻中，人们仍可以大致了解其风貌。如古埃及古墓中发掘出的宅园石刻图（图 2.10），从图中可见园林呈方形，四周围着高墙，入口的塔门及远处的三层住宅楼构成全园的中轴线。园林中的水池、凉亭均采用严格的中轴对称式布局。

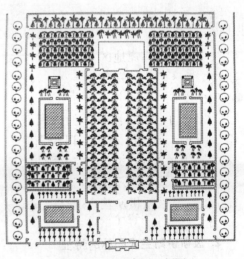

图 2.10　埃及宅园石刻图

园内成排地种植着埃及榕、椰枣、棕榈等园林树木，矩形水池中栽培着莲类水生花卉。庭园中心区域是大片成行作队的葡萄园，反映当时贵族花园浓郁的生活气息。在底比斯阿米诺非斯三世某大臣墓室中发掘出的壁画则体现了当时花园的典型形式：园子采用对称式布局，中央的矩形水池中种着水生植物，还有水禽在游弋，水边有芦苇和灌木；椰枣、石榴、无花果等果木呈行列式间植。壁画的表现手法十分独特，色彩也具有了透视感。从庭院一隅的女佣和小桌上的果篮和酒壶中可以看出，此时的埃及宅园完全是游乐生活的场所。在当时其他大臣的陵墓中也发现有这类宅园壁画或石刻。

或许由于气候炎热的原因，早期的埃及园林中，花卉种植较少，园林色彩比较淡雅。当埃及与希腊接触之后，花卉装饰才成为一种时尚，在园中大量出现。以后，埃及开始从地中海沿岸引进一些植物，如栎树、悬铃木、油橄榄、樱桃、杏、桃等，园林中的植物品种也逐渐丰富起来。

图 2.11　古巴比伦空中花园

（2）古巴比伦园林　关于古埃及园林的史料与实例非常有限，人们更为熟知的是位于两河流域美索不达米亚地区的古巴比伦空中花园（Hanging Garden）（图 2.11），被誉为古代世界七大奇迹之一。它实则就是建造在数层平台上的屋顶花园，反映出当时的建筑承重结构、防水技术、引水灌溉设施和园艺水平等都发展到了相当高的程度。这也反映出古巴比伦宫苑和宅园的显著特点：采取类似今天的屋顶花园的结构和形式。在炎热的气候条件下，为避免居室受到阳光的直射，人们通常在房屋前建有宽敞的走廊，起到通风和遮阴的作用。当灌溉技术发展到一定的高度之时，人们还在屋顶平台上铺设灌溉设施，铺以泥土，种植花草甚至树木，营造屋顶花园。

（3）古希腊园林　古希腊文化源于爱琴文化，由众多城邦组成，以克里特岛为中心，在公元前 12 世纪之前曾经几度辉煌。公元前 10 世纪，盲人作家荷马的《荷马史诗》中有大量的关于树木、花卉、圣林和花园的描述。公元前 5 世纪波希战争，希腊取胜后希腊园林得到迅速发展。古希腊园林大体上可以分为三类：第一类是供公共活动游览的园林，在原为体育竞技场的基础上，种植遮阴树并逐步开辟为林荫道，布置水景、雕塑、座椅等，不仅为人们提供了观看体育活动，也可以是散步、闲谈和游览的场所。第二类是庭院宅园，四周以柱廊围绕成庭院，庭院中散置水池和花木。第三类以神庙为主体的园林风景区，主要又以圣林为主，例如奥林匹亚祭祀场的阿波罗神殿周围有长达 60～100 m 宽的空地，据考证就是圣林遗址。在奥林匹亚的宙斯神庙旁的圣林中还设置了小型祭坛、雕像、瓶饰和瓮等，被称为"青铜、大理石雕塑的圣林"。

（4）古罗马园林　公元前 509 年，罗马人建立了贵族专政的奴隶制共和国，开始建造罗马城。其后的数百年间，罗马势力强盛，遍及整个地中海地区。公元前 190 年，古罗马在征服了被叙利亚占领的希腊之后，全盘接受了希腊文化，包括园林的建造。除了柱廊园和公共园林外，还着重发展了别墅园（Villa Garden）。由于罗马人具有更为雄厚的财力、物力，而且生活更趋豪华奢侈，促使在郊外建造别墅庄园的风气盛行。哈德良山庄就是罗马帝国的繁荣与品位在建筑和园林上的集中表现。山庄是为罗马皇帝哈德良建造的离宫别苑，坐落在蒂沃里的山坡上，占地规模达 18 km²。从遗址上看，山庄处在两条狭窄的山谷之间，用地极不规则，地形起伏很大。中心部分采用规则式布局，其他部分则顺应了自然地势。古罗马时代园林的数量之多、规模之大，十分惊人。据记载，罗马帝国崩溃之时，罗马城及其郊区共有大小园林达 180 处。古罗马版图曾扩大到欧、亚、非三大陆，罗马园林除了直接受到希腊的影响以外，还有其他各地，如古埃及和西亚的影响，文艺复兴运动源于意大利也正是古代罗马影响的直接反映。

2）中世纪时期西方园林

中世纪（公元 476—1453 年），也称为中古，是指从 5 世纪罗马帝国的瓦解，到 14 世纪文艺复兴时代开始的这段时期。中世纪欧洲园林受到当时的政治制度、经济水平、文化艺术和美学思想的严重制约，发展极为缓慢，处于园林发展的"黑暗时代"。这个阶段的园林前期是以实用性为主的寺院庭园，以意大利为中心；后期是城堡庭园，以法国和英国为中心。

（1）寺院庭园　随着基督教活动的公开化与广泛传播，修道院纷纷走出人迹罕见的山区，来到城市，为园林的生长创造必要的条件。那个时期僧侣们有严格的清规戒律，生活处于一种自给自足的状态。为此，修士们在传教之余还要从事农业生产，修道院中随之出现了菜圃和果园。随着卫生保健和医学的发展,庭院中有一部分土地用来种植草药,出现了药草园。在满足必要的物需之后,僧侣们还种植了美丽的花卉,用它们装点教堂,慢慢地具有装饰性质的花园也出现了。

从总体布局上看,寺院庭园的主要部分是由教堂及僧侣住房等围合的中庭。中庭四周有一圈柱廊,类似希腊、罗马的中庭式柱廊园(图2.12)。柱廊的墙上绘有各种壁画,内容多是圣经中的故事或圣者的生活写照。稍有不同的是希腊、罗马的中庭柱廊多为楣式,柱子之间均可与中庭相通;而中世纪寺院内的中庭柱廊多采用拱券式,并且柱子架设在矮墙上,如栏杆一样将柱廊与中庭分隔开,只在中庭四边的正中或四角处留出通道,

图2.12　中庭式柱廊园

目的是保护柱廊后面的壁画。中庭内由十字形或对角线设置的小径将庭园分成四块,正中放置喷泉、水池或水井等,是僧侣们洗涤有罪的灵魂的象征。四块园地中以草坪为主,点缀着果树和灌木、花卉等。有的寺院还在院长及高级僧侣的住房边设有私密性的庭园。此外,寺院中还有专设的果园、草药园及菜园等。

(2)城堡庭园　中世纪初期,由于战乱频繁而导致社会动荡不安。这些战争是围绕着城堡和要塞展开的,城堡外面有厚厚的城墙和角楼,是典型的防御工事。在山岳地带的城堡,绝大部分垂直陡峭,巍然耸立在山顶之上,傲然俯视着山下的风光。耸立在平原之上的城堡,周围环绕着湖泊、池塘、江河或者是护城河。这些城堡在保护王公贵族安全的同时,也为创造其内部的园林提供了可能。

早期的城堡是为战争而设的,其中并没有庭园的一席之地。直到11世纪之后随着战乱的减少,居住其中的王公贵族把这种实用性的城堡内部添加了装饰或游乐的元素,为生活制造色彩,这时城堡园林才逐渐真正地发展起来。此后,城堡庭园的装饰性和游乐性不断地增强,甚至还出现了游乐极致的猎园,如德意志国王修建的猎园。在高墙围绕的大片土地上植树造林,放养鹿、兔等飞禽走兽,供贵族们狩猎取乐。此期间十字军东征对这种变化无疑具有一定的影响。他们把东方文化,包括精巧的园林情趣,甚至一些造园植物带回欧洲。

总的来说,中世纪城堡庭园结构简单,造园要素有限,面积不大但却相当精致。庭园由栅栏或矮墙围护,与外界缺乏联系。园内树木注重遮阴效果,并将乔、灌木修剪成球形或其他几何形体,与古罗马的植物雕刻相似。泉池是不可或缺的要素,营造出欢快的庭园气氛。在那些较大的庭园中还有水池,并放养鱼儿和天鹅。重要的小品有成组的方格形花台,以及三面开敞、铺着草坪的龛座,偶有小格栅、凉亭等。豪华奢侈的庭园中设有鸟笼,豢养的孔雀陪伴着园主闲庭信步。

(3)伊斯兰园林　公元7世纪,阿拉伯人征服了东起印度河西到伊比利亚半岛的广大地带,建立一个横跨亚、非、拉三大洲的伊斯兰大帝国,虽然后来分裂成许多小国,但由于伊斯兰教教义的约束,在这个广大的地区内仍然保持着伊斯兰文化的共同特点。阿拉伯人早先原是沙漠上的游牧民族,祖先逐水草而居的帐幕生涯,对“绿洲”和水的特殊感情在园林艺术上有着深刻的反映;另一方面又受到古埃及的影响,从而形成了阿拉伯园林的独特风格:以水池或水渠为中心,水经常处于流动的状态,发出轻微悦耳的声音;建筑物大多通透开敞,园林景观具有一定幽静的气氛。伊斯兰园林分布的主要地区为波斯、西班牙与印度,以西班牙的阿尔汗布拉宫苑为其代表。

阿尔汗布拉宫是中世纪摩尔人在西班牙建立的格拉纳达王国的王宫。"阿尔汗布拉"阿拉伯语意为"红堡"。它始建于13世纪阿赫马尔王及其继承人统治期间(图2.13)。在阿尔罕布拉宫中,有4个主要的中庭(或称为内院):桃金娘中庭、狮庭、达拉哈中庭和雷哈中庭,最负盛名的当属"桃金娘中庭"和"狮庭"。"桃金娘中庭"是由大理石列柱围合而成,其间是一个浅而平的矩形反射水池,以及漂亮的中央喷泉。在水池旁侧排列着两行桃金娘树篱。狮庭是一个经典的阿拉伯式庭院,由两条水渠将其四分,水从石狮的口中泻出,经由这两条水渠流向围合中庭的4个走廊。

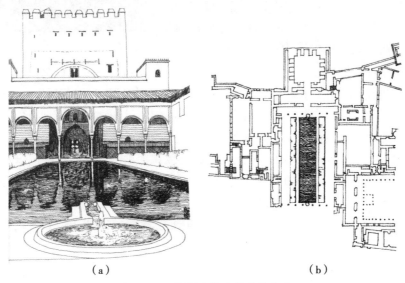

（a）　　　　　　　　　　　　　　　　（b）

图2.13　阿尔汗布拉宫桃金娘中庭

(a)长方形倒影池;(b)平面

中世纪伊斯兰园林大量采用轴线式的布局或"＋"字形的对称布局,用绿篱分隔空间,在"＋"字形的中心或尽端布有喷泉等水景,大量使用模纹花坛等。

3）文艺复兴时期意大利台地园

（1）产生背景　欧洲文艺复兴时期,意大利成为经济繁荣的中心,人们的思想从中世纪宗教中解脱出来,摆脱了上帝的禁锢,充分意识到自己的能力和创造力。园林作为一种文化形态达到极盛时期,特别是古希腊的建筑师、园林师为逃避土耳其入侵者,大批逃亡意大利,使希腊古罗马帝国时期的文化在该国得以复兴,并得到高度发展。

别墅园是意大利文艺复兴园林中最具代表性的一种类型。别墅园林多半建立在山坡地段上,就坡势而作成若干的台地,即所谓的台地园。意大利的独特地形和气候特征造就了独特的台地园,自古以来,意大利的贵族、富豪多背靠山坡、面向大海建造宅院别墅。

（2）造园特点　意大利别墅园的建造以佛罗伦萨与罗马为中心,其规划设计一般都由建筑师担任,因而运用了许多古典建筑的设计手法。主要建筑物通常位于山坡地段的最高处,在它的前面沿山坡而引出的一条中轴线上开辟一层层的台地,分别配置平台、花坛、水池、喷泉、雕像。各层台地之间以蹬道相联系。中轴线两旁栽植高耸的紫杉、黄杨、石松等树丛作为园林本生与周围自然环境的过渡。站在台地上顺着中轴线的纵深方向眺望,可以收摄到无限深远的园外借景。

16世纪末至17世纪,欧洲的建筑艺术进入巴洛克时代。受巴洛克艺术风格的影响,园林在内容和形式上产生了许多新变化,整体风格从文艺复兴时期的庄重典雅,向巴洛克时期的华丽装饰方向转化。这一时期园林的主要特征是反对墨守成规的僵化形式,追求自由奔放的格调,直至出现一种追新求异、表现手法夸张的倾向。园内建筑物的体量都很大,占有明显的统帅地位。林荫道纵横交错,入口处采用城市广场中三叉式林荫道的布置方法与城市相联系。园中大量地布设装饰小品,随着植物修剪技术的发展,绿色雕塑物的形象和绿丛植坛的花纹日益复杂和精细。

17世纪下半叶,意大利的园林创作从高潮滑向没落。造园愈加矫揉造作,大量繁杂的园林小品充斥着整个园林,同时对植物的强行修剪作为猎奇求异的手段。园林的风格背离了最初文艺复兴的人文主义思想,反映出巴洛克艺术的非理性特征,并最终导致了统治欧洲造园式样长达一个多世纪的意大利文艺复兴式园林的衰落。此后,与巴洛克艺术同期产生的法国古典主义园林艺术登上了历史舞台。

在文艺复兴时期,意大利台地园丰富的理水手法是其一大显著特点。高处汇聚水源作贮水池,然后顺坡势往下引注成为水瀑或流水梯(Water Stair),在下层台地则利用水落差的压力做出各式喷泉,最低一层平台地上又汇聚为水池。此外,在园中还常设有利用流水落差压力做出的各式喷泉,最低一层台地上又汇聚为水池;有为欣赏流水声音而设的装置,甚至有意识地利用激水之声构成音乐的旋律,利用种种技巧性处理,形成所谓的"水魔术(Water Magic)",如有水剧场、水风琴、惊奇喷泉(Surprise Fountain)等。由于花园造在山坡上,意大利花园里的水主要是动态的。波阿索说:"水在干旱时可灌溉,也是庭园凉爽所不可缺的。特别是流水,在庭园的装饰上起了重要的作用。唯有生动活泼的流水,才是生气勃勃的庭园的灵魂。"

(3)埃斯特庄园　位于罗马以东梯沃里小城边的埃斯特庄园便是意大利台地园中水景极为丰富的一个园子(图2.14),是意大利台地园林的代表作。庄园用地紧凑,是一块面积约4.5 hm^{2}的方形场地。在庄园中,花园作为建筑的延伸与补充部分,理所当然地采用建筑的设计手法。花园分为3个段落:相对平坦的底层台地、错落有致的一系列台层组成的中层台地和顶层台地,由此引导人们拾级而上,抵达山坡上的府邸。这3个段落中共有6个台层,上下高差近50 m。入口设在底层花园,宽180 m、纵深90 m的矩形园地上,三纵一横的园路划分出8个方格。

图2.14　台地园林——埃斯特庄园

　　埃斯特庄园以其突出的中轴线,加强了全园的统一感。并且,沿着每一条园路前进或返回时,在视线的焦点上都有重点处理。埃斯特庄园因其丰富多彩的水景和音响效果而著称于世。这里有宁静的水池,有产生共鸣的水风琴,有奔腾而下的瀑布,有高耸的喷泉,也有活泼的小喷泉、溢流,还有缕缕水丝等;有动有静、动静结合的水景,在园中形成一曲完美的水的乐章。埃斯特庄园内没有鲜艳的色彩,全园笼罩在一片深浅不同的绿色植物中。这也为各种水景和精美的雕像创造了良好的背景,给人留下极为深刻的印象。

4)17世纪法国古典式园林

　　(1)产生背景　法国位于欧洲大陆的西部,国土总面积约为55万 km²,为西欧面积最大的国家。其平面呈六边形,三边临海,三边靠陆地,大部分为平原地区。由于它位于中纬度地区,气候温和,雨量适中,呈明显的海洋性气候。这样独特的地理位置和气候,为与周边地区的交流提供了便利,也为多种植物的生存繁衍创造了有利的条件,从而为造园提供了丰富的素材。法国古典主义园林反映的是以君主为中心的封建等级制度,是绝对君权专制政体的象征。就法国整个古典园林而言,其本身也经历了一个发展的过程,直到路易十四统治时期达到顶峰。

　　文艺复兴运动使法国造园艺术发生了巨大的变化。在花园里出现了雕塑、图案式花坛以及岩洞等造型,还出现了多层台地的格局,进一步丰富了园林的内容。总的来看,这一时期园子的功能除增加了游憩、观赏的功能外,仍保留着种植、生产的功能,总体规划还很粗放。

　　(2)勒诺特尔与法国古典式园林　直到17世纪下半叶,勒诺特尔才真正开创了法国式园林。在此之前,人们局限于借鉴意大利的造园手法;之后,人们不再满足于模仿,而是要创造出能与意大利园林相媲美的作品。勒诺特尔以园林的形式表现了皇权至上的主题思想,使作品鲜明地反映出这个辉煌时代的特征。这是意大利文艺复兴期贵族、主教们的别墅庄园所望尘莫及的。园林成为路易十四时代最具代表性的艺术,勒诺特尔为他设计的凡尔赛花园则成了法国古典主义园林的代表。

　　(3)凡尔赛宫　凡尔赛宫是设计师勒诺特尔和著名建筑师勒沃在路易十三的狩猎行宫基础上为法王路易十四建造新宫殿。1667年,勒沃在狩猎行宫的西、北、南三面添建新宫殿,将原来的狩猎行宫包围起来;勒诺特尔设计了凡尔赛花园,它以海神喷泉为中心,主楼北部有拉冬娜喷泉,主楼南部有桔园和温室。花园内有1 400个喷泉,以及一条长1.6 km的十字形人工大运河;还有森林、花径、温室、柱廊、神庙、村庄、动物园和众多散布的大理石雕像。凡尔赛花园的总体布局是为了体现至高无上的君权,以府邸的轴线为构图中心,沿府邸—花园—林园逐步展开,形成一个完整统一的整体,并以林园作为花园的延续和背景,可谓构思精巧。而园林布局则强调有序严谨,规模宏大,轴线深远,从而形成了一种宽阔的外向园林,反映了当时的审美情趣(图2.15)。

　　(4)造园特点　从凡尔赛花园的设计上看,它完美地体现着古典主义或者说是勒诺特尔式园林的造园特点:

　　①在勒诺特尔式园林的构图中,府邸是中心,起着统率的作用,通常建在地形的最高处。

　　②花园本身的构图,体现出专制政体中的等级制度。在贯穿全园的中轴线上,加以重点装饰,形成全园的艺术中心。整个园林因此编织在条理清晰、秩序严谨、主从分明的几何网格之中。

　　③空间的广袤与无限。体现在园林的规模与空间的尺度上,便是追求空间的无限性,因而具有外向性的特征。

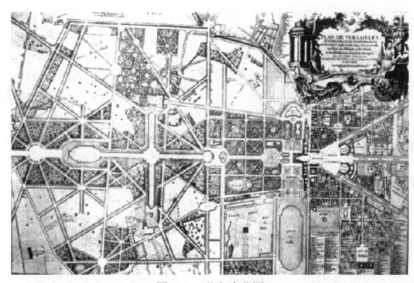

图 2.15　凡尔赛花园

法国园林

④地形平缓或略有起伏。

⑤水景以静态的水镜面或运河为主。

⑥刺绣花坛是重要的造园要素。由于地形平坦,布置在府邸近旁的绣花花坛在园林中起着举足轻重的作用。

17 世纪下半叶,法国不仅在经济上和军事上是全欧洲首屈一指的强国,在政治、文化以及造园方面也成为全欧洲效法的榜样。此后的一个世纪,法国古典主义园林的影响迅速传遍了欧洲,成为取代意大利台地园的一种新样式,主导并统率着当时的欧洲造园界。

5)18 世纪英国自然风景园

英国自然风
景式园林

(1)造园风格的发展　在 17 世纪以前,英国园林主要模仿意大利封建贵族的别墅、庄园。整个园林被设计成封闭的环境,以直线的小径划分成若干几何形的地块。至 17 世纪,由法国勒诺特尔设计和建造了豪华的凡尔赛宫园林,产生了世界性的影响,按照法国园林模式造园成为英国上流社会的风尚。

直到 18 世纪初,英国人开始探求本国新的园林形式,发展形成了自然风景园。这种风景园以开阔的草地,自然式种植的树丛,蜿蜒的小径等为特色。它的产生同英国本身的自然地理条件,以及这一时代的政治、经济、文化、艺术和审美观点等的影响有着很深的联系。英国本土丘陵起伏的地形和大面积的牧场风光为园林形式提供了直接的范例,社会财富的增加为园林建设提供了物质基础。不列颠群岛潮湿多云的气候条件,资本主义生产方式造成的庞大城市,促使人们追求开朗、明快的自然风景。这些条件促成了独具一格的英国式园林的出现。

此外,英国园林师从英国自然风景中汲取营养进行造园,还深受欧洲风景画、田园文学与中国园林、绘画的启发。欧洲从文艺复兴末期开始,便普遍产生了对风景画的兴趣,那时的意大利画家都喜爱选择希腊神话作题材,并以山水作为背景,从而导致山水风景画的盛行,18 世纪相继出现了兰伯特、威尔逊及盖恩斯·巴勒等风景画家。在文学方面,英国自伊丽莎白时期开始,由于对自然美的向往而产生了田园文学。至 18 世纪,英国田园诗人辈出,有蒲柏、汤姆森、戴尔等,当时英国民间广泛地流行着歌颂自然美之风。由于绘画和文学这两种艺术出现了自然趣味的倾向,就给 18 世纪英国自然式造园的产生打下了基础。

(2)造园家及其造园思想　真正从事自然式造园是从布里基曼开始的。布里基曼是英国由规则式化园艺术转向风景式造园的开创者。他的造园手法,可以从在白金汉郡的"斯陀园"中看出。他首次在园中应用了非行列式的、不对称的树木种植方式,并且放弃了长期流行的植物雕刻。斯陀园是规划式园林与自然式园林之间的过渡状态的代表,被称为"不规则化园林"。此外,他在巨大的园地周围布置一道隐垣(Sunk Fence),使人的视线得以延伸到园外的风景之中。当时这隐垣是新奇的事物,主要设在园路的终点。

图2.16　自然风景式造园

继布里基曼之后,肯特是18世纪后半期风景式庭园进入全盛期的先导者。他完全抛弃了规则形式,走向非规则形式。他天才地从不完善的造园理论中建立起较完整的体系,发现越过绿篱的所有自然界都是庭园。他的成名作是契斯维克别墅园。在该园林设计中,他大量运用了自然式手法,园林中有形状顺应自然的河流和湖泊,起伏的草地,自然生长的树木,并在规则划分的地块中间修建了弯曲的小径(图2.16)。

L.布朗对斯陀园又进行了彻底改造,去除一切规则式痕迹,全园呈现一派牧歌式的自然景色。这种新型园林使公众耳目一新,争相效法,遂形成了"自然风景学派",或称作布朗派。布朗设计的园林尽量避免人工雕琢的痕迹,以自由流畅的湖岸线、平静的水面、缓坡草地、起伏地形上散点的树木取胜。他排除直线条、几何形、中轴对称及等距离的植物种植形式。他的追随者们将其设计誉为另一种类型的"诗、画或乐曲"。

雷普顿是继布朗之后18世纪后期英国最著名的风景园林师,他十分理解并善于找出绘画与造园中的共性与差异,主张在建筑物周围运用花坛、棚架、栅栏、台阶等装饰性布置,作为建筑物向自然环境过渡,而把自然风景作为各种装饰性布置的壮丽背景。在种植方面,采用散点式,更接近于自然生长中的状态,并强调树丛应由不同树龄的树木组成;不同树种组成的树丛,应符合不同生态习性的要求。他的这些造园手法雅俗共赏,因而被更多的人所接受。

在自然风景园的形成过程中,还出现了所谓的英中式园林,威廉·钱伯斯是一位集建筑师、园林师及理论家为一体的代表人物。他到过中国,先后在1757年和1772年出版了《中国建筑、家具、服饰、机械和生活用具的设计》和《东方造园泛论》。主张在英国园林中引入中国情调的建筑小品,如亭、桥、塔、廊等作为点缀,这些虽实际上还未能显现出中国园林的精髓,不过,在当时欧洲兴起的中国园林热的浪潮中,钱伯斯确实起了重要的作用,也留下了不少作品,在邱园中至今还留有中国塔这个引人注目的景点。

18世纪自然风景园风靡了英国整个造园界,肯特、布朗与雷普顿是这一时代3个最杰出的造园家。

2.2.2　西方近现代园林

现代园林

1)西方近现代园林的产生与发展

18世纪后半叶,由于中产阶级的兴起,英国的部分皇家园林也逐渐对公众开放,如伦敦的海德公园、摄政公园、肯辛顿公园等。随即法国、德国和其他国家也竞相模仿,各个国家开始建造一些开放的、为公共服务的城市公园。到 19 世纪，美国的奥姆斯特德(F. L. Olmsted)在纽约市规划设计了中央公园，这是首个真正按近代公园构想及建设的公园。它以田园风景、自然布置为特色，成为纽约市民游憩、娱乐的场所，同时它的建成也极大地传播了城市公园的思想。此后，美国的城市公园的发展取得了惊人的成就(图 2.17)。

图 2.17　纽约中央公园

19 世纪，尽管园林在内容上已经产生了翻天覆地的变化，但是在形式上并没有创造出一种新的风格，只是在自然式与几何式两者之间徘徊。新艺术运动的到来为园林注入了新的思想，新艺术运动是强调曲线、动感、装饰的浪漫主义艺术运动，它虽然反叛了古典主义的传统，但其作品并不是严格意义上的"现代"，而是现代主义之前有益的探索和准备。新艺术运动下的园林作品有德国达姆施塔特附近的"艺术家之村"的庭院、西班牙建筑师高迪的居尔公园等。

20 世纪 20—30 年代，以法国和美国为首的装饰运动是新艺术运动的延伸和发展。当时法国重要的建筑师古埃瑞克安在 1925 年巴黎国际装饰艺术展上曾设计了"光与水的园林"，对之后的园林设计影响很深，有明显的现代园林的特征，是现代园林发展的里程碑。20 世纪 30 年代的英国园林设计师唐纳德从理论上探索了现代园林的性质，1938 年他在《现代景观中的园林》一书中提出了现代景观设计的 3 个方面，即功能的、移情的和艺术的。当时的另一位园林设计师杰里科认为应该消除建筑与园林严格的界限，景观将超越建筑成为艺术之母。在杰里科的设计中，建筑和园林完美地结合在一起。此外，杰里科还喜爱并在作品中大量运用古典园林的要素，如绿篱、雕塑、链式瀑布、远景等，将许多其他传统园林要素单独或一起使用来强化景观，如凉亭、座椅、棚架、瓶饰和花篮等。这使得他的作品带有浓厚的古典色彩。

因为第二次世界大战，艺术和建筑的中心从巴黎转移到了纽约，许多著名的设计师、建筑家来到了美国，带来了新思想和对现代设计的探索，引来了有名的"哈佛革命"。同时美国风景园林师托马斯·丘奇也正在实践中进行新风格的尝试，并形成了独有的"加州花园"的形式，锯齿线、钢琴线、肾形、阿米巴曲线结合形成简洁流动的平面，通过花园中质感的对比，运用木板铺装的平台和新物质，如波状石棉瓦等，创造了一种新的风格与学派。丘奇最著名的作品是 1948 年的唐纳花园(图 2.18)。庭院由入口院子、游泳池、餐饮处和大面积的平台所组成。平台的一部分是美国杉木铺装地面，另一部分是混凝土地面。庭院轮廓以锯齿线和曲线相连，肾形泳池流畅的线条以及池中雕塑的曲线，与远处海湾的"S"形线条相呼应。树冠的框景将原野、海湾和旧金山的天际线带入庭院中。从花园中泳池的形状和木板的铺装不难看出阿尔托的玛丽亚别墅对丘奇的影响。

巴西风景园林设计师布雷·马科斯则从超现实主义等现代艺术中找到了创作灵感，创造了一种新的形式语言。在芒太罗花园中，马科斯将建筑融于自然园林中，利用自然景观和植物材料创造出美丽的景观，显示了他驾驭建筑与环境的能力。艺术的植物栽植形式同自然很好地融在一起，丝毫没有显示人统治自然的强烈意志。芒太罗花园(图 2.19)并不是简单地用自由花带围绕着建筑，而是将建筑通过这种方式组织到园林景观中来，可以说是他设计的最充满活力的私家园林之一。色彩绚丽的热带植物与抽象化的铺装构成了马科斯的简约构图，他的设计方式也对后来现代园林产生了很深的影响。

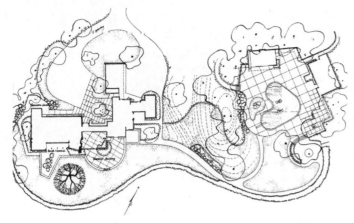

图2.18　唐纳花园平面图

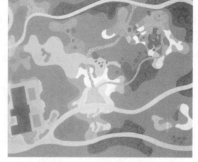

图2.19　芒太罗花园

2)20 世纪 60 年代之后的反思与创新

20 世纪 60 年代以后,艺术、建筑和景观都进入了对现代主义进行反思和重新认识的时期。在发展过程中,现代园林不断地与其他一些艺术和学科进行交流,形成新的分支。麦克哈格的理论,体现了生态学思想对风景园林的渗透。西方雕塑的内涵和外延都得到扩展,雕塑艺术渗透到景观中,产生了一批如野口勇、穆拉色和塔哈等景观雕塑艺术家。现代景观在原有的基础上不断地进行调整、修正、补充和更新,一批批艺术家、建筑师也加入到风景园林设计的行列中来,而风景园林师也吸取更广阔范围的思想与概念进行设计,如屈米、彼得·沃克、玛莎·施瓦茨、拉茨、哈格里夫斯等,他们为现代园林的发展注入了新的活力。现代风景园林的概念极其广阔,从传统的花园、庭院、公园,到城市广场、街道、街头绿地、商业区、大学和公司园区,以及国家公园、自然保护区,甚至整个大地都是景观规划设计室工作的范围。如今的西方景观设计正在呈现一种多元化的发展趋势。

（1）拉·维莱特公园与解构主义　拉·维莱特公园位于巴黎东北部,占地约 50 hm^2。乌尔克运河几乎恰好将基地一分为二。1982 年法国文化部向全球设计师征集设计方案,建筑师伯纳德·屈米以他充满解构主义风格的方案脱颖而出。公园在结构上由点、线、面三个互不关联的要素体系相互叠加而成。"点"由 120 m 的网线交点组成,在交点上共安排了 40 个鲜红色的、具有明显解构主义风格的小构筑物。这些构筑物有些被赋予了一定的功能,有些没有功能。"线"由空中步道、林荫大道、弯曲小径等组成,其间没有必然的联系。空中步道一条位于运河南岸,另一条位于园西侧贯穿南北。林荫道有的是利用了现状,有的是构图安排的需要。在规整的建筑与主干道体系之中还穿插了另一种线形节奏——弯曲的小径。这些精心设计的游览路线打破了构筑物构成的严谨的方格网所建立起来的秩序,同时也联系着公园中的 10 个主题小园,包括镜园、恐怖童话园、风园、舞园、龙园、竹园等。这些主题园分别由不同的风景师或艺术家设计。"面"则是指地面上大片的铺地、大型建筑、大片草坪与水体等(图2.20)。

对于这种深受解构主义哲学影响,并且纯粹以形式构思为基础的公园设计,屈米认为是一种以明显不相关方式重叠的裂解为基本概念建立新秩序及其系统的尝试。这种概念抛弃了设计的综合与整体观,是对传统的主导、和谐构图与审美原则的反叛。他将各种要素裂解开来,不再用和谐、完美的方式相连接与组合,而相反却用机械的几何结构处理,以体现矛盾与冲突。这种结构与处理方式更注重景观的随机组合与偶然性,而不是传统公园精心设计的序列与空间景致。

（2）泰纳喷泉与极简主义　在风景园林设计领域，美国的彼得·沃克将极简主义艺术在风景园林设计中完美展现。泰纳喷泉是沃克设计中最富极简主义和雕塑艺术特征的作品。泰纳喷泉是一个神秘的、概念上简洁且富于探索精神的伟大的艺术作品。在此项目中，沃克利用简洁的形象和秩序化的景观，创造出了一个拥有丰富体的环境，泰纳喷泉本身形式的简单纯净使它在繁杂的环境中集中强调自身的景物，而不是看重物体的环境因素（图2.21、图2.22）。

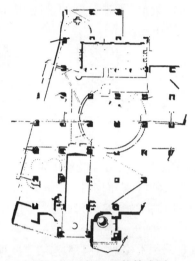

图 2.20　拉·维莱特公园

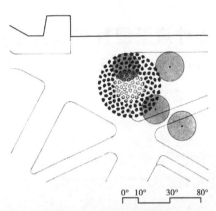

图 2.21　泰纳喷泉平面

沃克对此设计的概念是利用新英格兰地区的材料，创造一件能够反映太阳每天运动及变更的艺术品。泰纳喷泉是沃克对于石头力量亲密性的一个重要展示。泰纳喷泉位于一个被建筑、构筑物、围栏所包围的步行路交叉口，由一个 60 ft（英尺）（1 ft =0.304 8 m）直径的圆组成，内部由一些同心但不规则的巨石排列成圆，每块巨石约为 4 ft×2 ft×2 ft，并且都镶嵌于地面之中。草地、沥青和混凝土路面在

图 2.22　泰纳喷泉实景

圆的不同点上相互交错，不断改变着场所的质地与色彩。这些巨石使人想起遥远的过去，同时也使人想到新英格兰的历史以及那些先驱者们清理散置在田野间石头的艰辛。然而这些联想又和放置在沥青路面上出现的巨石块相矛盾。远古、历史和现代新事物并置，在这点上与周围的建筑风格对比相一致：严肃的乔治式的砖房、现代钢筋混凝土结构的科技中心以及静思的哥特式纪念堂形成了对比。

（3）杜伊斯堡北部风景园与生态主义　面积200 hm² 的杜伊斯堡风景公园是德国景观设计师彼得·拉茨的代表作品之一。公园坐落于杜伊斯堡市北部，这里曾经是有百年历史的一座钢铁厂。拉茨的设计思想理性而清晰，他用生态的手段处理这片破碎的地段。他保留了工厂遗留下来的东西，像庞大的建筑和货棚、烟囱、鼓风炉、铁路、桥梁、水渠等，部分构筑物被赋予新的使用功能。高炉等工业设施可以让游人安全地攀登、眺望，废弃的高架铁路改造成为公园中的游步道，并被处理为大地艺术的作品，工厂中的一些铁架可成为攀缘植物的支架，高高的混凝土墙体可成为攀岩训练场……他对这些遗留物的处理方法不是努力掩饰这些破碎的景观，而是寻求

对这些旧有的景观结构和要素的重新解释。

工厂中的植被均得以保留,荒草也任其自由生长。工厂中原有的废弃材料也得到尽可能地利用。红砖磨碎后可以用作红色混凝土的部分材料,厂区堆积的焦炭、矿渣可成为一些植物生长的介质或地面面层的材料,工厂遗留的大型铁板可成为广场的铺装材料……水可以循环利用,污水被处理,雨水被收集,引至工厂中原有的冷却槽和沉淀池,经澄清过滤后,流入埃姆舍河。拉茨最大限度地保留了工厂的历史信息,利用原有的"废料"塑造公园的景观,从而最大限度地减少了对新材料的需求,减少了对生产材料所需的能源的索取。

2.3　中外风景园林建筑简述

中国古代建筑　　中国古代建筑
的基本特征　　　发展概述

2.3.1　中国园林建筑

1)中国古代建筑简述

(1)中国古代建筑基本特征　中国古代建筑在结构做法和发展方面的基本特征为:

①独特的单体造型。中国古代建筑外形上的特征最为显著,它们都具有屋顶、屋身和台基3个部分,各部分的外形和世界上其他建筑迥然不同,这种独特的建筑外形,完全是由于建筑物的功能、结构和艺术高度结合而产生的。

②以木构架为主的结构方式。中国古代建筑主要都是采用木构架结构,木构架是屋顶和屋身部分的骨架,它的基本做法是以立柱和横梁组成构架,4根柱子组成一间,一栋房子由几个间组成。建筑形式标准化通用化,即使用一种结构类型的建筑物就可以适应多种使用功能的需求。

③建筑群体布局的特征。中国古代建筑如宫殿、庙宇、住宅等,一般都是由单个建筑物组成的群体。这种建筑群体的布局除了受地形条件的限制或特殊功能要求(如园林建筑)外,一般都有共同的组合原则,那就是以院坝为中心,四面布置建筑物,每个建筑物的正面都面向院坝,并在这一面设置门窗。规模较大的建筑则是由若干个院坝组成。这种建筑群体一般都有显著的中轴线,在中轴线上布置主要建筑物,两侧的次要建筑多作对称的布置。个体建筑之间有的用廊子相连接,群体四周用围墙环绕。人伦关系反映在建筑平面布局上。一般在一组建筑之内,正、倒、厢、耳、门、厅、廊、偏各房都各有等级。

④建筑装饰及色彩的特征。中国古代建筑上的装饰细部大部分都是梁枋、斗栱、檩椽等结构构件经过艺术加工而发挥其装饰作用的。我国古代建筑还综合运用了我国工艺美术以及绘画、雕刻、书法等方面的卓越成就,如额枋上的匾额、柱上的楹联、门窗上的棂格等,内容丰富多彩、变化无穷,具有我国浓厚的传统的民族风格。

色彩的使用也是我国古代建筑最显著的特征之一,如宫殿庙宇中用黄色玻璃瓦顶、朱红色屋身。檐下阴影里用蓝绿色略加点金,再衬以白色石台基,各部分轮廓鲜明,使建筑物更显得富丽堂皇。色彩的使用,在封建社会中也受到等级制度的限制,在一般住宅建筑中多用青灰色的砖墙瓦顶,或用粉墙瓦檐、木柱,梁枋门窗等多用黑色、褐色或本色木面,也显得十分雅致。

(2)中国古代建筑的发展演变　我国古代建筑的发展演变,可以上溯到上古时期。从公元前5世纪末的战国时期到清代后期前后共有2 400多年,是我国封建社会时期,也是我国古代建筑逐渐成熟、不断发展的时期。

秦汉时期,我国古代建筑有了进一步发展。秦朝统一时曾修建了规模很大的宫殿。现存的阿房宫遗址是一个横阔1 km的大土台,虽然当时的建筑已完全不存在了,但还能大致看出主体建筑的规模。秦汉时期已有了完整的廊院和楼阁,有屋顶、屋身和台基3部分,和后代的建筑非常相似;建筑的做法如梁柱交接斗栱和平坐、栏杆的形式都表现得很清楚,说明我国古代建筑的许多主要特征都已形成。

在魏晋南北朝时期,佛教广为传播,这时期寺庙、塔和石窟建筑得到很大发展,产生了灿烂的佛教建筑和艺术。

唐代是我国封建社会的鼎盛时期,农业、手工业的发展和科学文化都达到了前所未有的高度,是我国古代建筑发展的成熟时期。

唐代以后形成五代十国并列的形势,直到北宋又完成了统一,社会经济再次得到恢复发展。这时期总结了隋唐以来的建筑成就,制定了设计模式和工料定额制度,编著了《营造法式》由政府颁布施行,这是一部当时世界上较为完整的建筑著作。

辽、金、元时期的建筑,基本上保持了唐代的传统。

明清时期的建筑,又一次形成了我国古代建筑的高潮。这一时期的建筑,有不少完好地保存到现在。

近百年来,由于我国社会制度发生了根本的变化,封建制度解体,新的功能使用要求和新的建筑材料、技术,促使建筑传统形式发生深刻的变化,但是古代建筑中的某些设计原则、完美的建筑艺术形象,在现代的建筑发展中仍将得到有批判分析的继承和发扬。

(3)中国古代建筑的结构

①平面。中国古房屋建筑的平面多以长方形为主,也有正方形。园林建筑的平面常为正方形、六角形、八角形、圆形等。少数城墙的用楼建筑为十字形或曲尺形(图2.23)。

中国古代建筑的做法
及名称、平面及结构

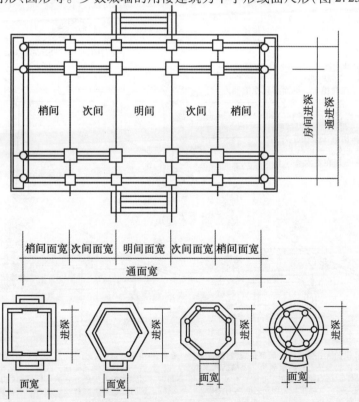

图2.23 中国古建筑平面图

　　中国古建筑的房屋一般是以柱为承重构件,凡四柱间所围的面积,即两柱间宽与深的乘积为间。间较长的称宽,短的称深。左右两柱轴线的宽称为面宽,也有的称面阔或开间。数间相连的总长称为通面宽,前后两柱轴线的深称为进深,数间相连的总深度称为通进深。

　　古代建筑房屋的间数多为单数,正中的一间称为正间或明间或心间,在其两旁的称为次间,次间之外的称为梢间,梢间之外在房屋两个尽端的(一般指七间或九间房的尽端)称为尽间,在间之外有柱无隔的称为廊。

　　在建筑群体布置中,主要的建筑物多居中、向南,称为正殿或正房,两则可加套间称耳房;正殿、正房前左右对立着的称为配殿或厢房,四座建筑围成一个院子,如果只有三面有房屋就称三合院,四面都有房屋称四合院。规模较大的建筑通常是由很多院子组成的。

　　②木构架。清式建筑木构架分为两类,有斗栱的称为大式,没有斗栱的称为小式。

　　a.柱。总的来说有5种,即檐柱、金柱、中柱、山柱和童柱(图2.24)。

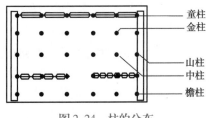

图2.24　柱的分布

　　从檐口向里,位于檐柱以内的柱子为金柱,也有称为步柱,它一般同檐柱成对(组)设置。

　　山墙正中一直到屋脊的称为山柱。

　　在纵中线上,不在山墙内上面顶着屋脊的是中柱。

　　立在梁上下不着地,作用与柱相同的称为童柱,也称瓜柱。

　　b.间架。间架是木构架的基本构成单位。间架由下而上的构成顺序及各部件名称如图2.25、图2.26所示。

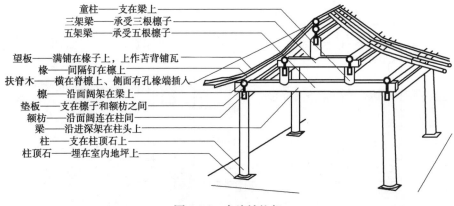

图2.25　木建筑构架

● 有斗栱的大式做法,一般都是规模较大的建筑,其做法是柱上有两层额枋,大额枋的上皮与柱头平。檩有挑檐檩和正心檩,在正心檩与平板枋之间,大额枋与小额枋之间均有垫板,大额枋上放平板枋,平板枋上放半栱

● 建筑带有廊子的做法是:最外一列柱称为檐柱,其后一列柱称为老檐柱,在檐柱与老檐柱之间加一短梁称为挑尖梁。它的作用是加强廊子的结构。这时在横梁下面往往还加一条随梁枋,也是为了加强间架的结构

图2.26　木建筑檐部做法

间架的梁架大小,是以承受檩子的数目来区分的,三檩称为三架,五檩称为五架,较大的殿宇可以做到十九架。梁的名称也是以其上承受檩子的数目来定的,最下面的长梁俗称大柁,向上类推是二柁、三柁等,如图2.27所示。

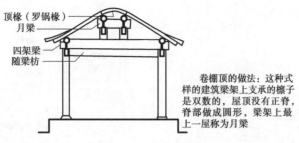

图 2.27　卷棚梁架

c.举架。举架是屋顶坡面曲线的做法。这种曲线是由于檩子的高度逐层加大而形成的。檩子之间的水平距离基本相同称为步架,各步架的高度都有一定的规定,如五檩举架为五举、七举(五举即举高为步架的5/10,余类推),七檩举架为五举、七举、九举,九檩举架为五举、六五举、七五举、九举(图2.28)。

d.檐角起翘和出翘。我国古代建筑屋檐的转角处,不是一条水平的直线,而是四角微微翘起,称为"起翘"。屋顶的平面也不是直线的长方形,而是四角向外伸出的曲线,称为"出翘"。"起翘"和"出翘"都是因处理角梁和椽子的关系而形成的,如图2.29所示。

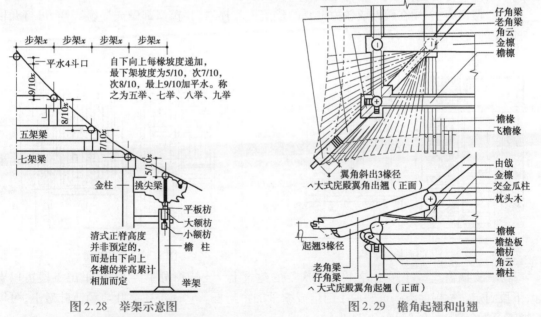

图 2.28　举架示意图　　　　　　图 2.29　檐角起翘和出翘

③台基。台基也称基座,即高出地面的建筑物底座,用以承托建筑物,并使其防潮、防腐,同时可弥补中国古建筑单体建筑不甚高大雄伟的欠缺。台基大致有4种(图2.30)。

a.普通台基。用素土或灰土或碎砖三合土夯筑而成,约高1尺(1尺=0.33 m),常用于小式建筑。

b.较高级台基。较普通台基高,常在台基上边建汉白玉栏杆,用于大式建筑或宫殿建筑中的次要建筑。

c.更高级台基。即须弥座,又名金刚座。"须弥"是古印度神话中的山名,相传位于世界中心,系宇宙间最高的山,日月星辰出没其间,三界诸天也依傍它层层建立。须弥座用作佛像或神龛的台基,用以显示佛的崇高伟大。中国古建筑采用须弥座表示建筑的级别。一般用砖或石砌成,上有凹凸线脚和纹饰,台上建有汉白玉栏杆,常用于宫殿和著名寺院中的主要殿堂建筑,如图2.31所示。

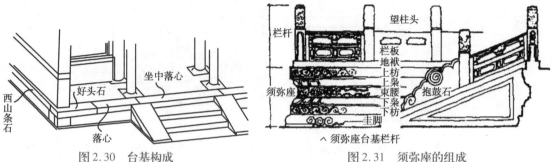

图2.30　台基构成　　　　　　　　　图2.31　须弥座的组成

d.最高级台基。由几个须弥座相叠而成,从而使建筑物显得更为宏伟高大,常用于最高级建筑,如故宫三大殿和山东曲阜孔庙大成殿,即耸立在最高级台基上。

④木装修。分内檐装修和外檐装修。外檐装修主要是指做在外墙(檐柱之间)的门窗等。内檐装修包括分隔室内空间的各种隔断、门窗以及天花、藻井等。

a.门窗。门窗的做法和近代建筑的木门窗相似,对安装门窗的外框架子统称为槛框。在槛框中,横的部分称为槛,竖的部分称为框(宋称槛柱)。

槅扇、槛窗式:多用在较大或较为重要的建筑上。槅扇门、槛窗都做成槅扇式样,可打开横坡是固定的窗扇,如图2.32所示。

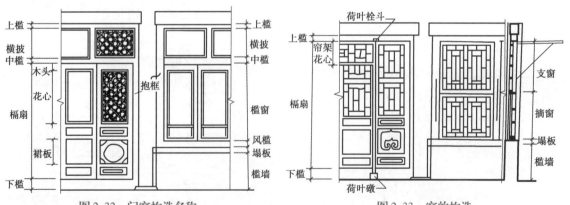

图2.32　门窗构造名称　　　　　　　　图2.33　窗的构造

槅扇、支摘窗式:多用在住宅和较为次要的建筑上。支摘窗分里外两层,里层下段可以支起,下段固定。槅扇门有一可装两个门扇或檐子的帘架框。它固定在荷叶斗和荷叶磴上,可以根据需要拆装,如图2.33、图2.34所示。

b.大门。大门的做法和槅扇略有不同,因门扇宽度常常比柱间距离小,所以在中槛和下槛(又称为门槛)之间加门框。门框和抱框之间镶上称为余塞板的木板,在上槛与中槛之间镶上的木板称为走马板。

c.罩。罩是分隔室内空间的装修,就是在柱子之间做上各种形式的木花格或雕刻,使得两边的空间又连通又分割,常用在较大的住宅或殿堂中,如图2.35所示。

d.天花、藻井。天花即现代建筑中的吊顶或顶棚。宫殿庙宇等大型建筑中的天花做法是用木龙骨做成方格,称为支条,上置木板称为天花板,在支条和天花板上,都有富丽堂皇的彩画,如图2.36、图2.37所示。

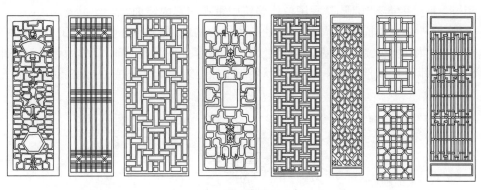

图2.34　窗的形式

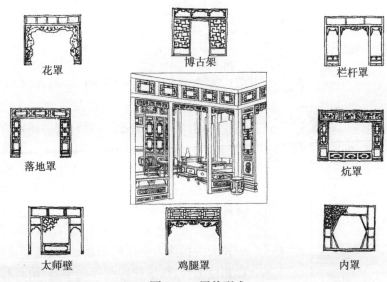

图2.35　罩的形式

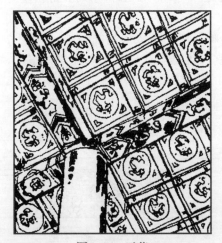

图2.36　天花

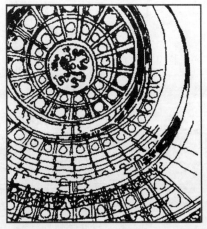

图2.37　藻井

藻井是用在最尊贵的建筑中,天花上最尊贵的位置上,如宫殿的宝座或寺庙的佛像上,一般建筑的顶棚是不许用藻井的。藻井是顶棚走向上凹进的部分,形状有八角形、圆形、方形等,多用斗栱和极为精致的雕刻组成,是我国古代建筑中重点的室内装饰。

⑤斗栱。斗栱是中国古建筑屋檐下面的一种传力构件,北方称斗栱,南方民间有称牌科,宋式称铺作。它由相互交叉层层重叠的斗、供、翘、昂、升等分件组成,统一简称为斗栱。一组完整的斗栱称为攒,即斗栱以攒计量。由于形状特殊,对建筑也起着很好的装饰效果,如图2.38所示。

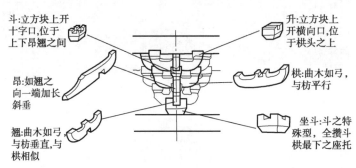

斗:立方块上开十字口,位于上下昂翘之间

昂:如翘之向一端加长斜垂

翘:曲木如弓,与枋垂直,与栱相似

升:立方块上开横向口,位于栱头之上

栱:曲木如弓,与枋平行

坐斗:斗之特殊型,全攒斗栱最下之座托

中国古代建筑的做法及名称-建筑围合

图2.38　斗栱

⑥墙。古建筑的墙体,在房屋中不是承重构件,它只作围护、相隔断作用。依不同部位有不同名称,在前后檐下,伴随檐柱而立者称檐墙;有房屋两端者称山墙;有廊建筑,在檐柱与金柱之间砌墙者称廊墙或廊心墙;在极大建筑物中,有时在金柱间砌有与檐墙平行之墙者,称为扇面墙;沿进深方向所砌之墙称为隔断墙;有窗的地方,在窗槛下的墙称为槛墙,如图2.39所示。

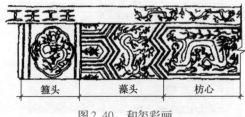

排山勾滴
搏风
挑檐石
馀檐花砖
山尖
上身
腰线石
压砖板
裙肩
墀头角柱石
阶条石

图2.39　墙体

⑦彩画。古建筑中的彩画,均以梁枋大木和一些面积较大的构件为主作构图基础,其他部位则随大木彩画作相应配合,在这些构图作品中,以清式彩画为主,总的归纳为三大类,即和玺、旋子和苏式。而和玺与旋子多用于宫殿,故合称"殿式"。

和玺彩画是使用等级最高的一种,多用于宫殿、坛庙的主殿、堂门等处。在构图上以龙凤为主题,梁枋上的各部位用Σ形线条作为段线,各主要线条均沥粉贴金,案底以青、绿、红等作底色,衬托金色图案,显得非常华贵,如图2.40所示。

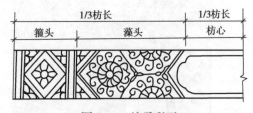

箍头　藻头　枋心

图2.40　和玺彩画

1/3枋长　1/3枋长
箍头　藻头　枋心

图2.41　旋子彩画

旋子彩画在等级上次于和玺彩画,多使用于官衙、庙宇的主殿、坛庙的配殿和牌楼建筑等处。它的主要特点是:在藻头内画有带旋涡状的几何图形,称为旋子或旋花,如图2.41所示。

苏式彩画起源于苏州,故而得名,它由图案和绘画两部分组成,常用于园林和住宅建筑。图案多画各种回纹、万字、整纹、汉瓦、连珠、卡子、锦纹等。装饰花常绘花叶、异兽、流云、博古、竹梅等,图案与画题互相交错,形成灵活多变的画面,如图2.42所示。

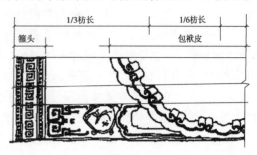

图2.42　苏式彩画

⑧屋顶。中国传统屋顶如图2.43所示,其中常见类型有6种,以重檐庑殿顶、重檐歇山顶为级别最高,其次为单檐庑殿、单檐歇山顶。

单坡　平顶　囤顶　硬山　悬山

藏族平顶　毡包式圆顶　拱棚　庑殿　歇山

卷棚　重檐　圆攒尖　盔顶　三角攒尖

四角攒尖　扇面　风火山墙　穹窿顶　盝顶　八角攒尖

图2.43　古建筑屋顶类型

中国古代建筑的做法
及名称-屋顶

a.庑殿顶。四面斜坡,有一条正脊和四条斜脊,屋面稍有弧度,又称四阿顶。

b.歇山顶。是庑殿顶和硬山顶的结合,即四面斜坡的屋面上部转折成垂直的三角形墙面。有一条正脊、四条垂脊,四条依脊组成,所以又称九脊顶。

c.悬山顶。屋面双坡,两侧伸出山墙之外。屋面上有一条正脊和四条垂脊,又称挑山顶。

d.硬山顶。屋面双坡,两侧山墙同屋面齐平,或略高于屋面。

e.攒尖顶。平面为圆形或多边形,上为锥形的屋顶,没有正脊,有若干屋脊交于上端。一般亭、阁、塔常用此式屋顶。

f.卷棚顶。屋面双坡,没有明显的正脊,即前后坡相接处不用脊而砌成弧形曲面。

中国古代建筑的地方
特色及多民族风格

2)中国古代园林建筑简述

(1)中国园林建筑的特色　园林建筑是指园林中既有使用功能,又有造景、观景功能的各类建筑物和构筑物,它和山水、植物密切配合、构成美妙的园林统一体。中国园林建筑艺术和中国园林艺术同出一炉,同时产生,共同发展。它是中国园林艺术风格的重要组成部分。

①结构、造型、空间等的巧妙。中国传统建筑的"巧"主要得之于木构架的灵活性,同时在

布局上又很注意以"巧"取胜。它从结构、造型、空间的处理到建筑的整体布局都是一种巧妙而和谐的安排,它的局部与整体之间是有机地联系在一起的,且有灵活应变、活的、生长的特征。

②与环境、游人相适宜。园林建筑要根据环境的特点"按基形成""格式随宜""方向随宜",不要千篇一律,不要凭自己主观的一时想象,更不要停留在图纸上的推敲,而要从实际情况出发"随方制象,各有所宜","宜亭斯亭,宜榭斯榭",随曲合方,做到"得体合宜"。因此,这个"宜"也就是应变能力的表现。园林建筑设计的中心课题,就是一切为了人,制造出人的空间,人的尺度,人的环境,把人与建筑、人与自然的关系融合到了水乳交融般的空间境域之中。

③整体到细部的精巧。中国园林建筑的精美并不是一种局部的雕虫小技,而是一种风貌,从整体到细部都和谐地组织在一种美的韵律之中。它不仅注意总体造型上的美,而且注意装修、装饰的美,注意陈设的美,注意小品建筑的美;它们之间的位置、大小、粗细、宽窄、质地都恰到好处,有精到的分寸感、统一感。这种精美的建筑处理,处处都是合情合理的,它不仅是一种形象的美,也是一种合乎结构与构造逻辑的美。

④格调、意境的雅韵。中国园林建筑对"雅"的追求表现在几个方面:从建筑与环境的气氛上要"幽雅";从建筑的造型、装修、细部的处理上要"雅致";从建筑色调效果上要"雅朴"。

（2）中国园林建筑的类型

①厅、堂(图2.44)。厅、堂是园林中主体建筑,其体量较大,造型简洁精美,比其他建筑复杂华丽。《园冶》上说:"堂者,当也。谓当正向阳之屋,以取堂堂高显之义。"厅、堂因其内四界构造用料不同而区分,扁方料者曰厅,圆料者曰堂,俗称"扁厅圆堂"。

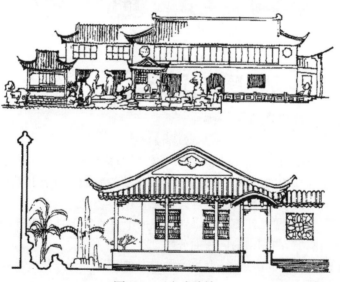

图2.44　厅、堂建筑

厅、堂按其构造装饰不同,可分为下列几种形式:扁作厅、圆堂、贡式厅、船厅回顶、卷棚、鸳鸯厅、花篮厅、满轩;按其使用功能不同,又可分为茶厅、大厅、女厅、对照厅、书厅和花厅。

园林中,厅、堂是主人会客、议事的场所,一般布置于居室和园林的交界部位。厅、堂一般是坐南朝北。从厅、堂往北望,是全园最主要的景观面,通常是水池和池北叠山所组成的山水景观。观赏面朝南,使主景处在阳光之下,光影多变,景色明朗。厅、堂与叠山分居水池之南北,遥遥相对,一边人工,一边天然,既是绝妙的对比,衬出山水之天然情趣,也供园主不下堂筵可享天然林泉之乐。厅、堂的南面也点缀小景,坐堂中可以在不同季节,观赏到南北不同的景色。

②楼、阁（图 2.45）。楼、阁属高层建筑，体量一般较大，在园林中运用较为广泛。著名的楼有岳阳楼，而阁以江西南昌的滕王阁为胜。

楼、阁这种凌空高耸、造型俊秀的建筑形式运用到园林中以后，在造景上起到了很大的作用。首先，楼阁常建于建筑群体的中轴线上，起着一种构图中心的作用。其次，楼阁也可独立设置于园林中的显要位置，成为园林中重要的景点。楼阁出现在一些规模较小的园林中，常建于园的一侧或后部，既能丰富轮廓线，又便于因借园外之景和俯览全园的景色。

图 2.45　楼、阁建筑

③榭（图 2.46）。《园冶》云："榭者，籍者，藉景而成也，或水边，或花畔，制亦随态。"可见，榭这种建筑是凭借周围景色而构成。而今天，一般以临水而建的"水廊"居多，其他形式少见。

榭因其藉景而成，故在其功能上，多以观景为主，兼可满足社交休息的需要。而现代新建的一些水榭，在功能上更加丰富，可作为茶室、接待室、游船码头等，有的还把平台扩大，进行各类文娱活动。

图 2.46　园林中的榭

在南方私家园林中，由于水池的面积一般较小，因此水榭的尺度也不大。建筑装修比较精致、素雅，还有的水榭做得非常简朴，以树干作桩支于水中，具有江南水乡情调。在岭南，由于气候炎热。水面较多，常有水庭设置，水榭在造型上也力求轻快、通透，与水面贴近。

④轩、馆（图 2.47）、斋、室。轩、馆、斋、室是园林中使用较多的建筑物，有的属厅堂类型，有的附属于厅堂作辅助用房，从单体造型来看，没有什么特殊做法。从布局方式及与环境的关系来看，轩、馆、斋、室表现出很大的灵活性，它们对组织园林空间，丰富园林景观起着重要的作用。

轩，轩的本义有虚敞而又高举之意。轩一般高爽精致，并用轩梁架桁，以承屋面，类似于车轩的高高昂首之势，正如《园冶》所述："轩式类车，取轩轩欲举之意，宜置高敞，以助胜则称。"在传统园林中，常常将轩建在地处高旷、环境幽静的地方，形式上常以轩式建筑为主体，周围环绕游廊与花墙。庭园空间一般小巧精致，以近视为主，常以庭院内山石和花木之景，形成该庭院的主要特色（如苏州拙政园的听雨轩、网师园的看松读画轩等）。

图 2.47　园林中的馆

有时,也将轩式建筑成组布置,形成一个独立的小庭院,以及清幽、恬静的环境氛围。

馆,原为官人游览或客舍之用。《说文》云"馆,客舍也",道出了馆具有暂时寄居的功能特征。

江南园林中的"馆",一般是休息会客的场所,常与居住部分或厅堂联系,正如《园冶》所述:"散奇之居,曰'馆',可以通别居者"。馆的建筑尺度一般不大,布置方式也较灵活。入园后可便捷地到达,往往又自成一局,形成清幽、安静的环境氛围。

北方皇家园林中,"馆"常作为一建筑组群而存在,常为帝王看戏听曲、宴饮休息之所。

斋,有斋戒的意思,在宗教上指和尚、道士、居士的斋室。园林中的斋一般是指书屋性质的建筑物,是修身养性的地方,常处于静谧、封闭的小庭院内,与外界隔离,相对独立;小院空间也是书斋的一部分,形成完整统一的气氛。斋常选址于某种幽雅、宁静的环境里,正如《园冶》所述:"斋较堂,惟气藏而致敛,有使人肃然斋敬之义""盖修密处之地,故式不宜敞显",道出了斋及所在环境的特征。

室,在园林中多为辅助性用房,配置于厅堂的两边或后部,在结构上较厅堂封闭,正如《尔雅·释宫》所云:"古者有堂,自半已前虚之,谓之堂,半已后实之,谓之室。"在园林中,室的体量较小,有时也做些趣味性处理,常和庭院相连,形成一个幽静舒适、富有诗意的小院落,是主人读书、习琴、吟诗之地。

图2.48　园林中的舫

⑤舫(图2.48)。江南地区,河流纵横,船是一种重要的交通工具,被人所熟悉和喜爱,由此诞生了画舫,其装饰华丽,绘有彩画,为文人雅士在水上游乐宴饮之用。而江南园林恰恰是以水面为中心,所以"画舫"就很自然地被借用到园林中来,进而产生了我国园林建筑类型中所特有的"舫"。舫,是一种类似船形的建筑,而实际不能划动,故又名"不系舟"。在园林中有供人游赏、饮宴及观景、点景之用。舫常建在水面开阔处,一般二面或三面临水,有时四面临水,设一小桥与陆地相连,有取跳板之意。

⑥廊(图2.49)。中国传统建筑的特征之一,就是建筑物成组群布置,而把各单体建筑组织起来,形成空间有序、层次丰富的建筑群体,廊便起到了穿插和纽带的作用。

廊是一种"虚"的建筑形式,两排列柱顶着一个不太厚实的屋顶,常一边通透,形成一种过渡空间,其列柱、横楣在游览中构成一系列取景框架,增加了景观层次,增强了园林趣味,使游人在步移景异中欣赏一

图2.49　长廊

组景观序列。同时,廊因其造型别致、曲折迂回、高低错落,本身也构成了园林景观。

廊又是一种"线形"建筑形式,"宜曲宜长则胜"(《园冶》)。廊通常布置在两个建筑物或两个观赏点之间,是一种联系和划分空间的手段,这种形式是在园路加上屋顶,不仅可遮风避雨,

而且可联系景点,组织和引导游览路线,使园林景观的观赏程序和层次得以展开。

廊在位置选择上,不拘地形地势,"随形而弯,依势而曲。或蟠山腰,或穷水际,通花渡壑,蜿蜒无尽……"(《园冶》)。不论在半地、山地还是水边,均可见到廊的情影。廊的类型丰富,从其剖面结构来看,大致可分为双面空廊、单面空廊、复廊和双层廊等形式,其中以双面空廊运用最多。廊按其平面布局来看,可分为直廊、曲廊和回廊3种形式。按其与环境结合的位置划分,又可分为沿墙走廊、桥廊、水廊、爬山廊等。

⑦亭(图2.50)。亭不仅体量小巧、结构简单、造型别致,而且选址极为灵活,几乎处处可用。所谓"亭安有式,基立无凭"(《园冶》),所以它是园林建筑中运用最为广泛的类型之一。

图2.50　园亭

亭的历史悠久,在园林中的运用最早的史料记载是在南朝和隋唐时期。亭最初的功能是作为游人驻足休息之用,正如《园冶》所描述:"亭者,停也,人所停集也。"而随着园林艺术的不断发展和成熟,亭不仅有驻足休息、纳凉避雨的功能,更是重要的点景建筑,以其优美的造型与周围景物结合,构成优美的风景画面。

亭在位置选样上自由灵活、因景而立,无论花间、水际、竹里、山坛、溪涧等均可设亭。

亭子的结构与构造比较简单,其里间通透开敞,柱身下常设半墙、坐凳、鹅颈靠等便于休息观赏。亭的造型与时代及各地的传统、习惯有关。传统的亭在造型上就有南北之分。南方亭一般轻巧、玲珑,屋面多用小青瓦;北方亭端庄、稳重,屋面多用筒瓦,皇家园林中,还通常用琉璃瓦。

亭的类型非常丰富,如图2.51所示,从亭的平面形式看,可分为以下5类:

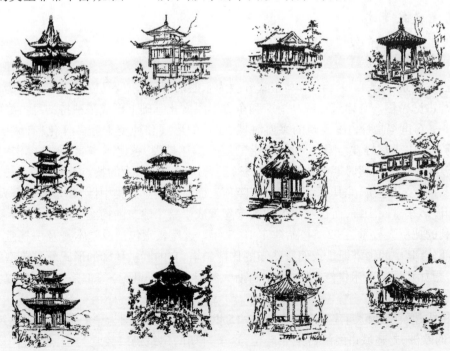

图2.51　园亭类型

图 2.52　园林的塔

a.正多边形亭。如正三角形亭、正方形亭、正六角形亭、正八角形亭等。

b.长方形和近长方形亭。如长方形亭、圭角形亭、扁八角形亭等。

c.圆形和近圆形亭。如伞亭、蘑菇亭等。

d.组合式亭。如双方形亭、双圆形亭、双六角形亭、双三角形亭等。

e.其他形式的亭。如扇面亭、梅花亭、半边亭等。

⑧塔(图 2.52)。塔原本属寺庙建筑类型,传统园林中常借园外佛塔之景,丰富园景,控制视线。但在现代园林中,塔已经作为一种园林建筑类型被广泛地引入园林,而且常作为构图中心出现。

塔的高耸造型,常成为一个园林艺术构图的中心或重点。塔作为醒目而集中向上的园林建筑所构成的风景线常常控制着整个景区,或者在一些原本十分优美的风景区内,塔作为一个点缀品而出现,使得环境愈加秀丽幽雅、富含文化气息。

⑨台。"台"是中国园林建筑类型中出现最早的一种,在我国古代园林中筑台之风很盛,是古代帝王将相显示尊贵、豪侈铺张的场所。古人对台的解释是:"台者,持也。言筑土坚高,能自持也"(《释台》),"观四方而高曰台"(《尔雅》),"园林之台,或掇石而高上平者;或木架高而版平无屋者;或楼阁前出一步而敞者,俱为台"(《园冶》)。可见,台是一高大平整的平台,也可以是一组建筑物的基座。

2.3.2　西方建筑简述

西方古典建筑发展概述

1)西方古典建筑简述

(1)西方古典建筑的发展

①中世纪建筑。

a.拜占庭建筑。公元 395 年,罗马正式分裂为东西两部分,东罗马以君士坦丁堡为首都,后来就称为拜占庭帝国。其建筑在罗马遗产和东方丰厚文化基础上形成了独特的拜占庭体系。

公元 4—6 世纪是拜占庭建筑的兴盛时期,建筑的形式和种类十分多样化,有城墙、道路、宫殿、广场等。由于基督教为国教,所以教堂的规模越建越大,越建越华丽,如规模宏大的圣索菲亚教堂就是帝国在极盛时期的建筑(图 2.53)。拜占庭建筑最大的特点就是穹隆顶的大量应用,几乎所有的公共建筑,尤其是教堂都用穹隆顶。而且建筑具有集中性,都是以一个大空间为中心,周围许多小空间围绕,而这个高大的圆穹隆就成了整个建筑的构图中心。

意大利的比萨大教堂(图 2.54)始建于 1063 年。这座教堂包括教堂本身及洗礼堂、钟塔和公墓 4 个部分,其中的钟塔即是人们所熟知的比萨斜塔,它的圆拱柱廊的形式就是典型的"罗马风"风格。再如德国的圣米伽修道院、沃尔姆斯大教堂(9—12 世纪)等都是拜占庭建筑的主要代表。

b.哥特式建筑。西欧封建社会盛期(12—15 世纪)形成以法国为中心的哥特式建筑(Gothic)。当时的欧洲,封建城市经济占主导地位,这个时期的建筑仍以教堂为主,也有不少城市广场、市政厅等公共建筑,城市住宅也有很大发展。哥特式建筑的风格完全脱离古罗马的影响,其最大的特点就是"高""直",所以有人也称哥特式建筑为高直式建筑。

圣索菲亚教堂

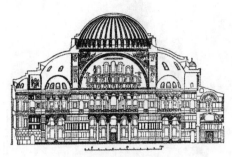
圣索菲亚教堂剖面图

图2.53　君士坦丁堡的圣索菲亚教堂

图2.54　意大利的比萨大教堂

图2.55　巴黎圣母院

　　法国著名的巴黎圣母院(图2.55)、亚眠主教堂和德国科隆主教堂,以及意大利的米兰大教堂与圣丹尼教堂都是哥特式教堂的典型实例。哥特式建筑很有美感,灵空而轻巧,符合多种建筑美的法则。这种不见实体的墙,垂直向上的形式,表现出教堂观念形态的纯洁性,超凡脱俗。

　　②文艺复兴建筑(15—19世纪)。文艺复兴、巴洛克和古典主义是15—19世纪先后流行于欧洲各国的建筑风格。其中文艺复兴和巴洛克源于意大利,古典主义源于法国,后人广义地将三者并称为文艺复兴时期的建筑。

　　a.文艺复兴建筑。文艺复兴的意义绝非模仿和恢复古希腊和罗马的文化和艺术,而是在众多文化领域中都贯穿了"人文主义"的思想,建筑风格被赋予了一种崭新的、不同以往的面貌。标志着意大利文艺复兴建筑史开始的是佛罗伦萨主教堂的穹顶(图2.56)。

　　文艺复兴的建筑风格除了表现在宗教建筑上,还体现在大量的世俗建筑中。贵族的别墅、福利院、图书馆、广场等建筑大量出现。当时著名的威尼斯圣马可广场,称得上是世界建筑史上最优秀的广场之一(图2.57)。

　　b.巴洛克建筑。"巴洛克"(baroque)作为一种艺术风格,它源于17世纪的意大利,后来在音乐、绘画、建筑、雕刻及文学上影响到整个西方。

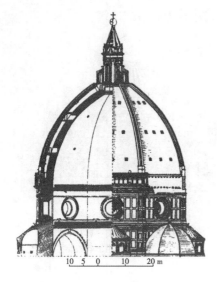
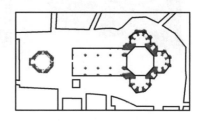

10 5 0　　10　　20 m

图 2.56　佛罗伦萨主教堂的穹顶

图 2.57　威尼斯圣马可广场

图 2.58　圣彼得大教堂

　　巴洛克式的建筑讲求视觉效果,为建筑设计手法的丰富多彩开辟了新的领域,尤其是在王宫府邸的建筑中更为突出。巴洛克建筑风格主张新奇,追求前所未有的形式,善用矫揉造作的造型来产生特殊的效果,比如用透视的幻觉和增加层次的手法来强调进深;多用繁琐的曲线和曲面,堆砌装饰以制造效果;又善用光影变化、形体的不稳定组合来产生虚幻和动荡的气氛。

　　罗马的圣彼得大教堂及广场可以说是巴洛克式建筑的代表(图 2.58)。它是当时许多建筑师和艺术家历时 100 多年才建成的世界上最大的天主教堂,当时著名的艺术大师米开朗基罗为它设计了中央穹窿。

　　c.法国古典主义建筑。与意大利巴洛克建筑大致同时而略晚,17 世纪法国的古典主义建筑成了欧洲建筑发展的又一个主流。

　　法国自 16 世纪起,其建筑风格上便逐渐走向文艺复兴,到 17 世纪,随着国力的逐渐强大,法国成为欧洲最强大的中央集权王国,建筑上就有了推崇荣华高贵的古典主义风格,强调外形的端庄和雄伟,内部装饰豪华奢侈,在空间效果和装饰上有强烈的巴洛克特征。这种风格是继意大利文艺复兴之后的欧洲建筑发展的主流。其代表建筑有法国的枫丹白露宫、卢浮宫（图2.59）和凡尔赛宫及恩瓦立德教堂等。

（2）西方古典建筑的柱式

①西方古典建筑的柱式的演变。这里所指的"柱式"是指古希腊、古罗马的柱式，即古典柱式。

古希腊流行着两种柱式：一种是意大利西西里一带的寡头制城邦里的多立克式，另一种是流行于小亚细亚共和城邦里的爱奥尼式。古典时期，还产生了第三种柱式，科林斯柱式。

图2.59 卢浮宫

罗马的柱式基本继承了古希腊的三柱式，但给柱式赋予了更多的细节，如用一组线脚来代替一个线脚，用复合线脚来代替简单线脚，并用雕塑来丰富它们。科林斯柱式得到这一时期的青睐。罗马人在科林斯式柱头上再加一对爱奥尼式的涡卷，称之为组合柱式。与罗马本土的塔司干柱式一起，形成了罗马的五柱式。我们现在所说的古典柱式即指古希腊与古罗马的多立克柱式、爱奥尼柱式、科林斯柱式、塔司干柱式和组合柱式。

②柱式的组成和结构。经过文艺复兴时期的总结，柱式共分为5种，这里介绍它们所共有的一些基本组成部分。

a. 柱式一般由檐部、柱子、基座3部分组成，有时则只包括前两部分。各部分名称如图2.60所示。

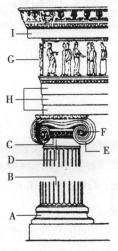
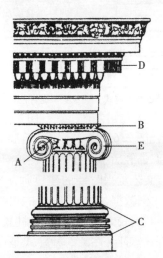

西方古典柱式

图2.60 柱式的组成

A.柱础；B.柱身的槽；C.柱颈；	A.帽托；B.檐底托板；C.柱础；
D.帽托；E.卷涡；F.涡眼；	D.檐壁上的齿饰；E.涡卷
G.额枋；H.檐壁；I.檐冠	

b. 柱子是主要的承重构件，也是艺术造型中的重要部分。从柱身高度的1/3开始，它的断面逐渐缩小，叫作收分，柱子收分后形成略微向内弯曲的轮廓线，加强了它的稳定感。

c. 檐部、柱子、基座又分别包括若干细小的部分，它们大多是由于结构或构造的要求发展演变而来的。

d. 檐口、檐壁、柱头等重点部位常饰有各种雕刻装饰，柱式各部分之间的交接处也常带有各种线脚。

　　e.柱式各部分之间从大到小都有一定的比例关系。由于建筑物的大小不同,柱式的绝对尺寸也不同,为了保持各部分之间的相对比例关系,一般采用柱身高度1/3以下部分的半径作为度量单位,称作"母度"(Module)。

　　③柱式的性格和比例。

　　a.希腊的3种柱式如图2.61所示。

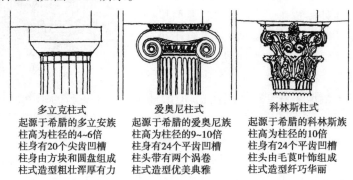

多立克柱式	爱奥尼柱式	科林斯柱式
起源于希腊的多立安族	起源于希腊的爱奥尼族	起源于希腊的科林斯族
柱高为柱径的4~6倍	柱高为柱径的9~10倍	柱高为柱径的10倍
柱身有20个尖齿凹槽	柱身有24个平齿凹槽	柱身有24个平齿凹槽
柱身由方块和圆盘组成	柱头带有两个涡卷	柱头由毛茛叶饰组成
柱式造型粗壮浑厚有力	柱式造型优美典雅	柱式造型纤巧华丽

图2.61　希腊的3种柱式

　　b.罗马柱式如图2.62所示。

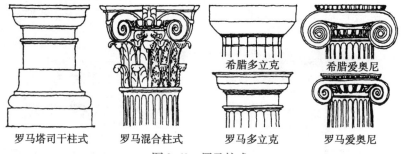

罗马塔司干柱式	罗马混合柱式	罗马多立克	罗马爱奥尼

图2.62　罗马柱式

　　c.柱式的比例(图2.63、图2.64)。希腊和罗马的各种柱式虽已形成了固定的风格和基本的比例,但由于它们都经历了一定的发展和演变过程,所以同一种柱式在各建筑物中常因具体情况而互有差异。文艺复兴时期的建筑师从对古建筑的大量测绘中,以罗马的5种柱式为基础,制订出严格的比例数据,总结成一定的法式,其中以意大利人维尼奥拉、阿尔伯蒂等所制订的柱式规范对后来影响较大,一般对古典柱式的学习常以它们为蓝本。

　　将图2.63与表格对照,注意5种柱式是在假定总高度相同的情况下进行比较的,因此它们的柱径是不等的。

　　④柱式和线脚。线脚在古典柱式中或者作为某一部分的结束,使之在造型上更为完整;或者处于两个部分的交接处,既分隔又联系,起着过渡衔接的作用(图2.65)。

　　古典柱式中的线脚一般是由几个最基本的元素组合起来的,它们可分为直线和曲线的两种,各自又有着专门的名称。

　　在各种线脚组合中,常常会造成各种曲直刚柔的对比、疏密繁简的变化,以及受光、背光和阴影等不同的明暗效果。它们对丰富柱式的造型和表现柱式的不同风格有着重要的作用。柱式的演变也包括线脚的发展变化,希腊的线脚形态自然、刚劲挺拔,它的曲线轮廓很难用规整的弧线表现;而罗马的线脚则多采用直线与半圆或四分之一圆等进行组合。

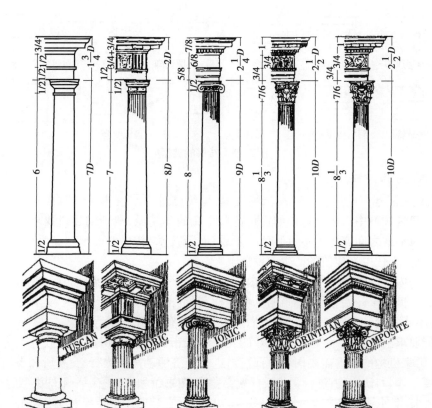

图 2.63 5 种基本柱式的造型

图 示	各部分名称		塔司干		多立克		爱奥尼		科林斯 混合式	
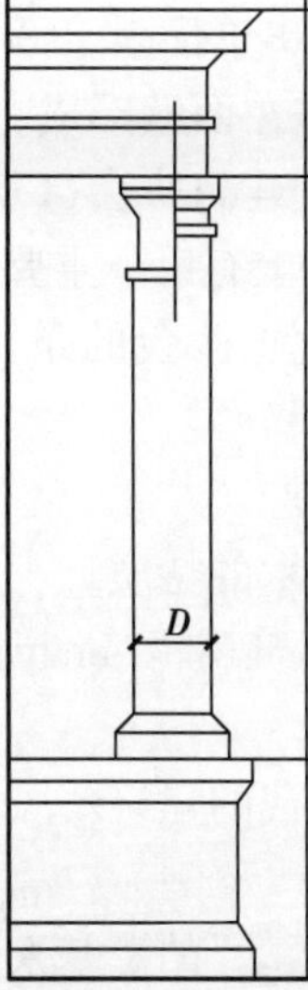	檐 部	1/4	檐口	4$\frac{1}{3}$	3/4	2	3/4	4$\frac{1}{2}$	7/8	2$\frac{1}{2}$	1
			檐壁		1/2		3/4		6/8		3/4
			额枋		1/2		1/2		5/8		3/4
	柱 子	1	柱头		1/2		1/2		1/3(1/2)		7/6
			柱身	7	6	8	7	9	8	10	8$\frac{1}{3}$
			柱础		1/2		1/2		1/2		1/2
	基 座	1/3	座檐	座檐为基座高的1/9							
			座身	基座为柱高的1/3							
			座础	座础为基座高的2/9							

图 2.64 5 种基本柱式的比例

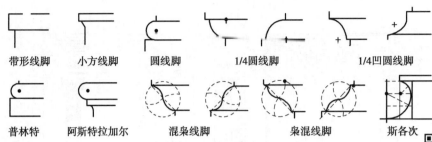

| 带形线脚 | 小方线脚 | 圆线脚 | 1/4圆线脚 | 1/4凹圆线脚 |

| 普林特 | 阿斯特拉加尔 | 混枭线脚 | 枭混线脚 | 斯各次 |

图2.65　线脚的类型

2)西方现代建筑简述

（1）现代主义建筑的产生　欧洲虽然在19世纪已进入了资本主义时代，可是当时在建筑领域中占主导地位的仍是古典主义的学院派，故新的建筑要求、新的功能内容与古典的建筑形式之间产生了不可避免的矛盾，而新技术、新材料的出现又为建筑的发展提供了条件，促进了现代主义建筑的产生与发展。

①形式与内容的矛盾。旧形式和新内容的矛盾，促使一批又一批建筑师和结构工程师去探索新路，从19世纪末开始，近代建筑的一些先驱者们先后掀起了"新建筑"运动和"现代建筑"的热潮，在不断争论和实践的过程中，他们提出了各种有益的见解。

②功能要求的多样化、复杂化。工业的发展和城市的扩大使房屋建造数量飞速增长，类型不断增多：国家机构的建立需要国会、行政楼；进行经济活动需要银行、交易所和市场；从事工业化生产需要工厂、科研机构；进行文化教育需要学校、图书馆和博物馆……不同类型的建筑具有不同的功能要求，促使越来越多的建筑师认识到功能问题在建筑中的重要意义，美国建筑师沙利文指出："形式总是追随功能。"因而，对功能的重视，按功能进行设计的原则推动了近代建筑的进步。

③建筑技术的发展。第一次大战之后，建筑科学技术有很大的发展，特点是把19世纪以来出现的新材料新技术加以完善并推广应用，以钢和钢筋混凝土为材料的框架结构的大量应用是现代建筑技术发展中的一项重要成果。

（2）现代主义建筑的代表人物及其理论　20世纪20年代至30年代，即两次世界大战之间的时期，"现代主义"建筑思潮与流派首先在西欧形成，进而向世界其他地区扩展，并于1928年在瑞士成立了名为国际现代建筑协会（CIAM）的国际性组织。现代主义建筑的代表人物及CIAM宣言在理论上有以下重要观点：

①强调建筑随时代而发展变化，现代建筑应同工业社会的条件与需要相适应。

②号召建筑师重视建筑物的实用功能，关心有关的社会和经济问题。

③主张在建筑设计和建筑艺术创作中发挥现代材料、结构和新技术的特质。

④主张坚决抛开历史上的建筑风格和样式的束缚，按照今日的建筑逻辑（architectonic），灵活自由地进行创造性的设计与创作。

⑤主张建筑师借鉴现代造型艺术和技术美学的成就，创造工业时代的建筑新风格。

下列几位建筑大师是现代主义建筑的代表人物。

①格罗庇乌斯（Walter Gropius，1883—1969年，德国）是"新建筑运动"的奠基人和领导人之一。1937年后主要从事建筑教育工作。他与梅耶（Adolf Meyer，1881—1929年）共同设计的法古斯都工厂是第一次世界大战前最先进的近代建筑；他最有代表性的作品包豪斯校舍以注重功能而著称，采用自由、灵活的布局，充分发挥现代材料、现代结构的特点来取得建筑的艺术效果，

西方现代建筑简介

西方现代建筑代表人物与风格

为现代建筑史上的一个重要里程碑。

②勒·柯布西耶(Le Corbusier,1887—1965 年,法国)是法国激进的改革派建筑师的代表,也是 20 世纪最重要的建筑师之一。他在《走向新建筑》一书中主张创造表现新时代新精神的新建筑,主张建筑应走工业化的道路。在建筑艺术方面,由于接受立体主义美术的观点,而宣扬基本几何形体的审美价值。他的许多主张首先表现在他从事最多的住宅建筑之中,认为"住房是居住的机器",萨伏伊别墅是其最著名的代表作,他还将马赛公寓设计成现代化城市的"居住单位"。

③密斯·凡·德·罗(Mies van der Rohe,1886—1970 年,德国)是现代主义建筑重要的代表人物之一。他投身于第一次世界大战后德国大规模建设低造价住宅的实践,并于 1927 年规划、主持了德意志制造联盟在斯图加特的魏森霍夫(Weissenhof)举办的新型住宅展览会。在建筑艺术处理上,他提出"少就是多"的原则,主张技术与艺术相统一,利用新材料、新技术作为主要表现手段,提倡精确、完美的建筑艺术效果。1919—1921 年,密斯曾提出玻璃摩天楼的设想。在建筑内部空间处理上,他提倡空间的流动与穿插。著名的巴塞罗那世界博览会(1929 年)德国馆便是他的代表作,该馆充分体现了他所提出的建筑艺术处理原则及室内空间的处理手法。

④赖特(Frank Lloyd Wright,1869—1959 年,美国)是 20 世纪美国最著名的建筑家,以提倡"有机建筑论"而闻名于世,强调建筑应与自然相结合,即从属于环境的"自然的建筑"。他的早期作品"草原式住宅"曾对当时欧洲新一代建筑师产生不小的影响。他于 1936 年设计的"流水别墅"是一座别具匠心、构思巧妙的建筑名作。这座别墅利用地形而悬伸于山林中的瀑布之上,以其体形和材料而与自然环境互相渗透,彼此交融,季节的变幻使其达到奇妙的境界,被认为是 20 世纪建筑艺术中的精品之一。

(3)第二次世界大战后建筑设计的主要思潮 第二次世界大战后的 20 世纪 50—60 年代,由于战后恢复、重建所需,使现代主义建筑得到加速的普及与发展。20 世纪 50 年代末到 60 年代末,各先进工业国经济上升,技术发展,现代主义建筑随之进入了"黄金时代"。由于财力雄厚,技术先进,又有因受德国法西斯迫害而移居美国的现代主义建筑师,美国成了该时期现代建筑的繁荣之处,摩天楼的大量建造成了工业文明的标志,并成为现代工业社会达到鼎盛时期的建筑艺术符号。与此同时,鼓吹"标新立异"的现象同样渗入建筑界,在现代主义建筑的原则之下,建筑师们在创作思想与手法上显示出分化和多样发展的趋势,可归纳为下列几种倾向。

①对"理性主义"进行充实与提高的倾向。对"理性主义"进行充实与提高的倾向是战后"现代建筑"中最普通与最多数的一种。以设计方法来说它是属于"重理"的。它言不惊人,貌不出众,故常被忽视,甚至还不被列入史册。然而它有不少作品却毫无异议地被认为是创造性地解决了实际需要。

②讲求技术精美倾向。在战后初期,这种倾向曾占主导地位。由于密斯对其进行了长期的探索,故也被称为"密斯风格建筑"。其特征为:建筑造型简洁,以纯净、透亮为特点,采用精致的钢与玻璃等建筑构件,加以精心施工来获得精、美的艺术效果(图 2.66)。

③粗野主义倾向(图 2.67)。这种倾向曾于 20 世纪 50 年代后半期到 60 年代中期流行一时,由英国史密森夫妇首先提出,主要是为了与过于纯净的技术精美倾向相对照。建筑师勒·柯布西耶的后期作品也具有这种风格。这种风格往往以不加饰面的混凝土为材料,将笨重的构件冷酷地碰撞在一起,使建筑如同巨大而沉重的雕塑品。

④典雅主义倾向(图 2.68)。这种倾向以现代建筑材料、现代技术与简洁的体形来再现古典主义建筑的典雅、端庄,使人联想到古典主义的建筑形式,故又被称为"新古典主义"。美国建筑师斯东、约翰逊均有这类著名的作品。

利华大厦
它第一次实现了密斯在1921年提出的玻璃摩天楼的设想，开创了全部玻璃幕墙"板式"高层建筑的新手法（设计：SOM事务所，1952年）

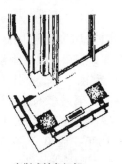

密斯式转角细部
芝加哥国民大道公寓的精美的钢与玻璃构造细部（设计：密斯，1953—1956年）

美国伊利诺伊州工学院建筑系馆
明亮洁净，没有任何虚假的装饰，充分表现了现代的材料和技术。
它是一个没有柱子、四周采用玻璃幕墙的大空间，由架于屋顶上的4根大梁来悬吊屋面（设计：密斯，1955年）

图 2.66　现代建筑的技术精美倾向

印度昌迪加尔法院
裸露混凝土上保留的模板印痕和水迹，长达100多米的巨大顶棚体型怪异，入口处有高大柱墩，带有大小、形状各异的孔洞的墙体又被涂上不协调的鲜艳色块，这一切都给建筑带来怪诞粗野的情调（设计：勒·柯布西耶，1956年）

日本仓敷市厅舍
在建筑中强调粗大的混凝土横梁，在横梁接头处还故意将梁头突出，使直柱构图的粗犷之中，颇具日本民族风格（设计：丹下健三）

耶鲁大学建筑艺术馆
混凝土墙面上划有"灯芯绒"条纹，在"野"中尚有不"粗"之感（设计：鲁道夫，1959—1963年）

图 2.67　现代建筑的粗野主义倾向

　　⑤高技术派倾向（图2.69）。这种倾向设计的出发点更多地出于美学考虑——机器美学或技术美学。它的特点是：特别注重对结构与设备的处理，或袒露结构，或暴露各种设施、设备及各种管道线缆。

　　⑥讲究"人情化"与地方性的倾向（图2.70）。这种倾向首先活跃于北欧，芬兰建筑师阿尔托是典型的代表，日本、中东地区的建筑师也为此作出尝试。这种风格往往偏爱传统的地方材料，注重地方的传统与特色，并十分重视建筑与人体的尺度相宜。

　　⑦讲究"个性"与"象征"的倾向（图2.71）。这种倾向为了使建筑具有与众不同的"个性"而使人难以忘怀，运用了"象征"性的形象。象征又可分为"抽象"的象征与具象的"具体"象征。自20世纪60年代起，世界各地陆续出现新的建筑创作倾向与流派，旨在突破放之四海而皆准的"国际式"建筑风格，并在理论上批判20年代现代主义建筑只重视技术而忽视人的感情需要，割断历史而忽

视建筑与原有环境的配合。进入 20 世纪 70 年代后,世界建筑舞台又呈现出新的多元化局面。

1958年布鲁塞尔世界博览会美国馆是新德里大使馆艺术效果的再现,但尺度更大,并采用当时最先进的悬索结构,效果更为显著(设计:斯东,1958年)

新德里美国驻印度大使馆运用传统的美学法则,采用新技术和新材料,使建筑显得典雅、端庄,体现了当时美国的富有和技术先进(设计:斯东,1958年)

美国西北人寿保险公司大厦采用古希腊神庙形制以及富有个性的"新柱式",形成端庄典雅的风格(设计:玛雅萨奇,1961—1964年)

图 2.68　现代建筑的典雅主义倾向

香港汇丰银行大厦
结构骨架在外观上清晰可见,以示不同于一般高层建筑:由 4 根粗钢管组合而成的 8 组钢柱架排成两行,支撑着位于不同层的 5 组悬吊桥式结构,分别悬吊 5 个竖向区段的楼盖荷载(设计:福斯特等,1989年)

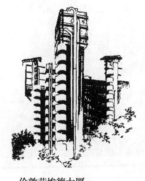

伦敦劳埃德大厦
大厦附有 6 座塔楼,包含12个观景电梯、楼梯、电梯及其他辅助用房。大厦楼面支撑在井字形格栅上,再由圆柱来支撑,各种设备安装在楼面与顶棚之间(设计:罗杰斯,1978—1989年)

巴黎蓬皮杜文化艺术中心
钢结构的结构体系与构建几乎全部暴露,来形成建筑的空间与形象:各种设备管道也不加掩饰;朝向广场的主立面悬挂圆筒透明管中装自动扶梯(设计:皮亚诺、罗杰斯,1977年)

图 2.69　现代建筑的高技术派倾向

　　上述种种倾向虽然形形色色,究其根源,其实都可以追溯到两次世界大战之间的"现代建筑"。因为它们都同样地讲究建筑的时代性,采用新技术;同样地提倡技术与艺术的结合;同样地重视建筑空间的设计;同样地提倡形式与内容的表里一致;同样地反对外加装饰,主张从空间的容量和形体中寻求美。因而,尽管它们在具体表现与分寸掌握上各有不同,但仍可谓是"现代建筑"的继续与发展。这些倾向共同构成了战后建筑思潮的主要部分。至于除此之外的不少昙花一现式的各种各样的思潮,这里就不一一赘述了。

日本香川县厅舍
众多的小梁支撑着通长的横向
构件，使人领略到日本传统木
构建筑的轻巧影踪（设计：丹
下健三，1958年）

达兰石油与矿物大学
沿用古代西亚的传统，沿坡地上的
平台而建，以水池、花坛来调节小
气候，外廊的尖券与实墙形成对比，
以及有顶无墙的礼拜寺和形似光塔
的水塔，均使这所校舍除具有现代
化气息外，给人以强烈的伊斯兰传
统建筑的形象（设计：司科特，
1976年）

珊纳特赛罗镇中心楼
创造性地运用传统的建筑材料，建
筑造型不局限于水平和垂直，巧妙
地利用地形而使空间布局有层次、
有变化，与自然环境密切配合，是
建筑师"人情化"创作的代表作
（设计：阿尔托，1950—1955年）

奥尔夫斯贝格文化中心
采用化整为零的手法，分解与
显露每个讲堂，以避免建筑成
为庞然大物，既使形式反映内
容，又使其富有韵律（设计：
阿尔托，1959—1962年）

图2.70　现代建筑的"人情化"与地方性倾向

澳大利亚悉尼歌剧院
有如海边的贝壳，又酷似一艘张开风
帆的船（设计：伍重，1973年）

华盛顿杜勒斯国际机场候机厅
那流线形的外形象征着即将腾
飞（设计：小沙里宁，1958—
1962年）

朗香教堂
封闭的墙体隐喻为安全的庇
护所，外耳形的平面意味着
"聆听"上帝的教诲（设计：
勒·柯布西耶，1950—1953
年）

纽约环球航空公司候机楼
无论是平面或者外形，全
似一只展翅欲飞的大鹏
（设计：小沙里宁，1956—
1962年）

图2.71　现代建筑的"个性"与"象征"倾向

　　20世纪70—80年代，对建筑界影响最大的则是"后现代主义"建筑。这一流派在理论上提出现代主义过时论、"死亡"论等观点，竟然声称1972年某月某日下午，随着美国圣路易城几座公寓楼房被炸毁，现代主义已经死亡，并预示着一个新的建筑时代——后现代主义时代——已经或正在来临。

实际上,后现代主义是 20 世纪 60 年代以来出现的一切修正或背离现代主义的倾向和流派的总称。他们在尊重历史的名义下重新提倡复古主义和折中主义,在艺术处理上主张将互不相容的建筑元件不分主次地二元并列和矛盾共处,即在建筑艺术中追求复杂性和矛盾性,实质上它所表述的是一种突破建筑艺术规律性、逻辑性的建筑美学观念,因而后现代主义是忽视形象与功能相联系的一种形式主义建筑思想。文丘里、格雷夫斯、约翰逊则是具有代表性的后现代主义建筑师。

20 世纪 80 年代后期,西方建筑舞台上出现了一种新思潮——"解构主义建筑"。它不同于"结构是确定的统一整体"的结构主义,而是采用歪扭、错位、变形的手法,使建筑物显得偶然、无序、奇险、松散,造成似乎已经失稳的态势。

复习思考题

1. 皇家园林的造园特点有哪些?
2. 私家园林的造园特点有哪些?
3. 寺观园林的造园特点有哪些?
4. 什么是"一池三山"?
5. 中国古典园林史的发展时期及与其对应的历史时段的代表性园林作品是什么?
6. 如何看待魏晋时期在中国园林发展历史中的作用?
7. 5 种常见的中国古代木建筑屋顶形式及其等级是什么?
8. 西方古典建筑中 5 种常见基础柱式是什么?

实训 1　钢笔工具线条 1——中国古典园林图案抄绘

例图:

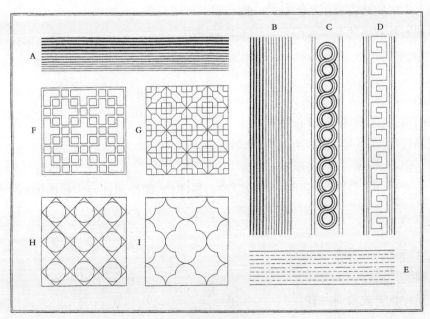

尺规线条练习范围

1. 实训目的

1)重点

掌握使用度量原图,按比例放大的方法进行图纸抄绘的技术。

2)教材关联章节

绘图前结合教材"3.1　风景园林制图基础""3.2　风景园林表现技法　3.2.1　线条图——工具线条图"内容讲解。

3)目的

(1)通过实际操作,了解中国园林古典图案抄绘的基本方法,掌握钢笔绘图的要点和技能。

(2)通过抄绘对中国园林古典图案有一定的感性认识。

(3)实际感受中国园林古典图案抄绘的步骤和方法。

(4)提升学生的绘画能力。

(5)掌握园林制图的修改规范及技巧,熟练掌握常用工具的使用。

2. 实训材料器材

记录本、速写本、钢笔、铅笔、画圆模板、曲线板、直尺、画板等。

3. 实训内容

(1)学习钢笔绘图的方法。

(2)学习中国园林古典图案的构成。

(3)学习中国园林古典图案的设计。

(4)学习中国园林古典图案抄绘的一般步骤和构图要领。

(5)掌握园林制图的基本规范及常用工具的使用。

4. 实训步骤

(1)提前一周安排实训内容。

(2)课前准备:阅读课本、准备器材。

(3)现场教学:现场绘图、现场讲解、现场记录。

(4)课后作业:整理资料、完成报告。

(5)课堂交流:中国园林古典图案抄绘后的心得体会(制作课件与作品展示)。

5. 实训要求

(1)认真听老师的讲解,细心观察。

(2)实时实地操作。

(3)按质按量完成实训内容。

(4)掌握园林制图标准。

6. 实训作业

(1)完成有代表性的中国园林古典图案抄绘,图面内容教师指定,可参考例图。图纸幅面 A3。

(2)度量原图,按比例放大。先完成铅笔稿,再上墨线。

(3)教师可提供更多的图案供学生课后抄绘练习。

要求:图面整洁,墨线均匀,安排合理,画法规范。

评分:总分(100 分)

7. 教学组织

1)老师要求

指导老师 1 名。

2)指导老师要求

(1)全面组织现场教学及考评。

(2)讲解参观学习的目的及要求。

(3)中国园林古典图案抄绘的程序和标准。

(4)强调参观安全及学习注意事项。

(5)现场随时回答学生的各种问题。

3)学生分组

1 人 1 组,以个人为单位进行各项活动并完成参观学习及实训作业,以个人为单位进行交流。

4)实训过程

师生实训前各项准备工作→教师现场讲解答疑、学生现场提问记录或拍照→资料整理、实训报告→全班课堂交流、教师点评总结。

8. 说明

中国园林古典图案抄绘,一定要选择当地有代表性的园林或者中式古典建筑图案,例如选择图案清晰、内容丰富、代表性强的案例进行抄绘,实训过程中掌握园林制图工具的使用方法及功能。

实训2　钢笔工具线条2——中国古典园林建筑抄绘

例图：

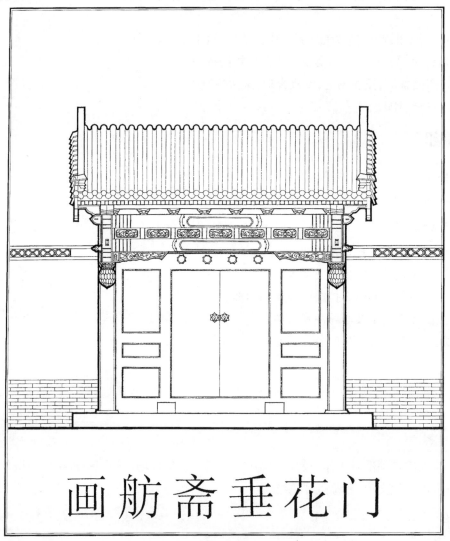

北海公园画舫斋垂花门墨线图

1. 实训目的

1）重点

掌握使用拷贝箱或透光拷贝方法，或铅笔粉印痕拷贝的方法进行图纸抄绘的技术。

2）教材关联章节

绘图前结合教材"2.3.1　中国园林建筑""3.1　风景园林制图基础""3.2　风景园林表现技法　3.2.1　线条图——工具线条图"内容讲解。

3）目的

（1）通过实际操作，了解中国古典园林建筑抄绘的基本方法，掌握钢笔绘图的要点和技能。

(2)通过相关老师的介绍,了解中国古典园林建筑的基本特征和在特定环境及历史背景下的特征。

(3)走进中国古典园林建筑并了解建筑物的构造格局和建筑特点。

(4)实际感受中国古典园林建筑抄绘原则和方法。

(5)提升学生的绘画能力。

(6)加强学生对中国古典园林的了解。

2. 实训材料器材

(1)有代表性的古典特色的建筑物场所。

(2)记录本、速写本、钢笔、铅笔、直尺、画圆模板、三角板、画板等。

3. 实训内容

(1)学习中国古典园林建筑抄绘的步骤和技术要领。

(2)学习中国古典园林建筑设计的基本规范。

(3)学习中国古典园林建筑的构造和布局等。

(4)学习中国古典园林建筑的设计。

(5)学习中国古典园林建筑的文化背景、演变过程。

(6)学习中国园林建筑的特色所在。

(7)学习中国园林建筑的类型。

4. 实训步骤

(1)提前一周安排实训内容。

(2)课前准备:阅读课本、准备器材。

(3)现场教学:现场测图、现场讲解、现场记录。

(4)课后作业:整理资料、完成报告。

(5)课堂交流:中国古典园林建筑抄绘后的心得体会(制作课件与作品展示)。

5. 实训要求

(1)实时实地操作。

(2)认真听老师的讲解,细心观察。

(3)提前查阅中国古典园林建筑的相关资料。

(4)按质按量完成实训内容。

6. 实训作业

(1)完成有代表性的图案抄绘1~2幅。图面内容教师指定,可参考例图。图纸幅面A3。

(2)使用透光拷贝方法,或铅笔粉印痕拷贝的方法进行图纸抄绘。先完成铅笔稿,再上墨线。

(3)教师可提供更多的图案供学生课后抄绘练习。

要求:图面整洁,墨线均匀,安排合理,画法规范。

评分:总分(100分)

7. 教学组织

1）老师要求

　　指导老师1名。

2）指导老师要求

　　（1）全面组织现场教学及考评。

　　（2）讲解参观学习的目的及要求。

　　（3）中国园林古典图案抄绘的程序和标准。

　　（4）强调参观安全及学习注意事项。

　　（5）现场随时回答学生的各种问题。

3）学生分组

　　1人1组，以个人为单位进行各项活动并完成参观学习及实训作业，以个人为单位进行交流。

4）实训过程

　　师生实训前各项准备工作→教师现场讲解答疑、学生现场提问记录或拍照→资料整理、实训报告→全班课堂交流、教师点评总结。

8. 说明

　　中国古典园林建筑的抄绘，一定要选择当地有代表性的园林建筑，或是当地有名的中式古典建筑物，例如选择图案清晰、内容丰富，代表性强、制作精美的案例进行抄绘，让学生现场临摹并进行抄绘。使学生能更深切地感受中国古典园林的文化底蕴，并掌握中国古典园林建筑的类型、尺度、材料等。

实训3　钢笔工具线条3——西方古典园林图案抄绘

　　例图：

刺绣花坛

1. 实训目的

1）重点

掌握使用拷贝箱,或透光拷贝方法,或铅笔粉印痕拷贝的方法进行图纸抄绘的技术。掌握曲线的上墨线技巧。

2）教材关联章节

绘图前结合教材"2.2 西方园林简述""3.1 风景园林制图基础""3.2 风景园林表现技法 3.2.1 线条图——工具线条图"内容讲解。

3）目的

(1)通过实际操作,了解西方古典园林图案抄绘的基本方法,掌握西方古典园林图案设计的要点和技能。

(2)通过相关老师的介绍,对西方古典园林图案抄绘有一定的感性认识。

(3)贴近实际,感受西方古典园林图案设计的原则和方法。

(4)在实训过程中更加深入地了解西方文化和西方园林造园的原则等。

(5)提升学生的绘画及平面表现能力。

2. 实训材料器材

(1)有代表性的样板图2~4幅。

(2)记录本、速写本、钢笔、铅笔、墨线笔、直尺、画圆模板、三角板、圆规、曲线板等。

3. 实训内容

(1)学习西方古典园林图案抄绘的使用原则。

(2)学习西方古典园林图案抄绘的步骤和技术要领。

(3)学习西方古典园林图案的制图标准。

(4)学习西方古典园林的特点和配置方式等。

(5)学习西方文化的精华。

(6)学习西方园林的代表及特点。

(7)感受西方园林中轴对称式布局。

4. 实训步骤

(1)提前一周安排实训内容。

(2)课前准备:阅读课本、准备器材。

(3)课堂教学:现场绘图、现场讲解、现场记录。

(4)课后作业:整理资料、完成报告。

(5)课堂交流:西方古典园林图案设计和钢笔绘图后的心得体会(作品展示交流)。

5. 实训要求

(1)认真听老师的讲解,细心观察。

(2)实时实地操作。

(3)按质按量完成实训内容。

6. 实训作业

(1)完成有代表性的图案抄绘1~2幅。图面内容教师指定,可参考例图。图纸幅面A3。

(2)使用透光拷贝方法,或铅笔粉印痕拷贝的方法进行图纸抄绘。先完成铅笔稿,再上墨线。

(3)教师可提供更多的图案供学生课后抄绘练习。

要求:图面整洁,墨线均匀,安排合理,画法规范。

评分:总分(100分)

7. 教学组织

1)老师要求

指导老师1名。

2)指导老师要求

(1)全面组织实训教学及考评。

(2)讲解实训的目的及要求。

(3)了解西方古典园林图案抄绘的程序和标准。

(4)强调实训过程注意事项。

(5)随堂回答学生的各种问题。

3)学生分组

1人1组,以个人为单位进行各项活动,每人独立完成参观学习及实训报告,以个人为单位进行交流。

4)实训过程

师生实训前各项准备工作→教师课堂讲解答疑、学生提问、绘制→资料整理、实训报告→全班课堂交流、教师点评总结。

8. 说明

西方古典园林图案抄绘,一定要选择有代表性的图案,例如选择图案清晰、内容丰富、代表性强的图例进行实操。让学生更加深入地了解西方园林,增加学习兴趣,从而达到实训的目的,增强实训的意义。了解西方园林的几大流派,并熟悉其存在的独特风格与文化内涵。

实训4 钢笔工具线条4——西方古典建筑抄绘

例图：

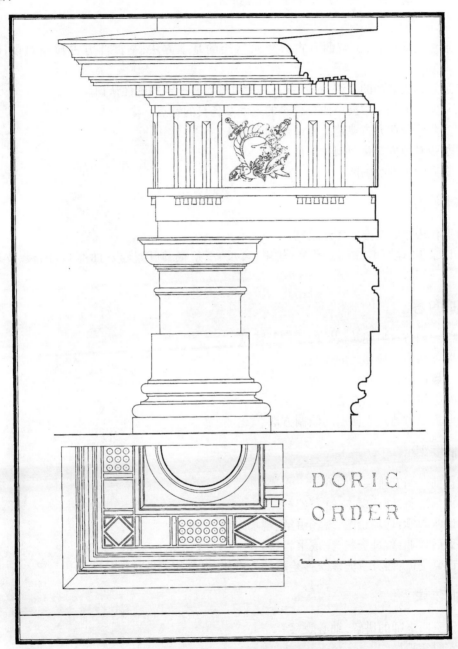

DORIC

ORDER

铅笔线条练习——陶立克柱式

1. 实训目的

1) 重点

掌握使用拷贝箱，或透光拷贝方法，或铅笔粉印痕拷贝的方法进行图纸抄绘的技术。

2)教材关联章节

绘图前结合教材"2.3.2 西方建筑简述""3.1 风景园林制图基础""3.2 风景园林表现技法 3.2.1 线条图——工具线条图"内容讲解。

3)目的

(1)通过实际操作,了解西方古典建筑抄绘的基本方法,掌握西方古典建筑设计要点和技能。

(2)通过相关老师的介绍,对西方古典建筑抄绘有一定的感性认识。

(3)从实际案例中掌握中西方建筑的差别及各自的特点。

(4)实际感受西方古典建筑建造原则和方法。

(5)加强对西方文化及园林的认识。

(6)提升学生的绘画能力。

2. 材料器材

(1)有代表性的西方实体建筑物。

(2)记录本、速写本、钢笔、铅笔、圆规、直尺、三角板、画圆模板、曲线板、画板、皮尺、比例尺等。

3. 实训内容

(1)学习西方古典建筑设计的原则及特点。

(2)学习西方古典建筑的构造。

(3)了解西方古典建筑的历史文化。

(4)掌握钢笔绘图的方法。

(5)掌握西方建筑立面图的绘制方法。

4. 实训步骤

(1)提前一周安排实训内容。

(2)课前准备:阅读课本、准备器材。

(3)课堂教学:现场绘图、现场讲解、现场记录。

(4)课后作业:整理资料、完成报告。

(5)课堂交流:西方古典建筑抄绘后的心得体会(制作课件与作品展示)。

5. 实训要求

(1)认真听老师的讲解,细心观察。

(2)实时实地操作。

(3)认真仔细地绘图。

(4)提前查阅资料。

6. 实训作业

(1)完成有代表性的图案抄绘 1~2 幅。图面内容教师指定,可参考例图。图纸幅面 A3。

(2)使用透光拷贝方法,或铅笔粉印痕拷贝的方法进行图纸抄绘。先完成铅笔稿,再上墨线。

(3)教师可提供更多的图案供学生课后抄绘练习。

要求:图面整洁,墨线均匀,安排合理,画法规范。

评分:总分(100 分)

7. 教学组织

1)老师要求

指导老师 1 名。

2)指导老师要求

(1)全面组织实训教学及考评。

(2)讲解实训的目的及要求。

(3)了解西方古典园林图案抄绘的程序和标准。

(4)强调实训过程注意事项。

(5)随堂回答学生的各种问题。

3)学生分组

1 人 1 组,以个人为单位进行各项活动,每人独立完成参观学习及实训报告,以个人为单位进行交流。

4)实训过程

师生实训前各项准备工作→教师现场讲解答疑、学生现场提问记录或拍照→资料整理、实训报告→全班课堂交流、教师点评总结。

8. 说明

西方古典建筑抄绘,一定要选择当地有代表性的西式建筑物,例如选择图案清晰、流派特征明显、代表性强的案例进行抄绘,最好能结合实际的西方建筑物,让学生亲临其境,效果会更好。

3 园林表现技法

[本章导读]

　　本章主要讲述了风景园林制图基础知识、风景园林表现技法以及风景园林素材的表现方法，使读者了解制图工具的使用、仿宋字的写法，掌握线条图、水墨渲染图、水彩渲染图、钢笔徒手图等表现技法，以及风景园林主要造景要素植物、山石、地形、水体等的表现方法和风景园林制图综合表现。

3.1　园林制图基础知识

3.1.1　常用工具及特点

制图的基础知识
及工具墨线图训练

1）绘图用笔

　　①铅笔。绘图铅笔中最常用的是木质铅笔。根据铅芯的软硬程度分为 B 型和 H 型，"B"表示软铅芯，前面数字越大，表示笔芯越软，色度越黑。"H"表示硬铅芯，前面的数字越大，则表示笔芯越硬，"HB"介于软硬之间属中等。削铅笔时，铅笔尖应削成锥形，铅芯露出 6~8 mm，并注意一定要保留有标号的一端。画线时，铅笔应向走笔方向倾斜。

　　绘图时，常根据不同用途选择不同型号的铅笔。通常 B 或 HB 用于画粗线，即定稿；H 或者2H 用于画细线，即打草稿；HB 或者 H 用于画中线或书写文字。此外还要根据绘图纸选择绘图铅笔，绘图纸表面越粗糙，选用的铅芯应该越硬；绘图纸表面越细密，选用的铅芯越软。

　　②直线笔。又称鸭嘴笔，笔尖由两扇金属叶片构成，用螺钉调整两金属片间的距离，可画出不同宽度的线。绘图时，在两扇叶片之间注入墨水，注意每次加墨量不超过 6 mm 为宜。执笔画线时，螺帽应向外，小指应放在尺身上，笔杆向画线方向倾斜30°左右。

　　③针管笔。又叫绘图墨水笔，通过金属套管和其内部金属针的粗度调节出墨的多少，从而控制线条的宽度，能像钢笔一样吸水、储水，有 0.1~1.2 mm 不同的型号。

　　④绘图小钢笔。绘图小钢笔是由笔杆和钢制笔尖组成，绘图小钢笔适合用来写字或徒手画图。其可以蘸不同浓度的墨水画出深浅不同的线条，用后应将笔尖的墨迹擦净。

2）图板

　　图板表面平整、光滑，是用来放图纸的工具，轮廓呈矩形。它可分为 0 号图板（900 mm ×1 200 mm）、1 号图板（600 mm ×900 mm）、2 号图板（400 mm ×600 mm）3 种。绘图时可以根据绘图内容来确定所选用图板的型号。

3）丁字尺

丁字尺是一个丁字形结构的绘图工具,是由尺头和尺身两部分组成的,尺头与尺身相互垂直。尺身的一边带有刻度,是用来画直线的。使用时,尺头内侧始终靠紧绘图板的一边,用手按住尺身,沿尺子的工作边画线。

4）三角板

一副三角板有两块,一块为45°的等腰直角三角形,另一块为30°、60°的直角三角形,且等腰直角三角形的斜边等于另一块三角板60°所对的直角边。三角板有多种规格可供绘图时选用。

5）比例尺

比例尺是按一定比例缩小线段长度的尺子,常用的比例尺是三棱尺,比例尺上的单位是 m。比例尺上有6种不同刻度,可以有6种不同的比例应用,还可以以一定比例换算,较常用的刻度有1:200,1:300,1:400,1:500 和1:600。

6）模板

在有机玻璃板上把绘图常用到的图形、符号、数字、比例等刻在上面,以方便作图。常用的有曲线板、建筑模板、数字和字母模板等。

①曲线板。曲线板是用来画非圆曲线的工具。可用它来画弯曲的道路、流线型图案等,非常方便。用曲线板画曲线时,应根据需要先确定曲线的多个控制点,然后根据所画曲线的形状,选择和曲线上相同的部分,按顺序把曲线画完。

②建筑模板。建筑模板主要用于绘制常用的建筑图例和常用符号,也可绘制相关形态的图形和量取尺寸等。

7）圆规、分规

①圆规。圆规是画圆和画弧线的专用仪器,使用圆规要先调整好钢针和另一插脚的距离,使钢针尖扎在圆心的位置上,使两脚与纸面垂直,沿顺时针方向速度均匀地一次画完。

②分规。分规是用来量取线段或等分线段的工具,分规的两个脚都是钢针。用分规量取或等分线段时,一般用两针截取所需要长度或等分所需线段的长度。

3.1.2 制图常识

为了在风景园林设计中能准确把握设计的技巧及制图的基本方法和要求,就要求每一个风景园林设计者,都必须牢固掌握制图常识。学习绘图,就要掌握制图的基本标准及绘图的基本步骤和方法。

1）国家制图标准的有关规定

（1）图纸幅面

①图幅与图框。图幅是指图纸本身的大小规格。园林制图中采用国际通用的 A 系列幅面规格的图纸。A0 幅面的图纸称为 0 号图纸（A0）,A1 幅面的图纸称为 1 号图纸（A1）,以此类推。相邻幅面的图纸的对应边之比符合1:1.732 的关系。

在图纸中还需要根据图幅大小确定图框。图框是指在图纸上绘图范围的界限,如图 3.1 所示。图纸幅面规格及图框尺寸如表 3.1 所示。

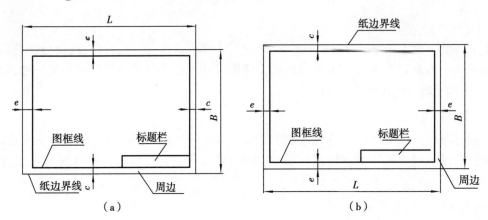

图3.1　图幅与图框

(a)带有装订边的图纸图幅;(b)不带有装订边的图纸图幅

表3.1　图纸幅面及图框尺寸　　　　　　　　　　　　　　　单位:mm

幅面代号	A0	A1	A2	A3	A4
$B \times L$	841 × 1 189	594 × 841	420 × 594	297 × 420	210 × 297
e	20			10	
c	10			5	
a	25				

关于图幅还需要注意以下问题。

a. 以短边作为垂直边的图纸称为横幅,以短边作为水平边的图纸称为竖幅。一般 A0—A3 图纸宜为横幅,如图 3.2(a)所示。但有时由于图纸布局的需要也可以采用竖幅,如图 3.2(b) 所示。

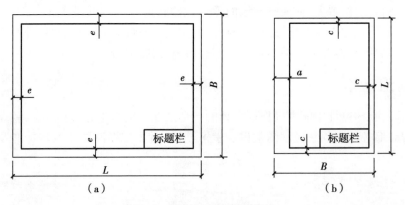

图3.2　横幅与竖幅图纸布局

b. 只有横幅图纸可以加长,而且只能长边加长,短边不可以加长。按照国标规定每次加长 的长度是标准图纸长边长度的1/8。

c. 一个工程设计中,每个专业所使用的图纸,一般不宜多于两种幅面,不含目录及表格所采 用的 A4 幅面。

②标题栏和会签栏。标题栏位于图纸的右下角,通常将图纸的右下角外翻,使标题栏显示

出来,便于查找图纸。标题栏主要介绍图纸相关的信息,如:设计单位、工程项目、设计人员以及图名、图号、比例等内容。标题栏根据工程需要确定其尺寸、格式及分区,制图标准中给出了两种形式,如图3.3所示。

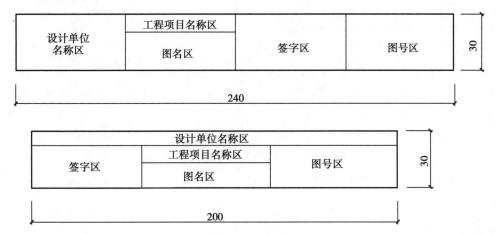

图3.3　标题栏

会签栏位于图纸的左上角,包括项目主要负责人的专业、姓名、日期等,具体形式如图3.4所示。

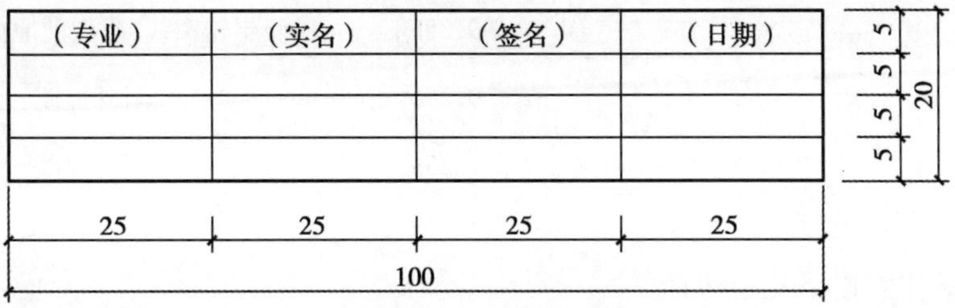

图3.4　会签栏

(2)图线　图纸中的线条统称为图线。按照图线宽度分为粗、中、细3种类型。粗线的宽度定为 b,b 宜从下列线宽系列中选取:2.0 mm、1.4 mm、1.0 mm、0.7 mm、0.5 mm、0.35 mm。每一粗线宽度对应一组中线和细线,每一组合称为一个线宽组。

每个图样,应根据复杂程度与比例大小,先选定基本线宽 b,再选用表3.2中相应的线宽组。

除了不同的线宽,园林制图中还采用不同的线型,线宽与线型组合,形成不同类型的图线,代表了不同的含义。在制图中应该根据需要选择表3.3的图线。

表3.2　线宽组　　　　　　　　　　　　　　　单位:mm

线宽比	线宽组					
b	2.0	1.4	1.0	0.7	0.5	0.35
$0.5b$	1.0	0.7	0.5	0.35	0.25	0.18
$0.25b$	0.5	0.35	0.25	0.18	—	—

表 3.3　图线

线型名称		线　型	宽　度	一般用途
实线	粗		b	主要可见轮廓线
	中		$0.5b$	可见轮廓线
	细		$0.25b$	可见轮廓线,图例线
虚线	粗		b	见有关专业制图标准
	中		$0.5b$	不可见轮廓线
	细		$0.25b$	不可见轮廓线、图例线等
单点长画线	粗		b	见有关专业制图标准
	中		$0.5b$	见有关专业制图标准
	细		$0.25b$	中心线、对称轴、定位线
双点长画线	粗		$0.5b$	见有关专业制图标准
	中		$0.5b$	见有关专业制图标准
	细		$0.25b$	假想轮廓线,成型前原始轮廓线
折断线			$0.25b$	断开界线
波浪线			$0.25b$	断开界线

此外还应该注意以下几个方面。

①同一张图纸内,相同比例的各图样,应选用相同的线宽组。

②图纸的图框和标题栏线,可采用表 3.4 的线宽。

表 3.4　图框线、标题栏和会签栏线的宽度　　　　　　　　　　单位:mm

幅面代号	图框线	标题栏外框线	标题栏分格线、会签栏线
A0、A1、A2、A3	1.4	0.7	0.35
A4、A5	1.0	0.7	0.35

③相互平行的图线,其间隙不宜小于其中的粗线宽度,且不宜小于 0.7 mm。

④虚线线段的长度为 4~6 mm,间隔 1 mm;单点长画线或双点长画线的线段长度为 15~20 mm,间隔 2~3 mm,中间的点画成短画。当在较小图形中绘制单点长画线或双点长画线有困难时,可用实线代替。

⑤图纸中有两种以上不同线宽的图线重合时,应按照粗、中、细的次序绘制;当相同线宽的图线重合时,按照实线、虚线和点画线的次序绘制。

⑥单点长画线或双点长画线的两端不应是点,点画线与点画线交接或点画线与其他图线相交时,应是线段相交。

⑦虚线与虚线交接或虚线与其他图线相交时,应是线段相交。虚线为实线的延长线时,需要留有间隙,不得与实线连接。

⑧图线不得与文字、数字或符号重叠、混淆,不可避免时,应首先保证文字等的清晰。

（3）文字

①汉字。制图标准规定图纸上所需书写的文字、数字或符号等,均应笔画清晰、字体端正、排列整齐,标点符号应清楚正确。文字的字高（代表字体的号数,即字号）,应从如下系列中选用:3.5 mm、5 mm、7 mm、10 mm、14 mm、20 mm。如需书写更大的字,其高度应按$\sqrt{2}$的比值递增。图样及说明中汉字,宜采用长仿宋体,宽度与高度的关系应符合表3.5的规定。

表3.5　长仿宋字体规格及其适用范围

字高（字号）	20	14	10	7	5	3.5
字宽	14	10	7	5	3.5	2.5
$(1/4)h$			2.5	1.8	1.3	0.9
$(1/3)h$			3.3	2.3	1.7	1.2
使用范围	标题或封面文字		各种图标题文字		①详图数字和标题用字; ②标题下的比例数字; ③剖面代号; ④一般说明文字	
					①表格名称; ②详图及附注标题	尺寸、标高及其他

注:大标题、图册封面、地形图等的汉字,也可书写成其他字体,但应易于辨认。

为了保证美观、整齐,书写前先打好网格,字的高宽比为3:2,字的行距为字高的1/3,字距为字高的1/4,书写时应横平竖直,起落分明,笔锋饱满,布局均衡。

<h3 style="text-align:center">园林规划设计剖面图画架设计方案详图节点构造房屋钢
筋混凝土说明比例照明构思方法前后意图广场道路花坛</h3>

长仿宋体书写示意

②字母与数字。字母和数字分成A型和B型。A型字宽（d）为字高（h）的1/4,B型字宽为字高的1/10。用于题目和标题的字母和数字又分为等线体（图3.5）和截线体（图3.6）两种写法。按照是否铅垂又分为斜体（图3.7）和直体（图3.8）两种,斜体的倾斜度为75°。

ABCDE　　ABCDE　　ABCDE456 1234

图3.5　等线体字母和数字示例

KFEb9　　abcd234　　αβ124　　ABC069

图3.6　截线体字母和数字示例

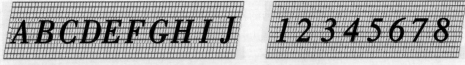

图3.7　斜体字母与数字书写示例

字母和数字书写时还应遵循制图标准中的相关规定,在这里就不做详细介绍了。

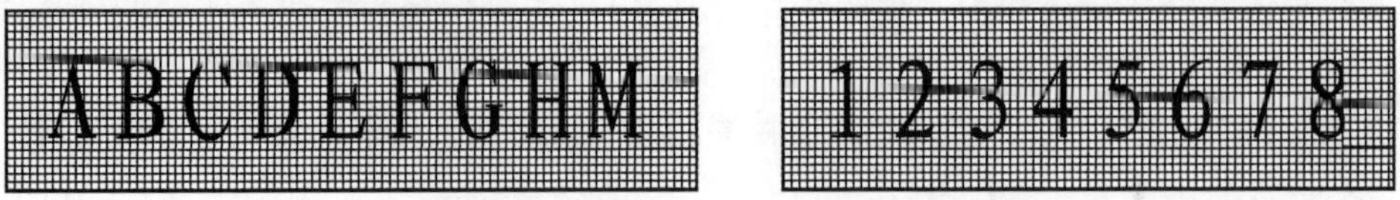

ＡＢＣＤＥＦＧＨＭ   12345678

图3.8　直体字母与数字书写示例

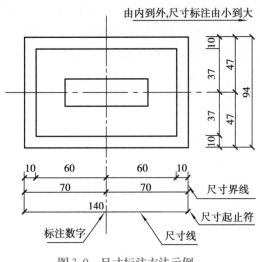

图3.9　尺寸标注方法示例

（4）尺寸标注　为了满足工程施工的需要，还要对所绘的建筑物、构筑物、园林小品以及其他元素进行精确的、详尽的尺寸标注。图纸中的标注应按照国家制图标准中的规定进行标注，标注要醒目准确。

①线段标注。制图标准中规定图样上的尺寸应包括尺寸界线、尺寸线、尺寸起止符号和尺寸数字，如图3.9所示。对于线段的标注有以下规定。

a.尺寸界线用细实线绘制，一般应与被注长度垂直，一端应离开图样轮廓线不小于2 mm，另一端超出尺寸线2～3 mm。必要时图样轮廓线可用作尺寸界线。

b.尺寸线用细实线表示，应与被注长度的方向平行，且不宜超出尺寸界线。

c.尺寸起止符一般用中实线绘制，其倾斜方向应与尺寸界线顺时针成45°，长度应为2～3 mm。半径、直径、角度与弧长的尺寸起止符，宜用箭头或圆点表示。

d.尺寸数字应按设计规定书写。形体的每一尺寸一般只标注一次，并应标注在反映该形体最清晰的图形上。尺寸数字应根据其读数方向注写在靠近尺寸线的上方中部，如果没有足够的注写位置，最外边的尺寸数字可注写在尺寸界线的外侧，中间相邻的尺寸数字可错开注写，也可引出注写。图线不得穿过尺寸数字，不可避免时，应将尺寸处的图线断开。

此外在进行线段标注时还应注意，互相平行的尺寸线，应从被注的图样轮廓线由近向远整齐排列，小尺寸线应离轮廓线较近，大尺寸线应离轮廓线较远。图样最外轮廓线距最近尺寸线的距离，不宜小于10 mm。平行排列的尺寸线的间距，宜为7～12 mm，并应保持一致。最外边的尺寸界线，应靠近所指部位，中间的尺寸线可稍短，但长度应相同。

②曲线标注。园林设计施工中经常会用到不规则曲线，对于简单的不规则曲线可以用截距法（坐标法）标注，较为复杂的可以用网格法标注。

a.截距法。为了方便放样和定位，通常选用一些特殊方向和位置的直线，如永久建筑物的墙体线、建筑物或构筑物的定位轴等作为截距，然后绘制一系列与之垂直的等距的平行线，标注曲线与平行线交点到垂足的距离如图3.10所示。

b.网格法。用于标注复杂的曲线，所选的网格的尺寸应该能够保证曲线或图形放样的精度要求，精度要求越高，网格划分应越细，网格边长应越短，如图3.11所示。

曲线标注的方法与线段标注相同，但为了避免小线段起止符的方向影响到尺寸的标注和读图，所以标注曲线的时候通常用小圆点作为尺寸起止符。

③圆、角度和圆弧的标注。圆（半径、直径）、角度和圆弧的尺寸起止符用箭头表示，箭头长

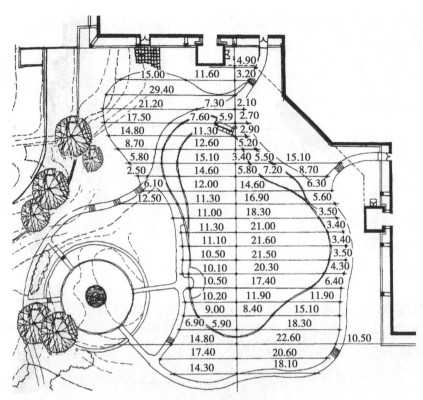

图 3.10 截距法标注

度为 $4b \sim 5b$，角度约为 $15°$，其中 b 代表的是图中粗线的线宽。

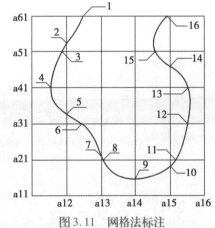

图 3.11 网格法标注

a. 圆的标注。半径的尺寸线，应一端从圆心开始，另一端画箭头指至圆弧，如图 3.12(a) 所示。半径数字前加注半径符号"R"；对于大圆半径标注可采用图 3.12(b)、(c) 所示的两种形式进行标注；较小的圆的半径尺寸，可标注在圆外，如图 3.12(d) 所示。

标注圆的直径时，直径数字前，应加符号"ϕ"，在圆内标注的直径尺寸线应通过圆心，两段画箭头指至圆弧，如图 3.13(a) 所示，也可以利用线段标注方式进行标注，如图 3.13(b) 所示。

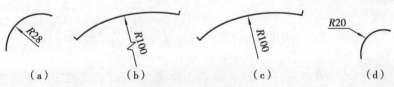

| (a) | (b) | (c) | (d) |

图 3.12 半径的标注

b. 角度与圆弧的标注。角度的尺寸线应以圆弧线表示，该圆弧的圆心应是该角的顶点，角的两个边为尺寸界线。角的起止符号应以箭头表示，如没有足够的位置画箭头，可用圆点代替。角度数字应水平方向注写，如图 3.14(a) 所示。

标注圆弧的弧长时，尺寸线应垂直于该圆弧的弦，起止符号用箭头表示，弧长数字上方应加

注圆弧符号"⌒"。圆弧尺度有时还可以利用弦长的尺度进行量度,弦长的标注方法与线段的标注方法相同,如图3.14(b)所示。

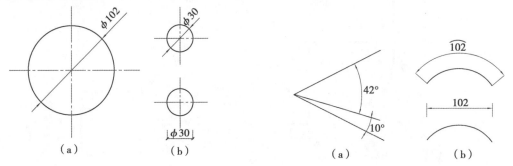

图3.13　直径的标注方法　　　　　　图3.14　角度与圆弧的标注方法

④标高的标注。标高(即某一位置的高度)的标注有两种形式:第一种是相对标高,是将某一水平面如室外地坪作为基准零点,其他位置的标高是相对于这一点的高度,主要用于建筑单体的标高标注。标高符号采用等腰直角三角形表示,如图3.15(a)所示的方式是用细实线绘制,如果标注空间有限,也可按图3.15(b)所示形式绘制。第二种形式是绝对标高,是以大地水准面或某一水准点为起算点,多用在地形图或者总平面图中。标注方法与第一种相同,但是标高符号宜用涂黑的等腰三角形表示,如图3.15(c)所示。

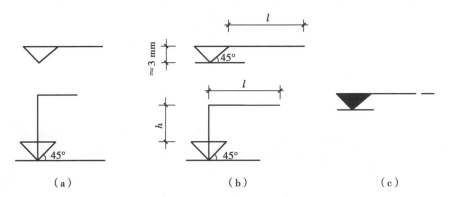

图3.15　标高的标注方法

l—取适当长度注写标注数字;h—根据需要取适当高度

此外,在标高标注时还应该注意以下几点。

a.标高符号的尖端应指至被注高度的位置。尖端一般应向下,也可向上。

b.标高数字应以"m"为单位,注写到小数点后第三位。在总平面图中,可注写到小数点后第二位。

c.零点标高一定注写为"±0.000",正数标高不注"+",负数标高应注"-"。例如地面以上3 m应注写为"3.000",地面以下0.6 m应注写为"-0.600"。

⑤坡度的标注。坡度可以用百分数、比例或者比值表示,在标注数字的下面需要标注坡面符号——指向下坡的箭头,如图3.16(a)、(b)所示。在平面上还可以用示坡线表示,如图3.16(c)所示。立面上常用比值表示坡度,除了箭头表示之外,还可以用直角三角形表示,如图3.16(d)所示。

⑥尺寸的简化标注。在标注时,可能会遇到一系列相同的标注对象,这时可以采用简化标注方法。如正方形可采用"边长×边长"或者"□"正方形符号等方式进行标注;连续排列的等

长尺寸,可用"个数×等长尺寸＝总长"的形式进行标注;对于多个相同几何元素的标注可采用:相同元素个数×一个元素尺寸,如图 3.17 所示。

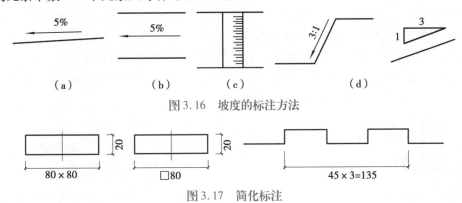

图 3.16　坡度的标注方法

图 3.17　简化标注

2)绘图步骤及方法

风景园林制图为了表现出良好的效果,要求在绘图过程中按照一定的步骤去完成,否则易出现失误,损坏绘图效果。常用的制图方法有两种:仪器制图和徒手制图。

(1)仪器作图　利用绘图仪器绘制图纸的过程称为仪器作图。在要求比较严格、对精确度要求较高的时候采用仪器作图。绘制的方法与步骤可以概括为准备阶段、先底稿、再校对、上墨线、最后复核签字。下面针对仪器作图的方法作具体介绍。

①准备阶段。

a.准备好绘图用工具和仪器,并检查其有无损坏。

b.确定图幅大小,裁好图纸。

c.图纸用胶带纸固定在绘图板上,纸要平整,不能有突起。

②打底稿。

a.选用稍硬点的铅笔,如 H 或 2H,用力要轻。

b.确定比例、布局,使得图形在画面中的位置适中,先按照图形的大小和复杂程度,确定绘图比例,选择图幅,绘制图框和标题栏;然后根据比例估计图形及其尺寸标注所占空间,再布置图面。图面应布局合理,美观大方,整体协调。

c.确定基线。绘制出图形的定位轴、对称中心、对称轴或者基准线等。

d.绘制轮廓线。根据图形的尺度绘制主要的轮廓线,勾勒图形的框架。

e.绘制细部。按照具体的尺寸关系,绘制出图形各个部分的具体内容。

f.标注尺寸。按照国家制图标准的规定,按照图样的实际尺寸进行标注。

g.整理、检查。对所绘制的内容进行反复校对,修改错线和添加漏线,最后擦除多余的线条。

③定铅笔稿。如果铅笔稿作为最后定稿,铅笔图线加深一定要做到粗细分明,通常宽度为 b 和 $0.5b$ 的图线常采用 B 和 HB 的铅笔加深,宽度为 $0.25b$ 的图线采用 H 或者 2H 的铅笔绘制。加深过程中一般按照先粗线,再中线,最后绘制细线的过程。为了保证线宽一致,可以按照线宽分批加深。

④上墨线。如果最后采用的是墨线稿,则在打底稿之后可以直接描绘墨线,当然也可承接第三步进行绘制。在上墨线的时候,可以按照先曲后直、先上后下、先左后右、先实后虚、先细后粗、先图后框的顺序。

⑤复核签字。对于整个图面进行检查，并填写标题栏和会签栏，书写图纸标题等。

（2）徒手作图　不借助绘图仪器，徒手绘制图纸的过程称为徒手作图，所绘制的图纸称为草图。草图是工程技术人员交流、记录设计构思，进行方案创作的主要方式，工程技术人员必须熟练掌握徒手作图的技巧。徒手作图的制图笔可以是铅笔、针管笔、普通钢笔、速写笔等，可以绘制在白纸上，也可以绘制在专用的网格纸上。用不同的工具所绘制的线条的特征和图面效果不同，但都具有线条图的共同特点。下面主要介绍钢笔徒手线条图的画法技巧和表现方法。

3.2　园林表现技法

3.2.1　线条图

线条图是用单线勾勒出景物的轮廓和结构，方法简便，易于掌握。线条练习是风景园林设计制图的一项重要基本功。

在现场调查作图记录，搜集图面资料，探讨构思、推敲方案时，常需要借助于徒手线条图。此外，风景园林设计图中的地形、植物和水体等自然要素也往往需要以徒手线条的形式来描绘。

各门类设计最终定稿的方案，都要绘制正规、整齐、严谨的设计图纸。尤其是景观造型、建筑造型的平、立、剖面图，必以绘图仪器、尺规画出标准线条。

1）工具线条图

用尺、规和曲线板等绘图工具绘制的，以线条特征为主的工整图样称为工具线条图。工具线条图的绘制是风景园林设计制图最基本的技能。绘制工具线条图首先由临摹范图开始，在临摹的过程中，应熟悉和掌握作图的过程，制图工具的用法，纸张的性能，线条的类型、等级、所代表的意义及线条的交接。

工具线条应粗细均匀、光滑整洁、边缘挺括、交接清楚（图3.18）。作墨线工具线条时只考虑线条的等级变化；作铅线工具线条时除了考虑线条的等级变化外，还应考虑铅芯的浓淡，使图面线条对比分明。不同线条铅芯浓淡的选择如表3.6所示。通常剖断线最粗最浓，形体外轮廓线次之，主要特征的线条较粗较浓，次要内容的线条较细较淡。

画粗线条时，通常应先起稿线，以稿线为中心线作出粗线的两条边线，然后再加粗加深。而不应以稿线作为粗线边线，只有当稿线离得过近时才可将稿线作为边线向外侧作粗线。

图3.18　工具线条练习

作工具线条图时,可参考下面的作图步骤进行:

①应准确无误地绘制底稿,起稿时常用较硬的铅笔(H—3H),作图宜轻不宜重。若直接在描图纸上起稿,则用2H—5H的铅笔为宜。

②作铅笔工具线条图时应按由浅至深的顺序作图,以免尺面移动时弄脏图面;作墨线工具线条图时应先作细线后作粗线,因为细线容易干,不影响作图进度。

③同一等级的直线线条,应从上至下、从左至右依次绘制完毕。

④曲线与直线连接时,应先作曲线,后作直线。

另外,作图时应姿势端正、光线良好、思想集中,尽量减少擦改次数,使线条肯定、明确,保证图面质量。

表3.6　不同线条铅芯浓淡的选择

线条名称	铅芯软硬度		
剖切线	HB	F	F
外轮廓线	HB	F	F
一般实线或虚线	F	H	2H
尺寸线、分格线	H	2H	3H
中心线、引出线	3H	4H	5H

2)徒手线条图

徒手线条图是不借助尺规工具用笔手绘各种线条,"得心应手"地将所需要表达的形象随手勾出。运笔流畅,画直线要笔直;曲线婉转自然;长线贯通;密集平行线密而不乱;描绘形象能准确地勾画在正确的位置上。

学画徒手线条图可从简单的直线练习开始。在练习中应注意运笔速度、方向和支撑点以及用笔力量。运笔速度应保持均匀,宜慢不宜快,停顿干脆。运笔力量应适中,保持平稳。基本运笔方向为从左至右、从上至下。通过简单的直线线条练习掌握徒手线条绘制要领之后,就可以进一步进行直线线条及线段的排列、交叉和叠加的练习(图3.19)。在这些练习中要尽量保证

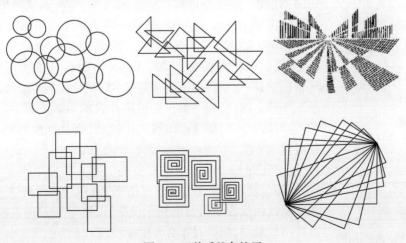

图3.19　徒手线条练习

整体排列和叠加的块面均匀,不必担心局部的小失误。除此之外,还需进行各种波形和微微抖动的直线线条练习,各种类型的徒手曲线线条及其排列和组合的练习,不规则折线或曲线等乱线的徒手练习以及点、圈、圆的徒手练习等,因为它们也是徒手线条图中最常用的。

初学者要想作出流畅与漂亮的徒手线条,就应尽可能地利用每天的闲暇及零碎的时间进行大量练习。只有通过这种所谓的"练手"才能熟练地掌握手中的笔,做到运用自如。

3.2.2　水墨渲染图

水墨渲染是用水来调和墨,在图纸上逐层染色,通过墨的浓、淡、深、浅来表现对象的形体、光影和质感。水墨渲染作为无彩色的渲染技法不可能以单色水彩来代替。排除色彩因素的干扰对光照效果分析是十分必要的。

1)水墨渲染的准备工作

(1)选择渲染用纸和裱纸　水墨渲染要求高。由于水墨渲染用水多并反复擦洗,其用纸应采用质地较韧、纸面纹理较细而又有一定吸水能力的图纸。纸的表面不宜光滑,也不宜过分粗糙。一般用水彩纸即可,并要用细腻的一面。

由于渲染需要在纸面上大面积地涂水,会导致纸张遇湿膨胀、纸面凹凸不平,所以渲染图纸必须裱糊在图板上方能绘制。常用的裱纸方法有折边裱纸法和快速裱纸法。

折边裱纸的方法和步骤为:

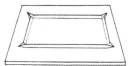
折约1.5 cm的边,成屉状。

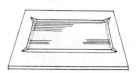
注水,使纸面膨胀。

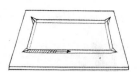
倒掉水后摆正,四条外边涂乳胶。

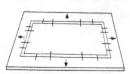
对称用力,先中心再边角固定纸边。

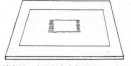
裱完纸,中心置方巾使纸的四边先干。

图3.20　折边裱纸法图

①沿纸面四周折边约1.5 cm,折向是图纸正面向上,注意勿使折线过重造成纸面破裂。

②使用干净排笔或大号毛笔蘸清水将图面折纸内均匀涂抹,注意勿使纸面起毛受损。

③用湿毛巾平敷图面保持湿润,同时在折边四周抹上一层薄而又均匀的糨糊。

④按图示序列对称用力,先中心再边角固定纸边,注意用力不可过猛。

在图纸裱糊齐整后,用排笔继续轻抹折边内图面使其保持一定时间的润湿,并吸掉可能产生的水洼中的存水;或在图纸的中心放一小块湿毛巾,待四边干透再取掉,将图板平放阴干图纸(图3.20)。

(2)墨和滤墨　水墨渲染宜用国产墨锭,最好是徽墨,一般墨汁、墨膏因颗粒大或油分多均不适用。墨锭在砚内用净水磨浓,然后将砚垫高,用一段棉线或棉花条用净水浸湿,一端伸向砚内,一端悬于小碟上方,利用毛细作用使墨汁过滤后滴入碟内。滤好的墨可贮入小瓶内备用,但须密闭置于阴凉处,而且存放时间不能过长,以免沉淀或干涸。

(3)毛笔和海绵　渲染需备毛笔数支。使用前应将笔化开、洗净;使用时要注意放置,不要弄伤笔毛;用后要洗净余墨,甩掉水分套入笔筒内保管。切勿用开水烫笔,以防笔毛散落脱胶。此外还要准备一块海绵,渲染时作必要的擦洗、修改之用。

(4)图面保护和下板　渲染图往往不能一次连续完成。告一段落时,必须等图面晾干后用干净纸张蒙盖图面,避免沾落灰尘。

图面完成以后要等图纸完全干燥后才能下板,要用锋利的小刀沿着裱纸折纸以内的图边切割。为避免纸张骤然收缩扯坏图纸,应按切口顺序依次切割,最后取下图纸。

2)运笔和渲染方法

(1)运笔方法 渲染的运笔方法大体有3种:

①水平运笔法。用大号笔作水平移动,适宜作大片渲染,如天空、地面、大块墙面等。

②垂直运笔法。宜作小面积渲染,特别是垂直长条;上下运笔一次的距离不能过长,以避免上墨不均匀,同一排中运笔的长短要大体相等,防止过长的笔道使墨水急骤下淌。

③环形运笔法。常用于退晕渲染,环形运笔时笔触能起搅拌作用,使后加的墨水与已涂上的墨水能不断地均匀调和,从而使图面有柔和的渐变效果。

(2)大面积渲染方法

①平涂法。表现受光均匀的平面。在大面积的底子上均匀地涂布水墨。要使平涂色均匀,首先要把颜料一次调足,要稀稠合适,然后要尽量使用大些的笔(涂大面积可使用板刷)有秩序地涂抹,用力要均匀,使笔画衔接不留痕迹。

②退晕法。表现受光强度不均匀的面或曲面,如天空、地面、水面的远近变化以及屋顶、墙面的光影变化;作法可由深到浅或由浅到深。

③叠加法。表现需细致、工整刻画的曲面,如圆柱;事先将画面按明暗光影分条,用同一浓淡的墨水平涂,分格逐层叠加。

3)光影分析和光影变化的渲染

(1)光线的构成及其在画面上的表示 建筑画上的光线定为上斜向45°,而反光为下斜向45°。

(2)光影变化 物体受直射光线照射后分别产生受光面、阴面、高光、明暗交界线以及反光和反影。

(3)光影分析及其渲染要领

①面的相对明度。建筑物上各个方向的面,由于其承受左上方45°光线的方向不同,而产生不同的明暗,它们之间的差别叫相对明度。深入渲染时,要把它们的差别作出来(图3.21):

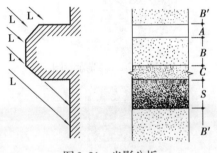

图3.21 光影分析

a.面 A 受到最大的光照强度,它根据整个图面的要求或不渲染上色,或略施淡墨。

b.面 B 和 B' 是垂直墙面,它是次亮部分,渲染时应留下 A 面部分,作墙体本色的明度。因为 B' 面位置略远于 B,所以在相对明度上还有些差别,它可以渲染得比 B 略深些。

c.面 C 没有受到光照,我们可以把它看成阴面,渲染时应加深。

d.面 S 部分处在影内,是最暗的部分,渲染时应做得较深。因为反光的影响和 S 与 B' 明暗刺激视觉的印象,所以 S 面越往下越深,可用由浅到深退晕法渲染。

②反光和反影。建筑物除承受日光等直射光线外,还承受这种光线经由地面或建筑邻近部位的反射光线,如图 3.22 中 L_1、L_2。反光使得光影变化更为丰富,如立面中受光面 B,其下部反光较强,因而有由上到下的退晕;影面 S 上部受 L_2 的照射,也有由较深到深的退晕变化。

反光产生反影。如图 3.23 中影面 S 中凸出部分 P,它受遮挡不受 L 光,但地面反射来的 L_1 光使它在 S 面的影内又增加了反影。反影的形成方向与影相反。它的渲染往往在最后阶段,以使画面获得画龙点睛的效果。

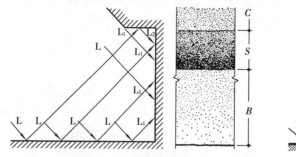
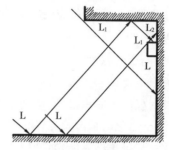
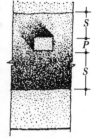

图 3.22　反光和反影　　　　　　　　图 3.23　反光产生的反影

③高光和反高光。高光是指建筑物上各几何形体承受光线最强的部位,它在球体中表现为一块小的曲面,在圆柱体中是一条窄条,在方体中是迎光的水平和垂直两个面的棱边(图 3.24)。

正立面中的高光表示,在凸起部分的左棱和上棱边,但处于影内的棱边无高光。反高光则在右棱和下棱边,处于反影内也无反高光(图 3.25)。

高光和反高光,如同阴影一样,在绘制铅笔底稿时就要留出它的部位。渲染时,高光一般都不着色;反高光较高光要暗些,故在渲染阴影部分逐层进行一两遍后,也要留出其部位再继续渲染(图3.26)。

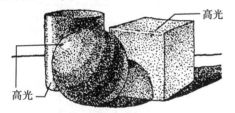

图 3.24　高光示意图

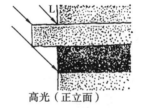
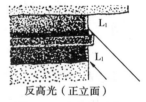

图 3.25　正立面高光示意图　　图 3.26　高光和反高光

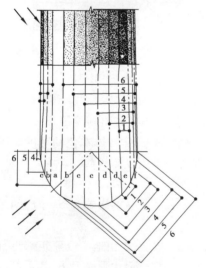

图 3.27　圆柱体光影分析

④圆柱体的光影分析和渲染要领。在平面图上等分半圆,由 45°直射光线可以分析各小段的相对明度(图 3.27),它们是:

a. 高光部位,渲染时留空。

b. 最亮部位,渲染时着色 1 遍。

c. 次亮部位,渲染时着色 2～3 遍。

d. 中间色部位,渲染时着色 4～5 遍。

e. 明暗交界线部位,渲染时着色 6 遍。

f. 阴影和反光部位,阴影 5 遍,反光 1～3 遍。

等分得越细,各部位的相对明度差别也就更加细微,柱子的光影转折也就更为柔和。采用叠加法,按图 3.26 标明的序列在柱立面上分格逐层渲染。分格渲染时,它的边缘可用干净毛笔蘸清水轻洗,使分格处有较为光滑的过渡。

⑤檐部半圆线脚的渲染。它相当于水平放置的 1/4 半圆柱体,可仿照圆柱体的光影分析和渲染方法进行。但应考虑到地面和其他线脚的反光,一般较圆柱体要稍微亮些(图 3.28)。

（4）渲染步骤　在裱好的图纸上作完底稿后，先用清水将图面轻洗一遍，干后即可着手渲染。一般有分大面、做形体、细刻画、求统一等几个步骤。

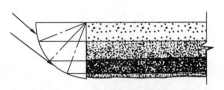

图3.28　半圆线脚的渲染

为了在渲染过程中能对整个画面素描关系心中有底，也可以事先做一张小样，它主要是总体效果——色调、背景、主体、阴影，几大部分的光影明暗关系，而细部推敲则可从略。小样的大小视正式图而定，可以作成水墨的，也可以用铅笔或炭笔作成渲染效果。

下面分别概述各渲染步骤的要求，以某个建筑局部的渲染过程效果为例。

①分大面。

a.区分建筑实体和背景。

b.区分实体中前后距离较大的几个平面，注意留出高光。

c.区分受光面和阴影面。

这一步骤主要是区分空间层次，重在整体关系。由于还有以下几个步骤，所以不宜做到足够的深度，例如背景，即使要做深的天空，至多也只能渲染到六七分程度，待实体渲染得比较充分以后，再行加深。这是留有相互比较和调整的余地的做法。

②做形体。在建筑实体上做各主要部分的形体，它们的光影变化、受光面和阴影面的比较。无论是受光面还是阴影面，都不要做到足够深度，只求形体能粗略表现出来就可以了，特别是不能把亮面和次亮面做深。

③细刻画。

a.刻画受光面的亮面、次亮面和中间色调，并要求作出材料的质感。

b.刻画圆柱、檐下弧形线脚、柱础部分的圆盘等曲形体，注意作出高光、反光、明暗交界线。

c.刻画阴影面，区分阴面和影，注意反光的影响，注意留出反高光。

④求统一。由于各部分经过深入刻画，渲染的最后步骤要从画面整体上给明暗深浅以统一和协调。

a.统一建筑实体和背景，可能要加深背景。

b.统一各个阴影面，例如处于受光面强烈处而又位置靠前的明暗对比要加强，反之则要减弱；靠近地面的由于地面反光阴影要适当减弱，反之则要加强，等等。

c.统一受光面，位于画面重点处要相对亮些，反之要暗一些。

d.突出画面重点，用略为夸张的明暗对比、可能有的反影、模糊画面其他部分等方法来达到这一目的；它属于渲染的最后阶段，又称画龙点睛。

e.如果有树木山石、邻近建筑等衬景，也宜在最后阶段完成，以衬托建筑主体。

（5）水墨渲染常见病例　水墨渲染过程中常易出现一些缺陷，原因是：

①辅助工作没有做好，如裱纸不平、滤墨不净、墨有油渍等。

②渲染过程中不细致或不得要领，如加墨不匀、运笔不当、水分过多或过少等。

③其他偶然因素，如滴墨。

缺陷往往是难免的，但事先应尽量加以预防；一旦造成缺陷，思想情绪上不要失望和丧失信心，而应积极补救。一般补救的办法是待图干了以后，用海绵作局部擦洗，再重新渲染。如有的缺陷（如干湿不匀、画出边框等）发生在刚开始渲染不久，整个画面色调较浅，也可以暂时不去管它继续渲染，后加的较深层次往往可将缺陷覆盖。

渲染表达

3.2.3 水彩渲染图

以均匀的运笔表现均匀的着色是水彩渲染的基本特征。无论是"平涂"还是"退晕",所画出的色彩都均匀而无笔触,加上水彩颜料是透明色,使得这种方法特别适合运用在设计图中。没有笔触、均匀而透明的色彩附着在墨线图上,各种精细准确的墨线依然清晰可见,墨线与色彩互相衬托,有相得益彰的效果。

水彩渲染可以反复叠加。叠加后的色彩显得沉着,有厚重感,能够表现复杂的色彩层次。在表现图中有时水彩渲染与水彩画结合,对所描绘的形象进行深入细致的刻画,作为"建筑画"的一种表现技法,水彩渲染有着独特的艺术魅力。

1)工具和辅助工作

水彩渲染也须裱纸,方法同水墨渲染。水彩渲染的用纸要选择,表面光滑不吸水或者吸水性很强的纸都不宜采用。还应备有大中小号水彩画笔或普通毛笔,以及调色碟、洗笔和贮放清水的杯子。

(1)小样和底稿 水彩渲染一般都应就创作内容先拟订小的色彩稿,对色调、主体与环境的色彩关系、色彩层次等进行构思与设定。初学者往往心中无底,以致在正式图上改来改去。因此,小样是必须先作的。有时还可作几个小样进行比较,从中选优。

由于水彩颜料有一定透明度,所以水彩渲染正式图的底稿必须清晰。作底稿的铅笔常用H、HB,过软的铅笔因石墨较多易污画面,过硬的铅笔又容易划裂纸面造成绷裂。渲染完成以后,可用较硬的铅笔沿主要轮廓线或某些分割(水泥块、地面分块等)再细心加一道线。这样,画面更显得清晰醒目。

(2)颜料 一般宜用水彩画颜料,透明度高。渲染过程中要调配足够的颜料。用过的干结颜料因有颗粒而不能再用。此外,颜料的下述特性应当引起我们注意:

①沉淀。赭石、群青、土红、土黄等在渲染中易沉淀。作大面积渲染时要掌握好它们和水的多少、渲染的速度、运笔的轻重、颜料配水量的均匀,并不时轻轻搅动配好的颜料,以免造成着色后的沉淀不均匀和颗粒大小不一致。掌握颜料沉淀的特性还能获得某些特殊效果,如利用它来表现材料的粗糙表面等。

②透明。柠檬黄、普蓝、西洋红等颜料透明度高,而易沉淀的颜料透明度低。在逐层叠加渲染时,宜先着透明色,后着不透明色;先着无沉淀色,后着有沉淀色;先浅色,后深色;先暖色,后冷色,以避免画面晦暗呆滞,或后加的色彩冲掉原来的底色。

③调配。颜料的不同调配方式可以达到不同的效果。如红、蓝二色先后叠加上色和二者混合后上色的效果就不同。一般说来,调和色叠加上色,色彩易鲜艳;对比色叠加上色,色彩易灰暗。

(3)擦洗 颜料能被清水擦洗,这有助于我们作必要的修改;也能利用擦洗达到特殊的效果,如洗出云彩,洗出倒影。一般用毛笔蘸清水擦洗即可,但要避免擦伤纸面。

2)运笔和渲染方法

水彩渲染的运笔和渲染方法基本上同水墨渲染。运笔时从左至右一层一层地顺序往下画,每层2~3 cm,运笔轨迹如成螺旋状,能起到搅匀颜色的作用。应减少笔尖与纸面的摩擦,一层画完用笔尖拖到下一层,全部面积画完以后会形成从上而下均匀的干燥过程,没有笔触,光润且均匀。

渲染方法:

(1)平涂 依照运笔方法,整个图面一气呵成。画完最后一层时最上层应仍处于潮湿状态。运笔过程中,只能前进不可后退,发现前面有毛病,则要等该遍全部画完干燥后,再进行洗图处理重新再画。

洗图的办法是先将色块四周用扁刷刷湿，再刷湿色块部分，避免先刷色块形成掉色沾在白纸上。然后再用海绵或毛笔擦洗，用力不可重，不要伤及纸面。洗图只是弥补小的毛病，出现较大的问题只能重画。

（2）退晕　退晕可以从深到浅、从冷到暖。一般用 3 个小玻璃杯分别调出深、中、浅 3 种颜色。深浅退晕时将浅色部位朝上，如表现蓝天效果从浅蓝到深蓝。分层运笔时第一层画浅蓝，然后蘸一笔中蓝色，在浅蓝杯中搅和后画第二层，再蘸入一笔中蓝色画第三层，至中间部位的层次时，浅蓝色杯内已成中蓝色，重复这样的方法将深蓝色蘸入直到底层。整个色块干燥后会形成均匀的色彩过渡。

冷暖退晕可以先画冷色的深浅退晕，干后反方向再画暖色的深浅退晕，冷暖色叠加，形成从冷到暖的自然过渡。

（3）叠加　如果要表现很深的蓝，必须反复叠加，干一遍画一遍，直到预想的程度。有时要画上 5～10 遍，每一遍画完可用吹风机吹干。

3）水彩渲染步骤

（1）定基调、铺底色　主要是确定画面的总体色调和各个主要部分的底色。如天空、屋顶、墙面等大面积的色彩可以反映画面的总体气氛。任何作画过程都应遵循从整体到局部的过程，在渲染大面积色彩时，将主要形象的大的体面关系及整个图面的近中远层次表现出来。

有时表现色调非常统一的画面可将该色调的淡色平涂上一层作为底色。

（2）分层次、作体积　这一部分主要是渲染光影，光影做得好，层次拉得开，体积出得来。通过色彩深浅、冷暖、纯度的变化，可表现出景物远近的距离感。

阴影最能表现画面层次和衬托体积，是突出画面的重要因素。阴影的渲染一般均采用上浅下深、上暖下冷的变化，这样做是为了反映出地面的反光，同时也使得阴影部分与受光部分的交界处明暗对比更为强烈，增加画面的光线感。如果被阴影所覆盖的是不同颜色或质地的材料，要特别注意它们之间的衔接以及整体的统一性，因为它们都是在同一光线照射下的结果。一般可以先上一两遍偏暖或偏冷的浅灰色，然后再按各自的颜色进行渲染。

（3）细刻画、求统一　在上一步骤的基础上，对画面表现的空间层次、材料质感和光影变化做深入细致的描写。此时应注意掌握分寸，深浅适度，切不可因过分强调细部而失之于凌乱琐碎。同时对前面所完成的步骤也应进行全面的调整，包括色彩的冷暖、光线的明暗、阴影的深浅等，以求得画面的统一。

（4）画衬景、托主体　最后画衬景。画面上需要作出衬景，如云层、远山、人物、汽车等以衬托景观主体。这些都应和所画的景观主体融合成一个环境整体，切忌喧宾夺主。因此，衬景的渲染色彩要简洁，形象要简练，用笔不宜过碎，尽可能一遍画成。

4）建筑局部水彩渲染技法要领

局部渲染是在区分了大面以后进行深入刻画的必要过程，此时要注意局部与整体的统一。下面就常见的一些局部，分别介绍其渲染的技法要领：

（1）砖墙面　较小尺度的清水砖墙面渲染方法有两种：一是墙面平涂或退晕着上底色后，用铅笔打上横向砖缝；二是使用鸭嘴笔以墙面色调作水平线，线与线之间的缝隙相当于水平砖缝。

这种画法要注意线条所表现的砖的宽度，符合尺度；线条中可间有停断，效果更生动一些。有些尺度很小的清水砖墙则可作整片渲染，不留砖缝。

尺度较大的砖墙画法是，事先打好砖缝的铅笔稿，第一步淡淡地涂一层底色；留下高光后第

二步平涂或退晕着色;第三步,挑少量砖块做一些变化,表示砖块深浅不同,画面更为丰富些。

（2）抹灰墙面 一般作略带退晕(表示光影透视或周围环境的反光)的整片渲染;较粗糙的面还可以用铅笔打一些点子。凡有分块的墙面,也可挑出少部分作些变化。如果尺度较大,分块的边棱要留出高光,并要作出缝影。

（3）瓦屋顶坡面 水泥瓦、陶瓦、石板瓦屋顶坡面的渲染步骤大体相同,即第一步上底色,并根据总体色调和光影要求作出退晕,表现出坡度;第二步作瓦缝的水平阴影,如果有邻近建筑或树的影子落在瓦面上,则宜斜向运笔借以表现屋顶的坡度;第三步挑出少量瓦块作些变化。

（4）玻璃门窗 一般来说,玻璃门窗在色彩上属冷色调,在建筑墙面上属于"虚"的部分,在材料质感上光滑透明。因而它与墙面、屋顶形成冷暖、虚实、体量轻重、表面平滑和粗糙等多方面的对比。因此,玻璃门窗渲染好了,建筑的整体大效果就基本上表现出来了。

玻璃的色调通常选择蓝紫、蓝绿、蓝灰等蓝色调,宜用透明色,忌用易沉淀的颜料。渲染的步骤是:

①作底色,如门窗框较深,可在门窗洞的范围内作整片渲染。

②作玻璃上光影。

③作玻璃上光影变化。

④作门窗框。

⑤作门窗框上的阴影。

（5）虎皮石墙面 它的渲染比较简单。用铅笔作好底稿后平涂一层淡底色,然后在统一的色调下将各块碎石作多种微小变化,逐一填色,再作出石块的棱影。

5）水彩渲染常见病例

这里主要列举了技法上的问题;至于色彩选择不当等,是提高修养的问题,不在此例。

①间色或复色渲染调色不匀造成花斑。

②使用易沉淀颜料时,由于运笔速度不匀或颜料和水不匀而造成沉淀不匀。

③颜料搅拌过多发污。

④色度到极限发死。

⑤覆盖的一层浅色或清水洗掉了较深的底色。

⑥擦伤了纸面,出现了毛斑。

⑦使用干结后的颜料,颗粒造成麻点。

⑧退晕过程中变化不匀造成突变的台阶。

⑨渲染到底部积水造成了返水。

⑩纸面有油污。

⑪画面未干滴入水点。

⑫工作不细致涂出边界。

钢笔徒手画基础

3.2.4 钢笔徒手画

钢笔画是用同一粗细或略有粗细变化、同样深浅的钢笔线条加以叠加组合,来表现景观及其环境的形体轮廓、空间层次、光影变化和材料质感。钢笔徒手画是不借助尺规等工具用钢笔作画,依靠笔尖的性能画出粗细不同的线条。钢笔画一般都用黑色墨水,白纸黑线,黑白分明,表现效果强烈而生动。钢笔画用笔有普通钢笔、美工笔、针管笔、蘸水钢笔,有些与钢笔性能相近的硬笔所画出的画也列在钢笔画的范围,如塑料水笔、签字笔、马克笔、鹅毛笔等。设计图中很多平面与立面的表现要靠钢笔画来完成,钢笔画与在钢笔画基础上着色的淡彩是常用的表现图的画法。此外,钢笔画广泛应用在速写记录形象、搜集资料、勾画草图、完成快题设计等方面,成为从事设计工作不可欠缺的基本技能。

1)钢笔徒手线条图

学习钢笔画从临摹入手,以最简单的徒手线条练习开始,循序渐进地掌握专业所需要的各种描绘方法(图3.29)。

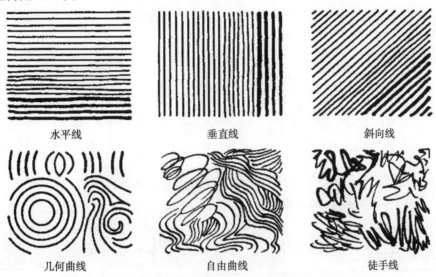

水平线　　　　　　垂直线　　　　　　斜向线

几何曲线　　　　　　自由曲线　　　　　　徒手线

图3.29　钢笔徒手线条图练习

(1)钢笔徒手线条的技法要领

①运笔要放松,一次一条线,切忌分小段往复描绘。

②过长的线可断开,分段再画。

③宁可局部小弯,但求整体大直。

④轮廓、转折等处可加粗强调。

(2)钢笔徒手线条的组合　各种线条的组合和排列产生不同的效果,其原因是线条方向造成的方向感和线条组合后残留的小块白色底面给人以丰富的视觉印象。因此,在钢笔画中可以选择它们表现园林景观的明暗光影和材料质感。

由于线条的曲直、长短、方向、组合的疏密、叠加的方式都各不相同,因而它们的排列组合有着千变万化的形式。这说明钢笔线条虽然只有一种粗细、一种深度,但却很有表现力。

(3)钢笔徒手线条的明暗和质感表现用点、线或小圈等元素的组合或叠加,可以表现光影效果。根据光影的变化程度

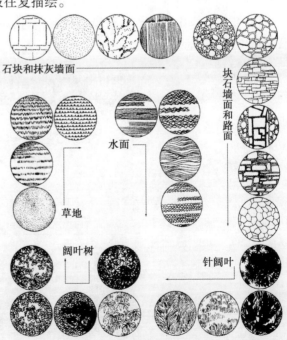

石块和抹灰墙面

块石墙面和路面

水面

草地

阔叶树

针阔叶

图3.30　钢笔徒手线条的质感表现

来组织这些元素的疏密。

用钢笔线条表现不同材料的表面特征和质地。如草地宜选连续的细曲线,平坦的表面宜选直线,石块或抹灰墙面宜选直线或散点等(图3.30)。

2)用钢笔线条表现衬景——树木、山石、花草、人物和汽车

(1)树木画法　用钢笔画树,除了必须准确地掌握树木的造型特点,还要使线条与树木的特征相协调(图3.31)。例如,针叶树(松柏)可用线段排列表现树叶,而阔叶树则可用成片成块的面来表现树叶。需要注意的是,不论何种树木,其画法应该和建筑主体的画法相统一。

图3.31　树木造型的几何特征

①远景树。无须区分枝叶乃至树干,只需作出轮廓剪影;整个树丛可上深下浅、上实下虚,以表示大地的空气层所造成的深远感(图3.32)。

②近景树。应比较细致地描绘树枝和树叶,特别是树叶的画法,各个树种有明显的不同(图3.33)。

图3.32　远景树的画法

图 3.33　近景树的画法

③树木的程式化。画法很多,在建筑画中用得也很广。由于它简练而又图案式的表现,更需要选择合适的线条及其组合,以表现夸张了的树木造型(图 3.34)。

图 3.34　树木的程式化画法

(2)山石画法　远山无山脚,这是因为大气层的缘故。用钢笔线条表现远山,要抓住山势的起伏,抓住大的轮廓(图 3.35)。

图 3.35　远山的画法

园林中的湖石、卵石,表面圆润,钢笔表现多用曲线线条;黄石、斧劈石等,线条刚直、棱角分明,钢笔表现多为直线、折线(图 3.36);叠石通常大、小石穿插以表现层次感,线条的转折要流畅有力(图 3.37)。

图 3.36　石块的画法

图 3.37　叠石的画法

(3)花草、人物和汽车画法　在表现图中,花草、人物、汽车等是细节刻画,经常起到画龙点睛的作用。花草使画面生动,人物、汽车可以衬托环境氛围,表现这些细节适宜进行精致的描绘(图 3.38—图 3.40)。

图 3.38　花草的画法

图 3.39　人物的画法

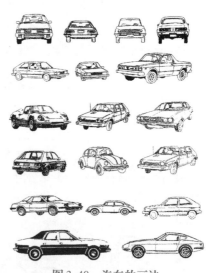

图 3.40　汽车的画法

3）钢笔徒手画表现方法

钢笔徒手画有多种表现方法，有以勾勒轮廓为基本造型手段的"白描"画法；有表现光影，塑造体量空间的明暗画法；以及两种画法相兼的综合画法。

（1）白描画法　钢笔画中白描画法秉承了中国绘画的传统，得到了较为广泛的运用。尤其是与设计方案相关的钢笔画，需要表现严谨的形象，正确的比例、尺度甚至是尺寸，需要交代清楚很多局部、细节，因而更适合白描画法。白描画法也可以表现空间感，如利用勾线的疏密变化，在形象的转折部位与明暗交接的部位使线条密集；在画面的次要部位适当地省略形成空白；主体形象勾画粗一些的线条，远处的形象勾画细一些的线条等。以这些虚实、强弱的处理产生一种空间感，使画面生动（图 3.41）。

（2）明暗画法　明暗画法细腻、层次丰富，光影的变化使形象立体、空间感强，因而具有真情实景的感觉,适合于描绘表现图(图3.42)。明暗画法要处理好明暗线条与轮廓线条之间的关系,要求具备较强的绘画基本功。

图3.41　钢笔画的白描画法　　　　　　　　　　图3.42　钢笔画的明暗画法

　　(3)白描与明暗结合的画法　有时以白描为主的画法略加明暗处理,能得到兼顾的效果(图3.43)。

图3.43　钢笔画白描与明暗结合的画法

此外有大量运用尺规表现建筑造型的钢笔画,这类钢笔画中同样有偏于白描与偏于明暗的区别。

3.2.5　钢笔淡彩

　　钢笔淡彩是风景园林表现图的基本技法之一,是从水彩渲染和钢笔画派生出来的,是钢笔画与水彩渲染、马克笔、彩色铅笔等色彩画结合的画法,广泛地应用于设计图以及设计表现图。由于水彩渲染透明性强,又能进行细致深入的刻画,以水彩渲染和钢笔画相结合的钢笔淡彩最为普遍。

1)钢笔淡彩表现图的特征

①钢笔淡彩表现图不单纯是钢笔画加淡彩,钢笔画阶段即考虑着色的效果,给渲染留有余地。

②突出画面的色调,着重整体气氛的表现。

③为打破淡彩画的单调,应格外强调画面的层次感,近景、中景、远景三大层次分明。一般的构图,主体形象作为中景的居多,中景色彩的对比变化丰富。近景概括而浓重,略有细节的处理。远景以虚为主,色彩浅淡。

④钢笔淡彩无论怎样深入渲染色彩,都应保持钢笔线条清晰可见。

⑤由于钢笔墨线大量出现在画面上,总体的色彩格调应倾向于淡雅、简洁。

⑥适量地运用"空白"的处理手法,如窗框、栏杆、远景树、树枝树干、人、汽车、飞鸟等。黑色的墨线、白色的间隙会对画面的色彩形成中性色的分割,能使画面协调,有装饰感。

2)钢笔淡彩表现图作图步骤

(1)钢笔画绘制 根据需要可临摹、归纳创作或自己设计方案绘制钢笔画。建筑作为画面的主体,其形象的墨线最好全部以尺规线完成。根据主要轮廓、次要轮廓、局部、细节的主次关系采用不同类型的线条。按照景观内容的不同,用钢笔墨线条画出其他造景要素,如植物、道路、山水、铺地等。

为使画面生动,还可以添加天空、人、汽车、飞鸟等配景,以便和主体景观形成很好的陪衬与呼应关系。

(2)构图 对于建筑钢笔画而言,建筑入口的前面应留出足够的空间,不能堵塞。安置主体建筑的位置不宜居图面正中,否则有呆板的感觉。确定朝向后必然形成重心向相反一侧偏移,有时表现天空多一些,建筑重心下移;有时表现草坪、水池多一些,重心上移。建筑重心偏移后,偏移的一侧也要有一定的空间,使整个图面舒展。

建筑的屋顶与背景的树木形成一个影像,影像的形状要有疏密、高低起伏。通往建筑入口应有道路,路的形状应间断遮挡,不宜笔直生硬。

对于风景钢笔画,除景区画面外,还应有标题、景点介绍、指北针等部分。景区图是占据图面2/3的大块面;标题是小方块组成的带状面;景点介绍可以灵活处理成面状或带状、整齐外形或参差错位等多种形式;指北针是小的点状面。构图即为安排这几个点、线、面的关系。各部分应有明确的分隔。景区图面部分的边缘地带可考虑柔化,通过色彩的退晕向图纸边缘过渡,形成与其他部分的穿插。

临摹钢笔画要尽量与原作相同,归纳创作的钢笔画可以参考其他资料,但前提是以原照片为基础,不可改变得与原照片相差甚远。

(3)设色 色彩部分除了建筑的固有色的基本状况外,可以任意发挥。

①定主调。冷调与暖调、对比色调与调和色调、偏蓝的冷调与偏绿的冷调等。主调可以表现春、夏、秋、冬不同的季节,具有很强的感染力。在渲染过程中,先渲染大面积的色块如天空、屋顶、墙面、地面、草地、水面等,因为大面积的色彩决定画面的总体关系。大面积色宜用退晕手法,避免平板。水面的退晕可以从四边往中心、中心向四边、单边平推、双边平推、多边交错退晕等。

②分层次。有柔和过渡与跳动过渡,层段过渡与穿插过渡。无论怎样过渡都必须表现出近、中、远的空间层次。深入阶段应从主体形象如主体建筑开始渲染,然后从近景到远景渲染。

③设对比。对比是画面中不可缺少的环节。即使是调和的色调也必须有部分的对比手法的出现。运用对比手法表现主体形象与环境的对比,如单纯色的主体建筑与色彩丰富的环境形成对比;主体形象的主要部位与次要部位的对比。注意环境中要有点睛细节。

协调素雅的图面要穿插局部的鲜艳,对比强烈的图面要辅以局部的单纯,使图面不至于因变化而混乱,因求协调而呆板。

3.2.6　水粉表现图

水粉表现图是使用水调和粉质颜料绘制而成的一类图。它的色彩可以在图面上产生艳丽、柔润、明亮、浑厚等艺术效果。由于水粉颜料具有覆盖性能,便于反复描绘,既有水彩画法的酣畅淋漓,又有油画画法的深入细腻,产生的画面效果真实生动,艺术表现力极强。

1) 工具与材料

(1)颜料　水粉颜料普遍含有粉质,属于不透明色。有些粉量低是半透明色,如柠檬黄、翠绿、普蓝、湖蓝、青莲、玫瑰红等,它们有一定的透明度。其中湖蓝、青莲、玫瑰红所含矿物质原料具有很强的穿透力,被其他颜料覆盖后容易泛出表层。

(2)水粉画笔　水粉画笔的质量,一般以含水性好而富有弹性的为上等。因此,狼毫画笔是比较理想的。羊毫画笔毛质太软,笔法柔软无力;油画笔含水性差、毛质过硬,都不是理想的画笔。

扁形方头笔适宜涂较大面积的色块及用体面塑造形体。毛笔可用于表现某些具有线条特征的形体,如树木、花果、建筑、车船、人物等。油画笔适宜于水粉厚画法;底纹笔是制作较大水粉画幅不可缺少的工具,用于涂底色,画大面积的天空、地面以及比较概括统一的远景等,幅面较大的静物画背景,也常使用底纹笔来画。

(3)水粉画纸　对水粉画纸的质量要求,不像对水彩画纸那样严格。因为水粉画纸的纸面,基本上是被色层遮盖掉的,但是纸质、纸纹和纸的本色与色彩效果、表现技法效果仍然有一定的关系。水粉画纸要求纸质结实不吸水,会吸水的纸色彩效果灰暗;并且要有一定的厚度,上色后不起凹凸皱纹;要有纸纹,以利于颜料的附着。

2) 水粉画法

(1)白色作为调色剂　水粉画的性质和技法,与油画和水彩画有着紧密的联系。它与水彩画一样都使用水溶性颜料,如用不透明的水粉颜料以较多的水分调配时,也会产生不同程度的水彩效果,但在水色的活动性与透明性方面,则无法与水彩画相比拟。含粉意味着对水色流畅的活动性产生限制的作用。因此,水粉画一般并不使用多水分调色的方法,而采用白粉色调节色彩的明度,来显示自己独特的色彩效果。

(2)薄画法与厚画法　调配水粉颜色,使用水分与白粉色的多少,是体现表现技法和水粉画特色的问题。薄画法是用水使颜料稀薄成为半透明,少用白色,水分使颜色产生厚薄和明度变化,发挥了似水彩那样的湿画渗化效果,绘图过程是先浅后深,深色压住浅色。厚画法是少用水分,使用较多的颜料和白色来提高颜色的厚度和明度,绘图过程是先深后浅,浅色压住深色。但注意水粉色不可涂得过厚,如色层过厚,颜色干后易出现色层龟裂剥落,发生图面受损的情况。

(3)干画法与湿画法　干画法是指在干底子上着色,作图时要待前一层颜色干后再涂上第二层色,层层加叠,前一层色与第二层色有较明晰的界限,所以也称之为多层画法。湿画法是利用水分的溶和,使两块颜色自然地互相接合的一种方法,作图时趁前笔颜色涂上还未干时,接上后笔,使笔与笔之间的衔接柔和,边缘滋润。在水粉表现图中,干画法以厚涂较多,湿画法以薄涂较多。

(4)水粉画的衔接　水粉颜料要画得色块明确、轮廓清楚比较容易,但要画得衔接自然、柔和就比较难。当颜色未干时,颜色比较容易衔接。冷暖两个色块,也可以趁色未干时在连接两个色块的地方进行部分重叠,混合后产生一个过渡的中间色,使衔接自然柔和,没有生硬的痕迹。而颜色干燥以后,就失去湿画时的效果。此时可以将需要衔接的部位,用干净的画笔刷上一层清水,使已干的色相状况恢复到潮湿时的状况,再根据这色相状况来调配衔接的颜色。

3)水粉表现的基本技法

水粉表现图的很多体面需要平涂;各种颜色的渐变需要退晕;干画法与湿画法都需要叠色;大量的轮廓需要勾画线条。平涂、退晕、叠色、画线条是基础的技法训练。

(1)平涂　与水彩渲染浅淡的水色相反,水粉色平涂需要浓稠的色彩,要加入较多的白色,依靠白色加强颜料的密度,用白粉托出色彩的纯度。

调好的颜料用笔蘸湿,以含在笔中而不滴落的浓度为宜。着色运笔时与纸略有摩擦感为宜,如黏住笔推拉不畅是颜料过稠,有运笔湿滑轻快的感觉则颜料过稀。

涂色时最好使用水平、垂直、再水平3遍运笔过程。第一遍水平运笔,颜色足,用笔力度强。第二遍少量加色垂直走一遍,中等力度。最后一遍不加色,轻力、匀速地走一遍笔,减少笔与纸的摩擦,只是浮在颜色表面找匀。每遍运笔应顺一个方向均匀前进,中途不宜返笔。涂完的颜色面从侧面望去应有毛绒的感觉,如表面水汪汪的或留有明显的笔痕,干后肯定不均匀。颜色若稀薄,湿的时候看上去均匀,干后就显出不均匀的效果。

(2)退晕　小面积的退晕采用一支小扁刷两头蘸色,如一头蓝一头白,左右反复摆动,带有中小幅度的上下移动,使蓝白颜色形成过渡。大面积的退晕可用两把刷子,一把从一端涂深色,另一把从另一端涂浅色,向中间合拢,中间地带运笔略轻。也可以调出深、中、浅三色,分别涂在两端与中间,然后用两把刷子分别在衔接地带反复移动运笔,形成退晕效果。

退晕所调颜色的浓稠与平涂相同。

(3)叠色　在第一遍颜色干后叠加第二遍、第三遍色,是水粉画中常用的方法。叠色方法有两种情况:使用浓厚的颜料将某一部分底色覆盖或以稀的半透明色层罩染,各有不同的效果。但无论采取哪一种方法,实际操作时都要动作敏捷,下笔力求准确,以避免将底色搅起。

(4)画线条　水粉表现图中大量的线条必须用界尺来画,圆规套件的直线笔只适合画很细的线条,各种粗而笔直的长线条必须依靠界尺来完成。使用界尺时,一手持两支笔。一支为画线笔,一支是导向笔,与所画线部位留有一定距离。画线时持笔的手卡紧两支笔,导向笔顺尺槽滑动,拖带着画线笔画线。画长线肩部用力、画短线手腕用力;画细线用衣纹笔,画粗线用兰竹笔或白云笔,齐头线用扁头笔,手指用力下压笔尖可使线条变粗。由于导向笔在尺槽中运行,不会使图面出现划痕。如果用直线笔画长线,会因含颜料不足而中途断色,直线笔画出略粗的线呈凸起状,会影响画面的效果。

要完成一张水粉表现基础练习,在平涂的色块中依照规定粗细的类别画出平行排列、等宽、等距的齐整线条。

4)水粉表现图的步骤

(1)起稿　先用铅笔定位置和比例,接着用颜色定稿。色线可略重一点,并可用定稿之色薄薄地略示明暗,为下一步的着色作铺垫。造型能力强一些的,也可直接用色线起稿,不示明暗,直接着色。

(2)铺大色调　定稿之后,根据整体色调和大色块关系,薄涂大色调,形成画面的色彩环境。进一步调整大色块的关系,使色彩之间的关系和总的色调与实际感觉相吻合。

(3)具体塑造　在大关系比较正确的基础上,进一步进行具体塑造,从画面主体物着手,逐个完成。此时要注意该物体与背景和其他物体的关系,掌握分寸,细节可留下一步刻画。这一遍用色要适当加厚,增加画面的色彩层次。

(4)细节刻画　对琐碎多余的细节可省略,但对表现物体形象特征与质感的重要细节应加强刻画,画龙点睛。细节要综合到整体之中。

(5)调整、完成　在接近完成的时候,检查一下画面:在深入刻画时是否有些地方破坏了整体,局部和细节的色彩有没有"跳出"画面,还有没有其他毛病。检查后,调整、修改、加工。错误之处,如画得太厚,要洗掉再画,直至完成。

5)水粉表现图的程式化手法

所谓"程式化"即是一种模式,被反复运用在不同的场合、不同的内容、不同的表演、不同的画面中。程式化的单纯形式形成局限,在局限的制约下便形成独特的风格,各种风格的纵深发展具有广阔的空间。

(1)大型玻璃窗　有单纯的色彩退晕画法;有呈倾斜方向宽窄变化的笔触画法;有垂直、水平色块的穿插画法等。

(2)墙面　多采用对角的明暗过渡,与垂直水平形状的墙体形成对比。

(3)地面　地面描画宽窄不等的水平面、水平线,建筑物在地面形成高反差的垂直倒影,勾出流畅的动感线条。各种方法都表现了地面的洁净与明亮,很好地映衬了主体建筑。

此外,树木、人物、汽车也多有程式化的表现。

3.2.7　模型制作

园林景观模型是按照一定比例将景物缩微而成,是传递、解释、展示设计项目和设计思路的重要工具和载体。所以,应根据不同模型的用途选取适宜的材料、工艺进行制作,同时要考虑符合美学的原则和处理技术,以加强模型的可视性、可交流性。

园林景观模型制作通过以园林组成要素单体的增减、群体的组合以及拼接为手段,来探讨设计方案。模型不只是表现模型的外部造型,同时也充分表现了模型中各种组成要素之间的空间关系,具有直观性、时空性、表现性。此外,模型还具有完善设计构思、表现设计效果、指导施工、降低风险的作用。

1)模型的类别

(1)以设计内容区分

①造型设计模型。为单体或组合体的造型,像雕塑、环境景观中的各类小品,如水池、花坛、园凳、路牌、路灯等。其种类繁多,使用材料也最为广泛。

②建筑设计模型。园林建筑多是小型建筑,如公园大门与票房、展室、小卖部、码头、别墅等。

③室内设计模型。各种建筑的室内空间分割、室内外空间的联系、室内外装修、陈设等。

④城市、小区规划设计模型。规划设计模型的建筑为群体,着重于整体布局,与环境绿地结

合为综合性的开阔景观。

⑤公园、庭园景区设计模型。表现造园掇山理水的诸多手法。此类设计模型最生动、最美观。

⑥古建筑实测模型。再现古建筑的精华,如亭、桥、舫、榭、牌楼、角楼等。

(2)以使用方式区分

①基础训练模型。以线材、面材、块材塑造立体形象,组合空间关系,培养抽象思维的能力,建立形式美感的视觉观念。

②方案构思模型。这类模型属于工作模型。形象概括简洁,侧重于方案的分析、比较,是理念的构思过程。只表现主要的局部关系,更多的细节雕琢加以省略。

③方案实况模型。它是设计图纸全部落实后的再现,造型准确、逼真,刻画所有必要的细节。它是设计平立剖图、表现图、模型三位一体介绍方案的重要组成部分。

④展览、竞赛模型。这类模型更侧重于艺术表现。有的极其精致,有的极其概括,有的色彩通体单色,有的以照明渲染出神话般的境界,有时不拘于写实,以象征、抽象、装饰的手法表现鲜明强烈的艺术风格。

(3)以加工材料区分

①木材类模型。目前已有各种形状、各种型号的线材、板材、块材的模型木制品。可以黏合、咬合、榫卯,加工方法多样且成形美观。

②塑料类模型。包括有机玻璃、各种苯板、泡沫塑料、吹塑制品、塑料薄膜、塑料胶带以及其他类别的复合制品。塑料类的材料色彩鲜艳而且丰富。

③纸品类模型。纸品类有卡片纸、瓦楞纸、草板纸、玻璃纸、植绒纸、砂纸、电光纸、纸胶带、压缩纸板以及其他类别的复合纸。纸品类加工最为便利,成形的手段也最多。

④金属类模型。金属类常用铝材、马口铁、铜线、铅丝等。金属材的加工略复杂,除一般工具外,需要部分机械加工设备。

⑤综合类模型。上面所介绍的材质类别通常是以一种材料为主,容易达到整体的统一和谐。实际运用中有时会适当地与其他材料结合。

2)制作模型的工具、黏合剂及其他材料

(1)工具

①测绘工具。三棱尺(比例尺)、直尺、三角板、丁字尺、卷尺、弯尺、蛇尺、游标卡尺、圆规、分规、模板、画线工具。

②剪裁、切割工具。勾刀、手术刀、扒拉刀、剪刀、单双面刀片、切圆刀、手锯、电动手锯、钢锯、电动曲线锯、电热切割器、台式电锯、电脑雕刻机、钻孔工具、切割垫。

③打磨修整工具。砂纸、砂纸机、砂纸板、锉、组锉、特种锉、木工刨、砂轮机。

④辅助工具。钣钳工具、喷涂工具、焊接整形工具和其他工具。

(2)黏合剂　有氯仿、丙酮、乳胶、502胶、4115建筑胶、801大力胶、两面贴、胶水等。氯仿、丙酮用来黏接有机玻璃与赛璐珞片。

(3)其他材料与代用品　仿真草皮、绿地粉、发泡海绵(泡沫塑料)、橡皮泥、纸黏土、多胶裸铜线、赛璐珞片、确玲珑、喷漆、清洁剂、型材、玻璃、天然材料以及工业或生活中的废弃物。

材料与代用品应不拘一格,只要适用,经过加工、整形、喷涂颜料,都可以作为很好的模型材料。

3）各类模型的特征

（1）造型设计模型 造型设计模型是显露的空间关系，一般在通透、开敞的空间展开。一是造型本身的塑造，二是造型与相处环境的高低落差变化。因为空间关系单纯，所占面积又不大，制作时比较简单。以设计平面图为蓝本，完成竖向造型。

（2）方案构思模型 方案构思模型在建筑设计构思的过程中广泛运用。建筑造型做"体块模型"；分析结构做"框架模型"；推敲空间做"面材穿插模型"；群体布局做"体块组合模型"。基于辅助构思的功能，统称为"工作模型"。工作模型是设计方案的立体草图，不要求多么精致，省略细节的刻画，因而可以快速地解决相关阶段的问题。

（3）建筑设计模型 建筑设计模型属于正式设计方案的再现，要求微缩的比例、尺寸非常正确，各种建筑局部与主要细节交代清楚，色彩、质感得到表现，模型的加工制作精巧，模型具有长期保留的价值。

建筑模型的环境处理较为灵活，写实的手法与建筑形象相协调。抽象、装饰的手法又可以形成对比。

（4）室内设计模型 室内设计模型常采用屋顶或一个立面呈敞开状或可以打开的形式，以便清楚看到室内的内部状态。由于室内设计需要画很具体的室内立面图、天花板平面图，画不同视角的色彩表现图以及一定数量的大尺寸详图，因而模型侧重空间分隔、色彩、材质、固定设施等方面。在室内家具、室内陈设、装饰细节方面比较概括或省略。

室内空间环境是人们生活、工作的场所，应注意人体活动的尺寸范围。

（5）城市、小区规划设计模型 规划模型的场面大，有开阔的地域，运用沙盘模型表现。往往采用照明的手法，变换照明来介绍规划的状况。

（6）公园、庭园景区模型 公园、庭园的设计要充分利用造园的手法，地形地貌复杂，景观丰富多样，从而模型的制作较为多样和复杂。这类模型重在抒情，表现优美的环境，往往以写意的手法，尺寸不特别严格，建筑类景点采用夸张、放大尺寸来表现，园路比较明显，有引导、游览的作用。公园的面积大，也用沙盘来表现。

4）模型制作的步骤

不同类别模型有不同的表现方法，制作模型的步骤也不尽相同。这里笼统介绍一下过程，有的模型可能不涉及其中某些环节。

（1）绘制模型制作平面图 将模型标题、设计平面图以及要求在模型上表现的内容通过构图画出模型制作平面图。与绘制景区平面图一样，注意留边，图块之间的间距以及在模型板面上布局的虚实关系。

（2）按比例尺作底板 根据加工情况，底板上可以再加复合层，以适应不同需求。

（3）标明部件位置 根据制作平面图，在底板上标明各主要部件的位置。在制作中要进行多次标注。

（4）塑造地形的竖向关系 主要包括山体、坡地、台阶。

（5）制作水池、草地、铺地、道路

（6）黏合建筑与立体造型 把单独完成的建筑与立体造型黏合上去。依照先大后小，先主体后宾体的次序。

（7）加树木衬景

（8）落实标题、指北针、说明文字等 室内设计模型属于比较特殊的类型，但先地面后地上,先大部件后小部件,先整体后局部的规律是一致的。

5)具体部件的制作

(1)山体　一种是较写实的方法,以石膏、胶泥、纸浆堆塑而成,可以充分塑造山体的纹脉起伏。干燥后再涂绘表现的色彩。山体较高时采取镂空的办法,中间用木框撑起。另一种是较抽象的方法,用等高层垒叠而成,常以单纯材料颜色作为最终效果(图3.44)。

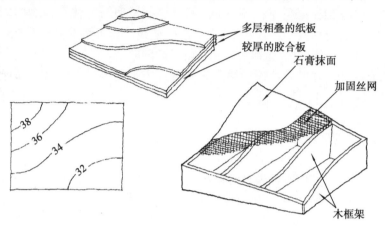

图3.44　地形的做法

(2)水面　多用彩色有机玻璃,或在着色的纸张上覆盖透明的有机玻璃。

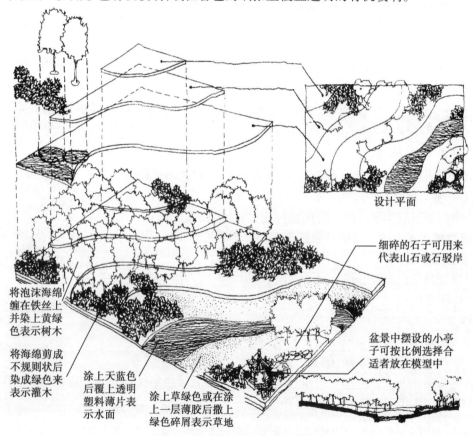

图3.45　园林模型的简易做法

（3）建筑　将预制的立面墙体与屋顶粘接而成。墙面的挖孔与填充门窗、墙体线的叠痕与划痕要提前制作。建筑形体成形后再添加阳台、护栏等局部。制作建筑多用复合的苯板纸或有机玻璃板。

（4）草坪　制作草坪用植绒纸、砂纸。也可以在涂满胶液的表面撒锯末、砂土，再喷上适合的色彩。

（5）树木、灌木、花坛　较为写实的树木可以直接选择干树枝或以大孔泡沫塑料成形。较为抽象的小树木可以用适当的材料做成单纯的几何形体。取材质本身色或涂成白色。灌木用海绵球状、带状成形。花坛用着色的锯末点撒。

（6）道路　及时贴饰简便的材料。

（7）围墙、栅栏　围墙有实体墙与透空墙。实体围墙用签字笔在裁好的墙条上绘出纹路。透空围墙在片状材上打出整齐排列的圆孔，从中裁开即可。栅栏可用塑料窗纱截取使用。

模型中的植物、水面等的做法很多，图3.45为其简易做法。

3.3　园林素材的表现

3.3.1　植物的表现方法

园林植物是构成园林景观的主要素材之一，是风景园林设计中应用最多也是最重要的造园要素。园林植物的种类很多，不同类型的植物形态各异，其平面、立面的表现方法也不同。

1）植物的平面画法

园林植物的平面图是指园林植物的水平投影图。一般都采用图例概括地表示，其方法为：用圆圈表示树冠的形状和大小，用黑点表示树干的位置及树干粗细。树冠的大小应根据树龄按比例画出，成龄的树冠大小如表3.7所示。

表3.7　成龄树的树冠冠径　　　　　　　　　　　单位：m

树　　种	孤植树	高大乔木	中小乔木	常绿乔木	花灌丛	绿　　篱
冠径	10～15	5～10	3～7	4～8	1～3	单行宽度：0.5～1.0 双行宽度：1.0～1.5

（1）乔木的平面表示方法　乔木的平面表示可先以树干位置为圆心，树冠平均半径为半径作出圆，再加以表现。乔木的平面表现手法非常多，表现风格变化很大。通常设计师可结合自己的喜好或作图风格采用相应的表达方式。根据不同的表现手法，可将乔木的平面表示划分为下列4种类型（图3.46）。

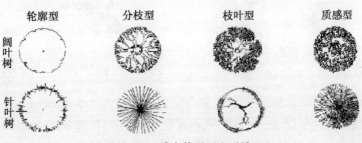

图3.46　乔木的平面表示法

①轮廓型。树木平面只用线条勾勒出轮廓。阔叶树轮廓较光滑,一般为圆弧线或波浪线;针叶树轮廓线常呈针刺状或尖突状。若为常绿树,在轮廓线内加画平行斜线。

②分枝型。在树木平面中只用线条的组合表示树枝或枝干的分叉。常用来表示落叶阔叶树。

③枝叶型。在树木平面中既表示分枝,又表示冠叶;树冠可用轮廓表示,也可用质感表示。这种类型可以看作其他几种类型的组合。

④质感型。在树木平面中只用线条的组合或排列表示树冠的质感。

当表示几株相连的相同树木的平面时,应相互避让,使图面形成整体(图3.47)。当表示成群树木的平面时可连成一片。当表示成林树木的平面时可只勾勒林缘线(图3.48)。

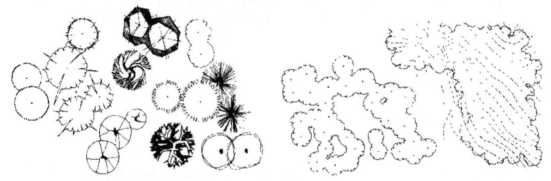

图3.47　几株相连树木的组合画法　　　　　图3.48　大片树木的平面表示法

树木的平面落影是平面树木重要的表现方法,它可以增加图面的对比效果,使图面明快、有生气。树木的地面落影与树冠的形状、光线的角度和地面条件有关,在园林图中常用落影圆表示(图3.49),有时也可根据树形稍稍作些变化。

作树木落影的具体方法如下:先选定平面光线的方向,定出落影量,以等圆作树冠圆和落影圆,然后擦去树冠下的落影,将其余的落影涂黑,并加以表现。对不同质感的地面可采用不同的树冠落影表现方法(图3.50)。

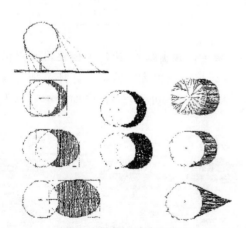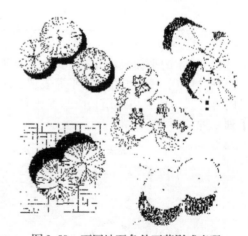

图3.49　树木的落影圆　　　　　图3.50　不同地面条件下落影感表现

(2)灌木和地被物的平面表示方法　灌木没有明显的主干,平面形状有曲有直。自然式栽植灌木丛的平面形状多不规则,修剪的灌木和绿篱的平面形状多为规则的或不规则但总体平滑。灌木的平面表示方法与树木类似,通常修剪规则的灌木可用轮廓、分枝或枝叶型表示,不规则形状的灌木平面宜用轮廓型和质感型表示,表示时以栽植范围为准。由于灌木通常丛生、没有明显的主干,因此灌木平面很少会与树木平面相混淆(图3.51)。

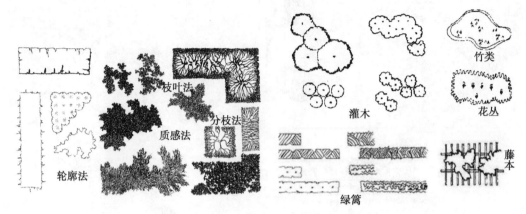

图3.51 灌木和地被植物的平面表示法

地被植物宜采用轮廓勾勒和质感表现的形式。作图时应以地被栽植的范围线为依据,用不规则的细线勾勒出地被的范围轮廓。

(3)草坪和草地的平面表示方法 草坪和草地的表示方法很多,下面介绍一些主要的表示方法(图3.52)。

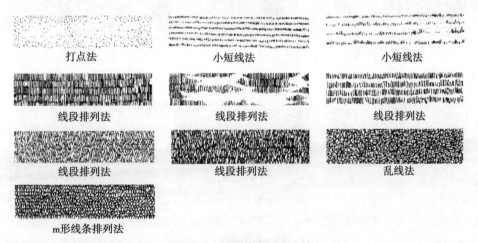

图3.52 草坪的平面表示法

①打点法。是草坪和草地较简单的一种表示方法。用打点法画草坪时所打的点的大小应基本一致,无论疏密,点都要打得相对均匀(图3.53)。

②小短线法。将小短线排列成行,每行之间的间距相近排列整齐,可用来表示草坪,排列不规整的可用来表示草地或管理粗放的草坪。

③线段排列法。线段排列法是最常用的方法,要求线段排列整齐,行间有断断续续的重叠,也可稍许留些空白或行间留白。另外,也可用斜线排列表示草坪,排列方式可规则,也可随意(图3.54)。

草坪和草地的表示方法除上述外,还可以用乱线法(图3.55)或 m 形线条排列法(图3.56)。

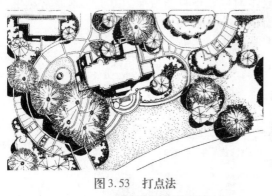

图 3.53　打点法

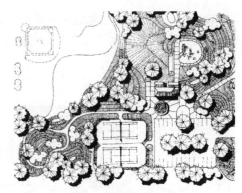

图 3.54　线段排列法

图 3.55　乱线法

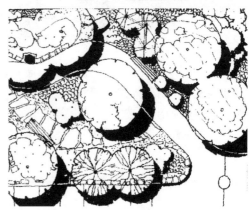

图 3.56　m 形线条排列法

2)植物的立面画法

(1)树木的立面表示方法　自然界中的树木千姿百态,各具特色。各种树木的枝、干、冠构成以及分枝习性决定了各自的形态和特征。因此学画树时,首先应学会观察各种树木的形态、特征及各部分的关系,了解树木的外轮廓形状,整株树木的高宽比和干冠比,树冠的形状、疏密和质感,掌握冬季落叶树的枝干结构,这对树木的绘制是很有帮助的。初学者学画树可从临摹各种形态的树木图例开始,在临摹过程中要做到手到、眼到、心到,学习和揣摩别人在树形概括、质感表现和光线处理等方面的方法和技巧,并将已学得的手法应用到临摹树木图片、照片或写生中去,通过反复实践学会自己进行合理的取舍、概括和处理。临摹或写生树木的一般步骤为:

①确定树木的高宽比,画出四边形外框,若外出写生则可伸直手臂,用笔目测出大约的高宽比和干冠比。

②略去所有细节,只将整株树木作为一个简洁的平面图形,抓住主要特征修改轮廓,明确树木的枝干结构。

③分析树木的受光情况,包括树冠的明暗、树冠在主干上的落影、主要枝干的明暗等。

④选用合适的线条去体现树冠的质感和体积感,主干的质感和明暗,并用不同的笔法去表现远、中、近景中的树木。

树木的立面表示方法也可分为轮廓、分枝、质感等几大类(图 3.57),但有时并不十分严格。树木的立面表现形式有写实法、图案式及抽象变形法 3 种形式(图 3.58)。写实法表现形式较尊重树木的自然形态和枝干结构,冠叶的质感刻画得也较细致,显得较逼真,即使只用小枝表示树木也应力求其自然错综。图案式的表现形式较重视树木的某些特征,如树形、分枝等,并加以概括以突出图案的效果,因此,有时并不需要参照自然树木的形态而可以很大程度地发挥,而且每种画法的线条组织常常都很程式化。抽象变形的表现形式虽然也较程式化,但它加进了大量抽象、扭曲和变形的手法,使画面别具一格。

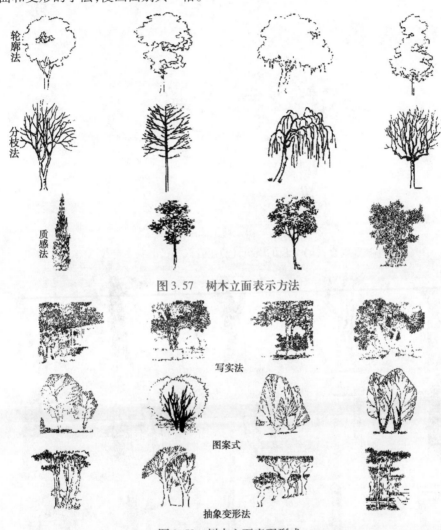

图 3.57　树木立面表示方法

图 3.58　树木立面表现形式

　　画树应先画枝干,枝干是构成整株树木的框架。画枝干以冬季落叶乔木为佳,因为其结构和形态较明了。画枝干应注重枝和干的分枝习性。枝的分枝应讲究粗枝的安排、细枝的疏密以及整体的均衡。主干应讲究主次干和粗枝的布局安排,力求重心稳定、开合曲直得当,添加小枝后可使树木的形态栩栩如生(图 3.59)。树干较粗时,可选用适当的线条表现其质感和明暗。质感的表现一般应根据树皮的裂纹而定,如白桦横纹、柿树小块状、悬铃木大片状等。树皮粗糙的线条要粗放,光滑的要纤细。树干表面的节结、裂纹也可用来表现树干的质感。另外还应考虑树干的受光情况,把握明暗分布规律,将树干背光部分、大枝在主干上产生的落影以及树冠产生的光斑都表现出来(图 3.60)。

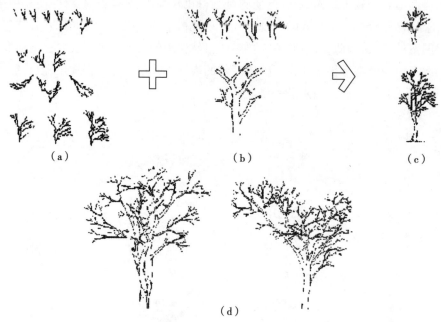

图 3.59　树木枝干的画法步骤

(a)小枝及组合;(b)分枝的组织;(c)组合成树;(d)树木分枝画法实例

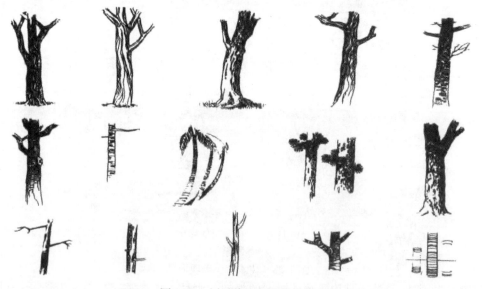

图 3.60　树干的纹理表现方法

　　树木的分枝和叶的多少决定了树冠的形状和质感。当小枝稀疏、叶较小时,树冠整体感差;当小枝密集、叶繁茂时,树冠的团块体积感强,小枝通常不易见到。树冠的质感可用短线排列、叶形组合或乱线组合法表现(图 3.61)。其中,短线法常用于表现像松柏类的针叶树,也可表现近景树木的叶形相对规整的树木;叶形和乱线组合法常用于表现阔叶树,其适用范围较广,且近景中叶形不规则的树木多用乱线组合法表现。因此应根据树木的种类、远近、叶的特征等选择树木的表现方法。

　　树木在平面、立面图中的表示方法应相同,表现手法和风格应一致,并保证树木的平面冠径与立面冠幅相等,平面与立面对应,树干的位置处于树冠圆的圆心。这样作出的平面、立面图才和谐(图 3.62、图 3.63)。

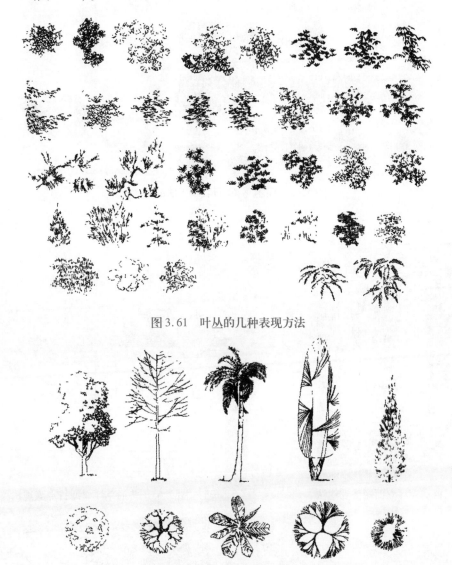

图 3.61 叶丛的几种表现方法

图 3.62 树木平、立面图的一致

(2)草坪和地被的立面表示方法 草坪因修剪得比较平整,适宜用排列整齐的短线来表现(图 3.64)。普通草地没有草坪平整,可用略有疏密变化的打点法(图 3.65)或短线法(图 3.66)表现。地被植物通常低矮,成片成丛生长,适宜用乱线排列(图 3.67)或 m 形线条排列法(图3.68)表达。

3.3.2 山石的表现方法

平面、立面图中的石块通常只用线条勾勒轮廓,很少采用光线、质感的表现方法,以免使之零乱。用线条勾勒时,轮廓线要粗些,石块面、纹理可用较细较浅的线条稍加勾绘,以体现石块的体积感。不同的石块,其纹理不同,有的浑圆,有的棱角分明,在表现时应采用不同的笔触和线条。剖面上的石块,轮廓线应用剖断线,石块剖面上还可加上斜纹线(图 3.69)。

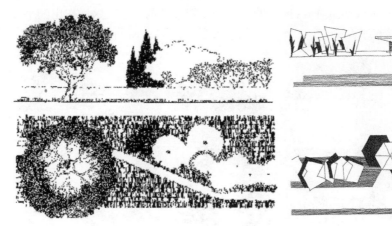

图 3.63   树木平、立面表现手法的一致

图 3.64   修剪草坪立面短线表现法

图 3.65   普通草坪立面打点表现法

图 3.66   普通草坪立面短线表现法

图 3.67   地被植物立面乱线表现法

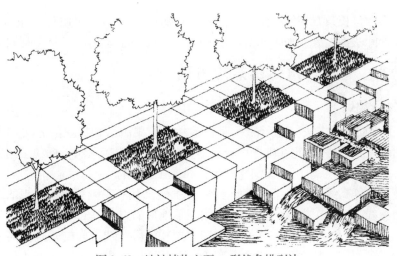

图 3.68　地被植物立面 m 形线条排列法

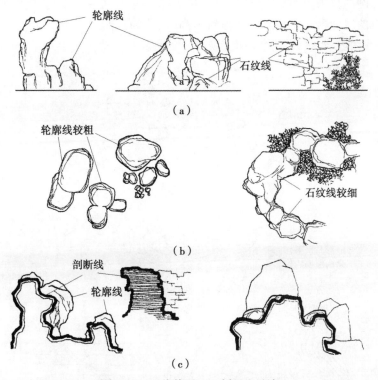

图 3.69　石块的平、立、剖面表示法

（a）立面石块表示法；（b）平面石块表示法；（c）剖面石块表示法

　　假山和置石中常用的石材有湖石、黄石、青石、石笋、卵石等。由于山石材料的质地、纹理等不同,其表现方法也不同。

　　湖石为石灰岩经水浪的冲击和风化溶蚀而成,其面上多有沟、缝、洞、穴等,因而形态玲珑剔透。画湖石时多用曲线表现其外形的自然曲折,并刻画其内部纹理的起伏变化及洞穴。

　　黄石为细砂岩受气候风化逐渐分裂而成,故其体形敦厚、棱角分明、纹理平直,因此画时多用直线和折线表现其外轮廓,内部纹理应以平直为主。

　　青石是青灰色片状的细砂岩,其纹理多为相互交叉的斜纹。画时多用直线和折线表现。

石笋石外形多呈长条石笋形。画时应以表现其垂直纹理为主,可用直线,也可用曲线。

卵石体态圆润,表面光滑。画时多以曲线表现其外轮廓,再在其内部用少量曲线稍加修饰即可。

3.3.3 　地形、道路、水体的表现方法

1)地形的表现方法

(1)地形的平面表示方法　地形的平面表示主要采用图示和标注的方法。等高线法是地形最基本的图示表示方法,在此基础上可获得地形的其他直观表示法。标注法则主要用来标注地形上某些特殊点的高程,常用于详细竖向设计及施工图设计。

①等高线法。等高线法是以某个参照水平面为依据,用一系列等距离假想的水平面切割地形后所获得的交线的水平正投影(标高投影)图表示地形的方法(图3.70)。两相邻等高线切面(L)之间的垂直距离 h 称为等高距,水平投影图中两相邻等高线之间的垂直距离称为等高线平距,平距与所选位置有关,是个变值。地形等高线图上只有标注比例尺和等高距后才能解释地形。一般的地形图中只用两种等高线,一种是基本等高线,称为首曲线,常用细实线表示。另一种是每隔4根首曲线加粗一根并注上高程的等高线,称为计曲线(图3.71)。有时为了避免混淆,原地形等高线用虚线,设计等高线用实线。

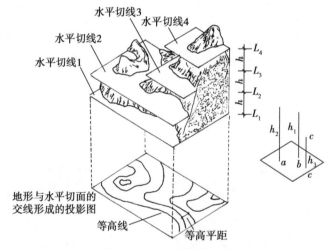

图 3.70 　地形等高法表示

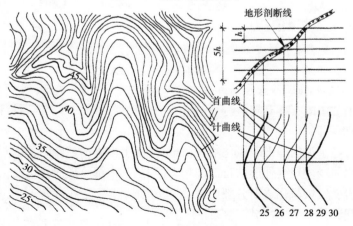

图 3.71 　首曲线和计曲线

②坡级法。在地形图上,用坡度等级表示地形的陡缓和分布的方法称为坡级法。这种图式方法较直观,便于了解和分析地形,常用于基地现状和坡度分析图中。坡度等级根据等高距的大小、地形的复杂程度以及各种活动内容对坡度的要求进行划分。地形坡级图的作法可参考下面的步骤(图3.72)。

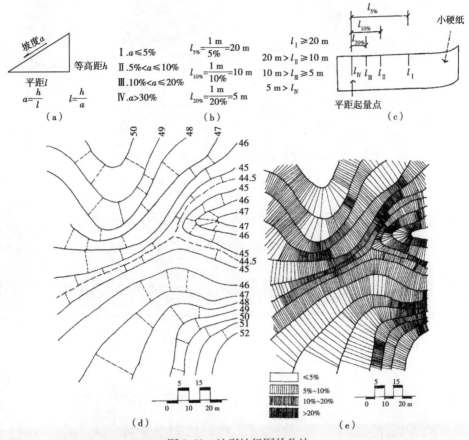

图 3.72　地形坡级图的作法

(a)坡度公式;(b)坡级及平距范围;(c)坡度尺;(d)用坡度尺量出各级坡度界线;(e)影线坡级图

a.定出坡度等级。即根据拟定的坡度值范围,用坡度公式 $a = (h/l) \times 100\%$,算出临界平距 $l_{5\%}$、$l_{10\%}$ 和 $l_{20\%}$,划分出等高线平距范围[图3.72(b)]。

b.用硬纸片做的标有临界平距的坡度尺[图3.72(c)],或者用直尺去量找相邻等高线间的所有临界平距位置,量找时,应尽量保证坡度尺或直尺与两根相邻等高线相垂直[图3.72(d)],当遇到间曲线(图3.72中用虚线表示的等高距减半的等高线)时,临界平距要相应减半。

c.根据平距范围确定出不同坡度范围(坡级)内的坡面,并用线条或色彩加以区别,常用的区别方法有影线法和单色或复色渲染法,如图3.72(e)所示。

③分布法。分布法是地形的另一种直观表示法,将整个地形的高程划分成间距相等的几个等级,并用单色加以渲染,各高度等级的色度随着高程从低到高的变化也逐渐由浅变深。地形分布图主要用于表示基地范围内地形变化的程度、地形的分布和走向(图3.73)。

④高程标注法。当需表示地形图中某些特殊的地形点时,可用十字或圆点标记这些点,并在标记旁注上该点到参照面的高程,高程常写到小数点后第二位,这些点常处于等高线之间,这种地形表示法称为高程标注法。高程标注法适用于标注建筑物的转角、墙体和坡面等顶面和

底面的高程,以及地形图中最高和最低等特殊点的高程。因此,场地平整、场地规划等施工图中常用高程标注法(图3.74)。

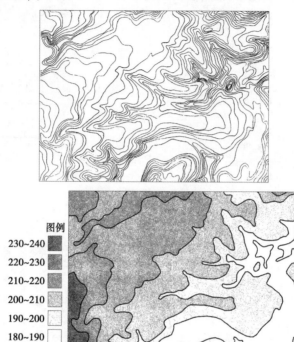

图3.73　地形分布图示法

图例

230~240
220~230
210~220
200~210
190~200
180~190
<180

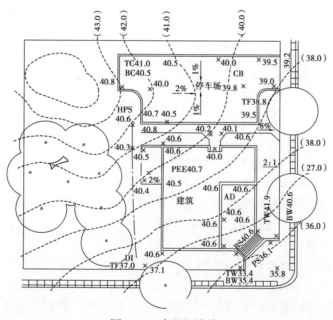

图3.74　高程标注法

HPS—排水明沟顶点;TS—台级顶面;AD—地面汇水点;TC—路牙顶面;BS—台级底面;
DI—排水入水口;BC—路牙底面;CB—排水口盖;(42.0)—原等高线;TW—墙顶面;
TF—盖口高程;42.1—设计等高线;BW—墙底面;FEE—路牙底面设计地面高程

（2）地形剖面图的作法　作地形剖面图先根据选定的比例结合地形平面作出地形剖断线，然后绘出地形轮廓线，并加以表现，便可得到较完整的地形剖面图。下面着重介绍一下地形剖断线和轮廓线的作法。

①地形剖断线的作法。作地形剖断线的方法较多，此处只介绍一种简便的作法。首先在描图纸上按比例画出间距等于地形等高距的平行线组，并将其覆盖到地形平面图上，使平行线组与剖切位置线相吻合，然后，借助丁字尺和三角板作出等高线与剖切位置线的交点［图3.75（a）］，再用光滑的曲线将这些点连接起来并加粗加深即得地形剖断线［图3.75（b）］。

②垂直比例。地形剖面图的水平比例应与原地形平面图的比例一致，垂直比例可根据地形情况适当调整。当原地形平面图的比例过小、地形起伏不明显时，可将垂直比例扩大5~20倍。采用不同的垂直比例所作的地形剖面图的起伏不同，且水平比例与垂直比例不一致时，应在地形剖面图上同时标出这两种比例。当地形剖面图需要缩放时，最好还要分别加上图示比例尺（图3.76）。

③地形轮廓线。在地形剖面图中除需表示地形剖断线外，有时还需表示地形剖断面后没有剖切到但又可见的内容。可见地形用地形轮廓线表示。

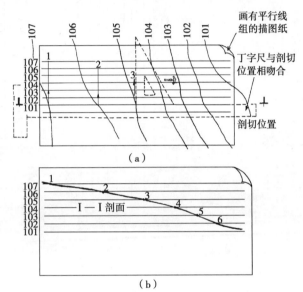

图3.75　地形剖断线的作法

（a）先用描图纸直接覆盖在原地形图上求出相应的交点；

（b）将这些交点用光滑的曲线连起来

求作地形轮廓线实际上就是求作该地形的地形线和外轮廓线的正投影。如图3.77（a）所示，图中虚线表示垂直于剖切位置线的地形等高线的切线，将其向下延长与等距平行线组中相应的平行线相交，所得交点的连线即为地形轮廓线。在图3.77（b）中，树木投影的作法为：将所有树木按其所在的平面位置和所处的高度（高程）定到地面上，然后作出这些树木的立面，并根据前挡后的原则擦除被挡住的图线，描绘出留下的图线即得树木投影。有地形轮廓线的剖面图的作法较复杂，若不考虑地形轮廓线，则作法要相对容易些（图3.78）。因此，在平地或地形较平缓的情况下可不作地形轮廓线，当地形较复杂时应作地形轮廓线。

2）水体的表现方法

（1）水体的平面画法　在平面上，水面表示可采用线条法、等深线法、平涂法和添景物法，前3种为直接的水面表示法，最后一种为间接表示法。

①线条法。用工具或徒手排列的平行线条表示水面的方法称线条法（图3.79）。作图时，既可以将整个水面全部用线条均匀地布满，也可以局部留有空白，或者只局部画些线条。线条可采用波纹线、水纹线、直线或曲线。组织良好的曲线还能表现出水面的波动感。

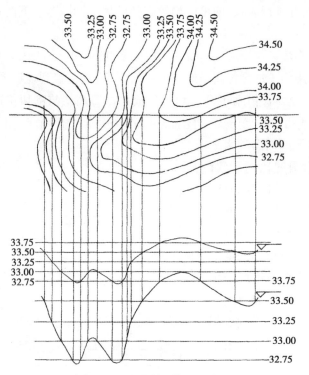

图 3.76　地形断面的垂直比例

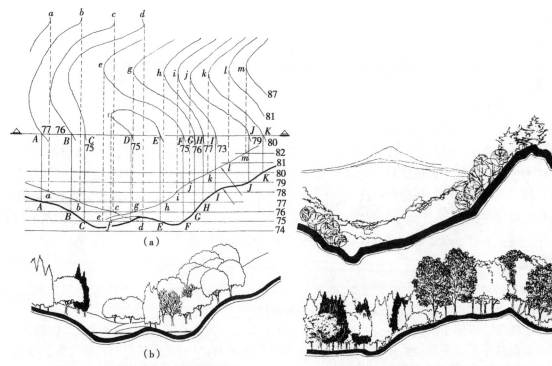

（a）

（b）

图 3.77　地形轮廓线及剖面图的作法　　　　图 3.78　不作地形轮廓线的剖面图

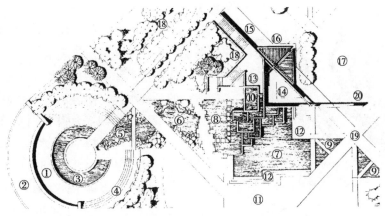

图 3.79　线条法

水面可用平面图和透视图表现。平面图和透视图中水面的画法相似,只是为了表示透视图中深远的空间感,对于较近的则表现得浓密,越远则越稀疏。水面的状态有静、动之分,画法如下:

静水面是指宁静或有微波的水面,能反映出倒影,如宁静的海、湖泊、池潭等。静水面多用水平直线或小波纹线表示,如图 3.80(a)所示。

动水面是指湍急的河流、喷涌的喷泉或瀑布等,给人以欢快、流动的感觉。其画法多用大波纹线、有鳞纹线等活泼动态的线型表现,如图 3.80(b)所示。

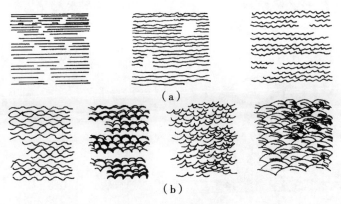

(a)

(b)

图 3.80　水面的画法

(a)静水水面的画法;(b)动水水面的画法

②等深线法。在靠近岸线的水面中,依岸线的曲折作二三根曲线,这种类似等高线的闭合曲线称为等深线。通常形状不规则的水面用等深线表示(图 3.81)。

③平涂法。用水彩或墨水平涂表示水面的方法称平涂法。用水彩平涂时,可将水面渲染成类似等深线的效果。先用淡铅作等深线稿线,等深线之间的间距应比等深线法大些,然后再一层一层地渲染,使离岸较远的水面颜色较深。也可以不考虑深浅,均匀涂黑(图3.82)。

④添景物法。添景物法是利用与水面有关的一些内容表示水面的一种方法。与水面有关的内容包括一些水生植物(如荷花、睡莲)、水上活动工具(船只、游艇等)、码头和驳岸、露出水

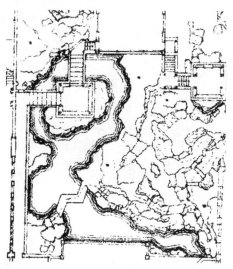

图 3.81　等深线法

线条法还能表示水体的剖(立)面图(图 3.86)。

面的石块及周围的水纹线、石块落入湖中产生的水圈等(图 3.83)。

(2)水体的立面表示法　在立面上,水体可采用线条法、留白法、光影法等表示。

①线条法。线条法是用细实线或虚线勾画出水体造型的一种水体立面表示法。线条法在工程制图中使用得最多。用线条法作图时应注意:线条方向与水体流动的方向保持一致;水体造型清晰,但要避免外轮廓线过于呆板生硬(图 3.84)。

跌水、叠泉、瀑布等水体的表现方法一般也用线条法,尤其在立面图上更是常见,它简洁而准确地表达了水体与山石、水池等硬质景观之间的相互关系(图 3.85)。

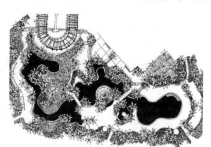

图 3.82　平涂法

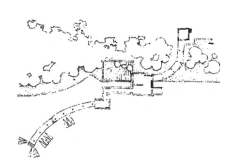

图 3.83　添景物法

图 3.84　线条法

图 3.85　跌水、叠泉、瀑布

②留白法。留白法就是将水体的背景或配景画暗,从而衬托出水体造型的表示手法。留白法常用于表现所处环境复杂的水体,也可用于表现水体的洁白与光亮(图3.87)。

图3.86 水体的剖面图画法

图3.87 留白法

③光影法。用线条和色块(黑色和深蓝色)综合表现出水体的轮廓和阴影的方法称为水体的光影表现法。留白法与光影法主要用于效果图中(图3.88)。

图3.88 光影法

3)园路的表现方法

(1)园路的平面表示法　园林道路平面表示的重点在于道路的线型、路宽、形式及路面式样。

根据设计深度的不同,可将园路平面表示法分为两类,即规划设计阶段的园路平面表示法和施工设计阶段的园路平面表示法。

①规划设计阶段的园路平面表示法。在规划设计阶段,园路设计的主要任务是与地形、水体、植物、建筑物、铺装场地及其他设施合理结合,形成完整的风景构图;连续展示园林景观的空间或欣赏前方景物的透视线,并使路的转折、衔接通顺,符合游人的行为规律。因此,规划设计阶段园路的平面表示以图形表示为主,基本不涉及数据的标注(图3.40)。

绘制园路平面图的基本步骤如下:

a.确立道路中线[图3.89(a)]。

b.根据设计路宽确定道路边线[图3.89(b)]。

c.确定转角处的转弯半径或其他衔接方式,并可酌情表示路面材料[图3.89(c)]。

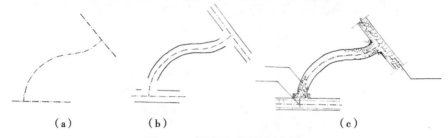

(a)　　　　　　(b)　　　　　　　　　(c)

图3.89　园路平面图绘制步骤

②施工设计阶段的园路平面表示法。所谓施工设计,简单地讲就是能直接指导施工的设计,它的主要特点是:

a.图、地一一对应,即施工图上的每一个点、每一条线都能在实地上一一对应地准确找到。因此,施工设计阶段的园路平面图必须有准确的方格网和坐标,方格网的基准点必须在实地有准确的固定位置。

b.标注相应的数据。在施工设计阶段,用比例尺量取数值已不够准确,因此,必须标注尺寸数据。

园路施工设计的平面图通常还需要大样图,以表示一些细节上的设计内容,如路面的纹样设计(图3.90)。

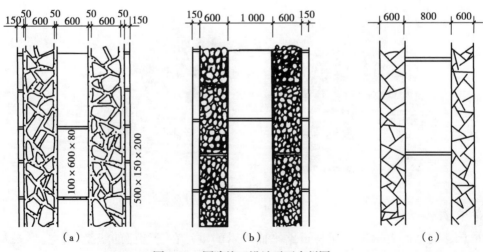

(a)　　　　　　　　　(b)　　　　　　　　　(c)

图3.90　园路施工设计平面大样图

在路面纹样设计中,不同的路面材料和铺地式样有不同的表示方法(图3.91)。

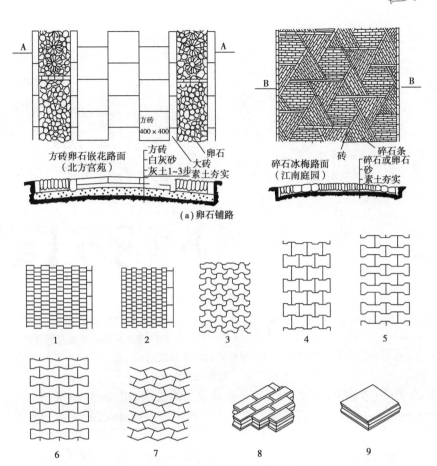

（a）卵石铺路

（b）水泥混凝土预制块路面（含异型砖）

1. 长方块；2. 小方块；3. 三棱形块；4. 工字形块；5. 双头形块；

6. 弯曲形块；7. S 形块；8. 带企口的长方块；9. 带企口的大方块

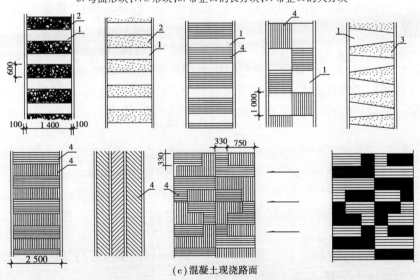

（c）混凝土现浇路面

1. 抛光；2. 拉毛；3. 水刷；4. 用橡皮刷拉道

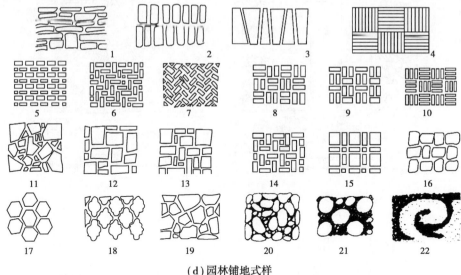

（d）园林铺地式样

1.横纹式;2.移位式;3.镶嵌式;4.横竖纹式;5.错缝式;6.之字式;7.人字式;

8.并列式;9.错位式;10.席纹式;11.碎拼纹式;12.大拼式;13.小拼式;14.转拼式;

15.帧幅式;16.连锁式;17.六角蜂巢式;18.菱花式;19.冰裂纹式;20.密卵式;21.团粒式;22.图案式

图3.91　路面纹样设计

除4,20,21,22外,其余铺地式样均可嵌草。嵌草路面的表示如图3.91（a）所示。

（2）园路的断面表示法　园路的断面表示主要用于施工设计阶段,又可分为纵断面图和横断面图。

①纵断面图表示法。园路的纵断面图主要表现道路的竖曲线、设计纵坡以及设计标高与原标高的关系等。

a.绘定设计线的具体步骤如下:

● 标出高程控制点（路线起始点地面标高、相交道路中心标高、相交铁路轨顶标高、桥梁桥面标高、特殊路段的路基标高、填挖合理标高点等）。

● 拟订设计线。由行车及有关道路技术准则要求,先行拟订设计线,即进行道路纵向"拉坡"。可用大头针插在转坡点上,并用细棉线代表设计线,在原地面线上下移动。结合道路平面和横断面斟酌填挖工程量的大小,决定转坡点的恰当位置。定好后,可沿细棉线把各段的设计线用笔画定。定设计线时,除注意在纵断面上的填挖平衡,还应结合沿途小区、街坊的竖向规划设计考虑。

● 确定设计线。在拟订设计线后,还要进行各项设计指标的调整查验,如道路的最小纵坡、坡度、坡度折减、桥头线型、纵断面和横断面及平面线型的配合协调等。

b.设计竖曲线。根据设计纵坡折角的大小,选用竖曲线半径,并进行有关计算。当外距小于5 cm时,可不设竖曲线。有时亦可插入一组不同坡的竖折线来代替竖曲线,以免填挖方过多。

c.标出桥、涵、驳岸、闸门、挡土墙等具体位置与标高,以及桥顶标高、桥下净空和等级。

d.绘制纵断面设计全图,如图3.92所示。

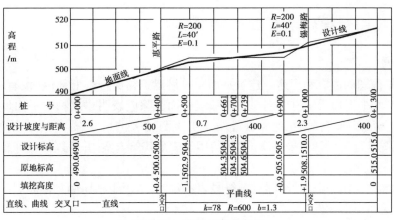

图 3.92 纵断面设计全图

②横断面表示法。园路的横断面图主要表现园路的横断面形式及设计横坡(图 3.93)。

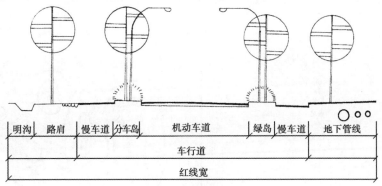

图 3.93 标准横断面图

道路横断面设计,系在风景园林总体规划中所确定的园路路幅或在道路红线范围内进行。它由下列各部分组成:车行道、人行道或路肩、绿带、地上和地下管线(给水、电力、电讯等)共同敷设带(简称共同沟)、排水(雨水、中水、污水)沟道、电力电讯照明电杆、分车导向岛、交通组织标志、信号和人行横道等。

③园路结构断面表示法。园路的结构断面图主要表现园路各构造层的厚度与材料,通过图例和文字标注两部分表示清楚(图 3.94)。

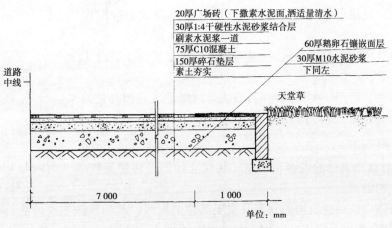

图 3.94 道路铺装结构断面图

3.3.4　风景园林建筑的表现方法

1)建筑平面图

（1）建筑平面图的内容和用途　建筑平面图是沿建筑物窗台以上部位（没有门窗的建筑过支撑柱部位）经水平剖切后所得的剖面图。建筑平面图除应表明建筑物的平面形状、房间布置以及墙、柱、门、窗、楼梯、台阶、花池等位置外，还应标注必要的尺寸、标高及有关说明。

建筑平面图是建筑设计中最基本的图纸，用于表现建筑方案，并为以后设计提供依据。

（2）建筑平面图的绘制方法

①抽象轮廓法。用小三角、小圆点等符号表示建筑，适用于小比例总体规划图，以反映建筑的布局及相互关系（图3.95）。

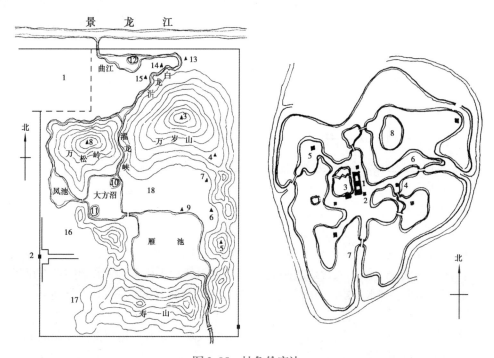

图3.95　抽象轮廓法

②涂实法。此法平涂于建筑物之上，以便分析建筑空间的组织，适用于功能分析图（图3.96）。

③平顶法。将建筑屋顶画出，可以清楚地辨出建筑顶部形式、坡向等，此法适用于总平面图（图3.97）。

④剖平面法。适用于大比例绘图，该法能清晰地表达园林建筑平面布局，是较常用的绘制单体园林建筑的方法（图3.98）。

2)建筑立面图

（1）建筑立面图表达的内容和用途　建筑立面图是将建筑物的立面向与其平行的投影面投影所得的投影图。

建筑立面图应反映建筑物的外形及主要部位的标高。其中反映主要外貌特征的立面图称为正立面图，其余的立面图相应地称为背立面图、侧立面图。也可按建筑物的朝向命名，如南立

面图、北立面图、东立面图和西立面图。有时也按照外墙轴线编号来命名,如①—⑥立面图或
⑧—⑨立面图。

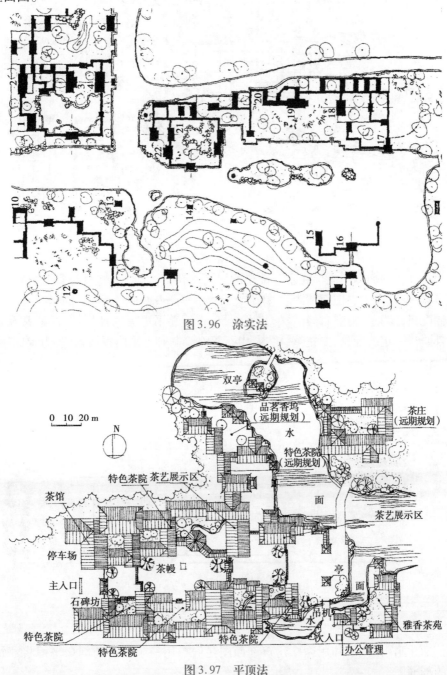

图 3.96　涂实法

图 3.97　平顶法

立面图能够充分表现出建筑物的外观造型效果,可以用于确定方案,并作为设计和施工的
依据。

(2)绘制要求

①线型。立面图的外轮廓线用粗实线,主要部位轮廓线如勒脚、窗台、门窗洞、檐口、雨篷、
柱、台阶、花池等用中实线。次要部位轮廓线如门窗扇线、栏杆、墙面分格线、墙面材料等用细实

线。地坪线用特粗线。

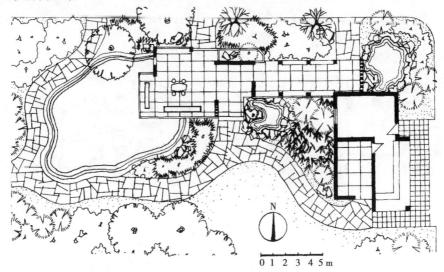

图3.98　剖平面法

②尺寸标注。立面图中应标注主要部位的标高,如出入口地面、室外地坪、檐口、屋顶等处,标注时注意排列整齐,力求图面清晰,出入口地面标高为±0.000。

③绘制配景。为了衬托园林建筑的艺术效果,根据总平面图的环境条件,通常在建筑物的两侧和后部绘出一定的配景,如花草、树木、山石等。绘制时可采用概括画法,力求比例协调、层次分明(图3.99)。

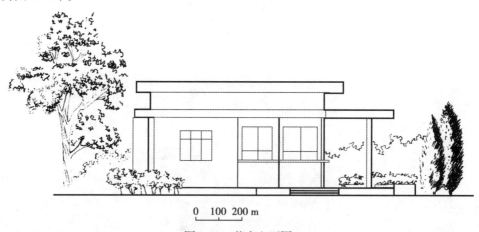

图3.99　茶室立面图

3)建筑剖面图

(1)建筑剖面图的内容和用途　建筑剖面图是假想用一个垂直的剖切平面将建筑物剖切后所获得的剖面图。

建筑剖面图用来表示建筑物沿高度方向的内部结构形式和主要部位的标高。剖面图与平面图和立面图配合,可以完整地表达建筑物的设计方案,并为进一步设计和施工提供依据。

(2)建筑剖面图的绘制要求

①剖切位置的选择。剖面图的剖切位置,应根据所要表达的内容确定,一般应通过门、窗等有代表性的典型部位。剖面图的名称应与平面图中所标注的剖切位置线编号一致。

②定位轴线。为了定位和阅读方便,剖面图中应给出与平面图编号相同的轴线,并注写编号。

③线型。剖切平面剖到的断面轮廓用粗实线绘制,没剖到的主要可见轮廓用中实线,如窗台、门窗洞、屋檐、雨篷、墙、柱、台阶、花池等。其余用细实线,如门窗扇线、栏杆、墙面分格线等。地坪线用特粗线。

④尺寸标注。建筑剖面图应标注建筑物主要部位的标高,如室外地坪、室内地面、窗台、门窗洞顶部、檐口、屋顶等部位的标高。所注尺寸应与平面图、立面图吻合(图3.100)。

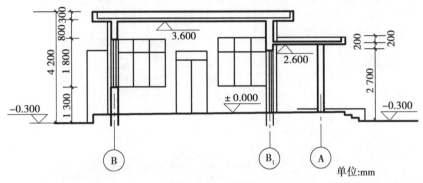

图3.100 剖面图

4)建筑透视图

建筑透视图主要表现建筑物及配景的空间透视效果,它能够充分直观地表达设计者的意图,比建筑立面图更直观、更形象,有助于设计方案的确定。

风景园林建筑透视图所表达的内容应以建筑为主,配景为辅。配景应以总平面图的环境为依据,为避免遮挡建筑物,配景可有取舍,建筑透视图的视点一般应选择在游人集中处,如图3.101所示。

图3.101 茶室透视图

风景园林建筑透视图绘图步骤:

①以A3幅面绘制图形,用2H铅笔将已求好的透视影印在图纸之上(图3.102)。

②用0.2~0.3针管笔勾勒建筑外形及构件外形(图3.103)。

③分大面。将建筑的主要明暗关系表达清楚,对阴影进行反光分析(图3.104)。

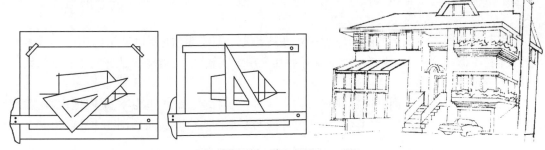

图 3.102　绘制图形

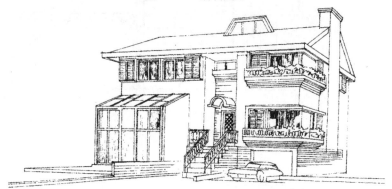

图 3.103　勾勒建筑外形及构件外形

图 3.104　表达明暗关系

④细刻画。分析各种构件的形体,并逐一刻画(图 3.105)。

图 3.105　细刻画

⑤刻画配景(图3.106)。

图3.106 刻画背景

⑥求统一(图3.107)。

图3.107 求统一

3.3.5 园林制图综合表现

1)平面图表现

在平面、立面、剖面、透视和鸟瞰图中,平面图最基本、最重要。对平面性很强的风景园林设计来说,平面图更能显示出它的重要性。平面图能表示整个风景园林设计的布局和结构、景观和空间构成以及诸设计要素之间的关系。在各阶段的设计中,平面图的表现方式有所不同,施工图阶段的平面图较准确、表现较细致;分析或构思方案阶段的平面图较粗犷、线条较醒目,多用徒手线条图,具有图解的特点。平面图可以看作视点在园景上方无穷远处投影所获得的视图,加绘投影的平面图具有一定的鸟瞰感,带有地形的平面图因能解释地形的起伏而在园林设计中显得十分有用。平面图是各种设计要素表现的综合,关于平面图中各种设计要素的平面表示或表现方法在前几节中已做了较详细的介绍,下面仅提供一些平面表现(图3.108、图3.109)和平面分析(图3.110、图3.111)的图例,供制图和设计参考,在平面表现图中应注意图面的整体效果;在平面分析图中应清晰、醒目、主次分明。

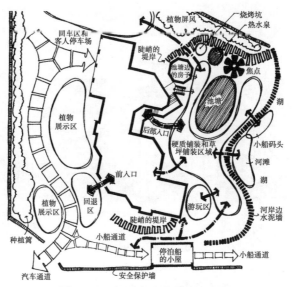

图 3.108　构思方案阶段的平面图

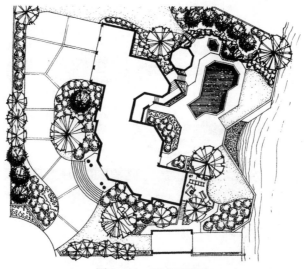

图 3.109　正式平面图

2）立面图表现

　　园林景观立面图是指园林景观立面向与其平行的投影面投影所得的投影图。景观立面图应反映某一方向景观的外形及垂直标高的变化。其中反映主要外貌特征的立面图称为正立面图,其余的立面图相应地称为背立面图、侧立面图(图 3.112)。

　　立面图沿某个方向只能作出一个。在立面图中,不同的造景要素其表现手法和风格、位置、大小应与平面图中相对应,这样作出的平、立面图才和谐。

3）剖面图表现

　　园林景观剖面图是指某园林景观被一假想的铅垂面剖切后,沿某一剖切方向投影所得到的视图,其中包括园林建筑和小品等剖面,但在只有地形剖面时应注意园林景观立面和剖面图的区别,因为某些园林景观立面图上也可能有地形剖断线。通常园林景观剖面图的剖切位置应在平面图上标出,且剖切位置必定处在园景图之中,在剖切位置上沿正反两个剖视方向均可得到反映同一园景的剖面图,但立面图沿某个方向只能作出一个,因此当园景较复杂时可多用几个剖面表示(图3.113、图3.114)。

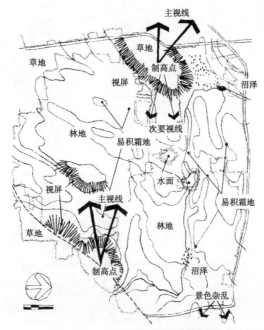

图3.110　平面图地形、视线分析

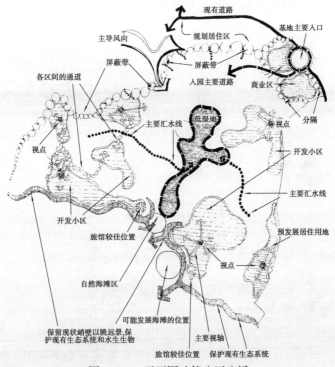

图3.111　平面图功能分区分析

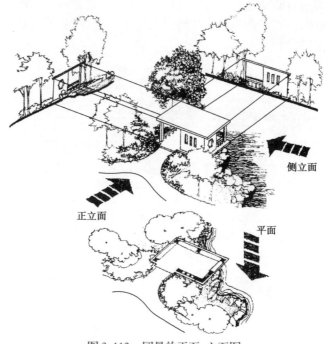

图 3.112　园景的平面、立面图

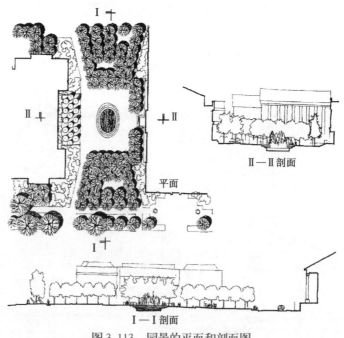

图 3.113　园景的平面和剖面图

4)透视图及鸟瞰图知识

（1）透视图　透视图是风景园林设计中最常用的表现方法。由于平、立面图较抽象,设计内容不易直观地反映出来,因此,需将平面图上的内容转换成三维透视图。透视图能直观、逼真地反映设计意图,便于沟通与交流;还能展示设计内容和效果,有助于设计者对形体和尺度等作进一步的推敲,使设计得到不断的改进与完善。

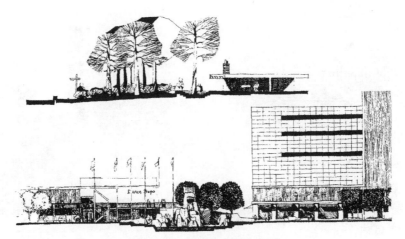

图3.114 园景的立面表现图

透视图具有近大远小、近高远低、近宽远窄、近清楚远模糊和近疏远密的特点。

将景物设想为具有长、宽、高的空间体,根据其三个方向的轮廓线与画面的位置关系(实际上是视线与轮廓线的关系),透视图可分为以下几种类型。

①一点透视。当空间体有一个面与画面平行时所形成的透视称为一点透视。一点透视较适宜表现场面宽广或纵深较大的景观,室内透视也常常用这种方法表现。另外,一点透视有一种变体的画法称为斜一点透视,由于斜一点透视具有改变一点透视平滞、缺乏生气的效果,因而在建筑和室内设计中得到了广泛的应用。

②两点透视。当空间体只有铅垂线与画面平行时所形成的透视称为两点透视。之所以称两点透视,是因为空间体的两组水平线形成了两个灭点。若从景物与画面的平面关系看,则又可称为成角透视。

③倾斜透视。当仰视或俯视景物时,因视平面与画面必须垂直,因此,画面与基面呈倾斜状,景物铅垂方向的轮廓线必定有灭点。这时若水平方向轮廓线有一组与画面平行则就形成倾斜两点透视,若两组均不与画面平行则就形成三点透视。

(2)鸟瞰图 常视点位置(包括抬高和降低视平线)的透视图的视域较窄,仅适合于反映和表现局部或单一的空间,当需展现所设计园景总体的空间特征和局部间的关系时,就需要采用视点位置相对较高的鸟瞰图来表现。鸟瞰图一般是指视点高于景物的透视图,因为视点位置在景物上界面的上方,鸟瞰图能展现相当多的设计内容,在体现群体特征上具有一般透视图无法比拟的能力。因此,鸟瞰图在建筑设计和城市规划中得到了广泛应用,对平面性很强的风景园林设计来说更能体现出其表现力。

根据画面与景物的位置关系,透视鸟瞰图可分为顶视、平视和俯视三大类(图3.115—图3.118)。平视和顶视鸟瞰图在风景园林设计表现中常用,对平面狭长、范围较广的设计内容,可用动点顶视鸟瞰图或平视鸟瞰图表示。俯视鸟瞰图,特别是俯视三点鸟瞰图因其作法较琐碎,故在园林设计表现中很少用。

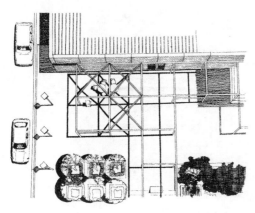

图 3.115　顶视鸟瞰图

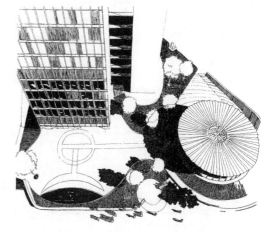

图 3.116　俯视两点透视鸟瞰图

图 3.117　平视一点透视鸟瞰图

图 3.118　平视两点透视鸟瞰图

复习思考题

1. 常用的风景园林表现技法有哪几种？

2. 水墨渲染的运笔方法有哪几种？

3. 园林植物的平面图画法有哪些？

4. 草坪和草地的平面表示方法有哪几种？

5. 水体的平面画法有哪几种？

实训1 钢笔徒手线条1——线条与质感练习

例图：

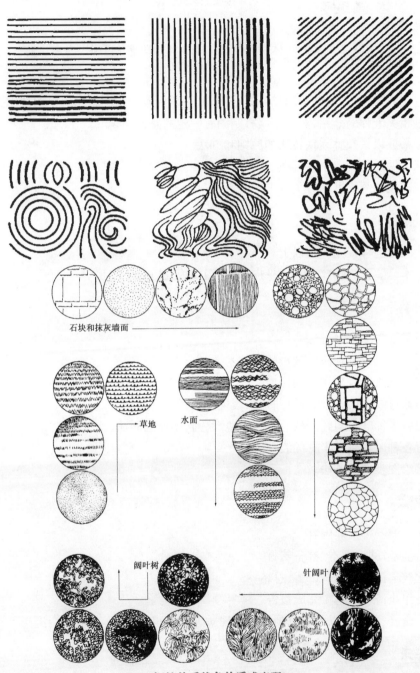

钢笔徒手线条的质感表现

1. 实训目的

1) 重点

掌握徒手钢笔绘图技术,学习徒手线条与质感表达。

2) 教材关联章节

绘图前结合教材"3.2　风景园林表现技法""3.2.4　钢笔徒手画"内容讲解。

3) 目的

(1)通过实际操作,了解风景园林制图基础知识,掌握园林制图常用工具的使用方法。

(2)通过相关老师的介绍,对风景园林制图有一定的感性认识。

(3)实际掌握风景园林表现技法的原则和方法。

(4)实际掌握通过线条来表现质感。

(5)掌握国家制图标准的有关规定。

2. 材料器材

(1)有代表性的样板图 5 幅以上。

(2)记录本、速写本、钢笔、铅笔、橡皮擦、画图模板、画板、丁字尺等。

3. 实训内容

(1)学习画线条的基本方法。

(2)学习通过线条表现质感的步骤和技术要领。

(3)学习线条绘图表现质感的标准。

(4)学习通过线条的粗细、平直曲折来表现不同素材的方法。

(5)学习各类针叶树与阔叶树、水面、草地、路面、墙面的画法。

(6)学习各种风景园林素材的表现。

(7)学习绘图步骤及方法。

4. 实训步骤

(1)提前一周安排实训内容。

(2)课前准备:阅读课本、准备器材。

(3)课堂教学:课堂绘图、讲解、总结。

(4)课后作业:整理资料、完成报告。

(5)课堂交流:画线条以及通过画线条表现质感的心得体会(作品展示交流)。

5. 实训要求

(1)认真听老师的讲解,细心观察。

(2)实时实地操作。

(3)实训前做好预习及相关资料整理。

(4)注意课堂纪律及教室卫生。

6. 实训作业

（1）完成有代表性的图案抄绘 1~2 幅。图面内容由教师指定，可参考例图。图纸幅面 A4。

（2）教师可提供更多的图案供学生课后抄绘练习。

要求：图面整洁，墨线均匀，安排合理，画法规范。

评分：总分（100 分）

7. 教学组织

1）老师要求

指导老师 1 名。

2）指导老师要求

（1）全面组织现场教学及考评。

（2）讲解参观学习的目的及要求。

（3）讲解风景园林制图的基本程序和标准。

（4）强调参观安全及学习注意事项。

（5）随堂回答学生的各种问题。

3）学生分组

1 人 1 组，以个人为单位进行各项活动，每人独立完成参观学习及实训报告，以个人为单位进行交流。

4）实训过程

师生实训前各项准备工作→教师随堂讲解答疑、学生提问、绘制→资料整理、实训报告→全班课堂交流、教师点评总结。

8. 说明

选择的绘图案例，一定要选择有代表性的图案，如图案清晰、内容丰富、代表性强的图例进行抄绘，在绘图过程中老师要当场查看并及时纠正错误，方便学生掌握。

实训 2　钢笔徒手线条 2——园林植物平面与立面

例图：

1. 实训目的

1) 重点

掌握徒手钢笔绘图技术,学习常见风景园林要素的钢笔徒手表达。

2) 教材关联章节

绘图前结合教材"3.3 风景园林素材的表现""3.3.1 植物的表现方法"内容讲解。

3) 目的

(1)通过实际操作,了解风景园林植物绘制的基本方法,掌握风景园林植物绘制的要点和技能。

(2)通过相关老师的介绍,对风景园林表现技法有一定的感性认识。

(3)通过绘图了解风景园林设计表现的基本方法。

(4)掌握地被、乔木、灌木的表示方法。

(5)通过绘图掌握植物设计相关的基础常识。

(6)掌握工具线条图的描绘。

2. 材料器材

记录本、速写本、钢笔、铅笔、曲线板、画圆模板、橡皮擦等。

3. 实训内容

(1)了解园林植物造景设计基本步骤及原则。

(2)了解植物造景设计中植物材料的基本特征。

(3)了解园林植物配置的层次感。

(4)掌握立面效果的表现形式。

(5)学习钢笔徒手线条的技法要领。

4. 实训步骤

(1)提前一周安排实训内容。

(2)课前准备:阅读课本、准备器材。

(3)现场教学:现场绘图、现场讲解、现场记录。

(4)课后作业:整理资料、完成报告。

(5)课堂交流:园林植物平面和立面绘制过程中的收获(作品展示交流)。

5. 实训要求

(1)认真听老师的讲解,细心观察。

(2)保质保量地完成实训内容。

（3）不得找他人作品代替，需自己独立完成。

（4）实训前做好损习及相关资料整理。

（5）掌握乔木、灌木和地被物的平立面表示方法。

6. 实训作业

（1）完成有代表性的图案抄绘 1～2 幅。图面内容由教师指定，可参考例图。图纸幅面 A3。

（2）教师可提供更多的图案供学生课后抄绘练习。

要求：图面整洁，墨线均匀，安排合理，画法规范。

评分：总分（100 分）

7. 教学组织

1）老师要求

指导老师 1 名。

2）指导老师要求

（1）全面组织实训教学及考评。

（2）讲解参观学习的目的及要求。

（3）讲解园林植物平面、立面抄绘的程序和标准。

（4）强调实训要求及学习注意事项。

（5）课堂回答学生的各种问题。

3）学生分组

1 人 1 组，以个人为单位进行各项活动，每人独立完成参观学习及实训报告，以个人为单位进行交流。

4）实训过程

师生实训前各项准备工作→教师随堂讲解答疑、学生提问、绘制→资料整理、实训报告→全班课堂交流、教师点评总结。

8. 说明

园林植物平面和立面的表现形式，不仅需从相关资料和图片中学习，还需学生在日常生活中不断观察累积，不要因画图而画图。在画图过程中应积极思考，掌握风景园林表现技法，走进园林，感受园林。

实训 3　钢笔淡彩表现1——渲染1-景观表现抄绘

例图：

1. 实训目的

1）重点

掌握水彩渲染图、工具墨线绘图技术，掌握水彩的渐变渲染技术。学习常见风景园林要素的钢笔淡彩表达。

2）教材关联章节

绘图前结合教材"3.2　风景园林表现技法""3.2.3　水彩渲染图""3.2.5　钢笔淡彩"内容讲解。

3）目的

(1)通过实际绘制，了解水彩渲染表现的基本方法。

(2)通过相关老师的介绍，对钢笔淡彩有一定的感性认识。

(3)通过实训掌握钢笔淡彩表现图作图步骤。

(4)通过实训掌握园林钢笔淡彩表现的其他方法。

2. 材料器材

(1)有代表性的例图 2~4 幅。

(2)记录本、速写本、钢笔、铅笔、水彩等。

3. 实训内容

(1)学习水彩渲染表现图的特征。

(2)学习钢笔淡彩表现图的临摹、归纳创作设计、方案表现图3个阶段。

(3)学习钢笔淡彩表现图作图步骤。

(4)掌握钢笔淡彩画面的色调、整体气氛的表现。

4. 实训步骤

(1)提前一周安排实训内容。

(2)课前准备:阅读课本、准备器材。

(3)现场教学:现场绘图、现场讲解、现场记录。

(4)课后作业:整理资料、完成报告。

(5)课堂交流:钢笔淡彩表现学习后的心得体会(作品展示交流)。

5. 实训要求

(1)认真听老师讲解,细心观察。

(2)认真记录水彩渲染、钢笔淡彩表现的要点、注意事项等。

(3)实训前仔细阅读教材中有关水彩渲染、钢笔淡彩表现的标准及步骤。

6. 实训作业

(1)完成有代表性的图案抄绘1~2幅。图面内容由教师指定,可参考例图。图纸幅面A3。

(2)教师可提供更多的图案供学生课后抄绘练习。

要求:图面整洁,渐变自然,水彩合理,画法规范。

评分:总分(100分)

7. 教学组织

1)老师要求

指导老师1名。

2)指导老师要求

(1)全面组织实训教学及考评。

(2)讲解实训的目的及要求。

(3)讲解钢笔淡彩表现的程序和标准。

(4)强调实训内容及学习注意事项。

(5)随堂回答学生的各种问题。

3)学生分组

1人1组,以个人为单位进行各项活动,每人独立完成实训作业,以个人为单位进行交流。

4)实训过程

师生实训前各项准备工作→教师随堂讲解答疑、学生现场提问记录→资料整理、实训报告→全班课堂交流、教师点评总结。

8．说明

　　水彩渲染、钢笔淡彩是风景园林表现图的基本技法之一，是从水彩渲染和钢笔画派生出来的，广泛地应用于设计图以及设计表现图。钢笔淡彩是钢笔画与水彩渲染、马克笔、彩色铅笔等色彩画结合的画法，广泛地应用于设计图以及设计表现图。由于水彩渲染透明性强，又能进行细致深入的刻画，以水彩渲染和钢笔画结合的钢笔淡彩最为普遍。掌握钢笔淡彩的技法为最基本的技能之一，因而使渲染在塑造形象方面变得比较简捷。运用水彩渲染时着重于表现色彩的关系及整个环境的气氛，既可以深入刻画，又可以一带而过。明暗画法的钢笔画更适合作为独立的画种，其大面积的明暗线条缺乏使用色彩的空间，如果着色只能浅淡地点缀。

实训 4　钢笔淡彩表现 2——渲染 2-风景园林平面方案抄绘

　　例图：

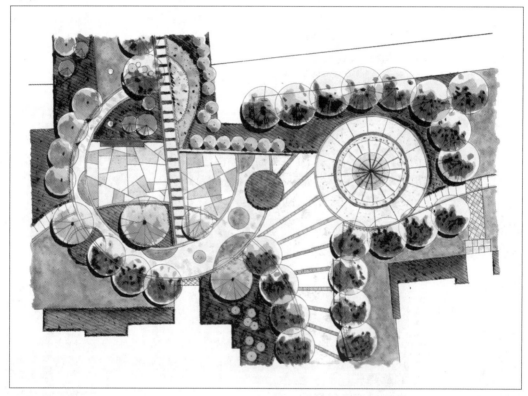

1．实训目的

1）重点

　　掌握水彩渲染图、工具墨线绘图技术，掌握水彩的渐变渲染技术。学习常见风景园林要素的钢笔淡彩表达。

2）教材关联章节

　　绘图前结合教材"3.2　风景园林表现技法""3.2.3　水彩渲染图""3.2.5　钢笔淡彩"内

容讲解。

3)目的

(1)通过实际绘制,了解园林钢笔淡彩表现的基本方法。

(2)通过相关老师的介绍,对钢笔淡彩表现有一定的感性认识。

(3)通过现场参观讲解深入了解钢笔淡彩表现的技能和要点。

(4)通过实训掌握钢笔淡彩表现图作图步骤。

(5)通过实训掌握园林钢笔淡彩表现的其他方法。

2. 材料器材

(1)有代表性的例图2~4幅。

(2)记录本、速写本、钢笔、铅笔、水彩颜料及画笔或马克笔、彩色铅笔等。

3. 实训内容

(1)学习钢笔淡彩表现图的特征。

(2)学习钢笔淡彩表现图的临摹、归纳创作设计、方案表现图3个阶段。

(3)学习钢笔淡彩表现图作图步骤。

4. 实训步骤

(1)提前一周安排实训内容。

(2)课前准备:阅读课本、准备器材。

(3)现场教学:现场绘图、现场讲解、现场记录。

(4)课后作业:整理资料、完成报告。

(5)课堂交流:学习钢笔淡彩后的心得体会(制作课件与作品展示)。

5. 实训要求

(1)认真听老师讲解,细心观察。

(2)认真记录钢笔淡彩表现的要点、注意事项、绘图情况等。

(3)参观前仔细阅读教材中有关钢笔淡彩表现的标准及步骤。

6. 实训作业

(1)完成有代表性的图案抄绘1~2幅。图面内容由教师指定,可参考例图。图纸幅面A3。

(2)教师可提供更多的图案供学生课后抄绘练习。

要求:图面整洁,渐变自然,水彩合理,画法规范。

评分:总分(100分)

7. 教学组织

1)老师要求

指导老师1名。

2）指导老师要求

（1）全面组织实训教学及考评。

（2）讲解实训的目的及要求。

（3）讲解钢笔淡彩表现的程序和标准。

（4）强调实训内容及学习注意事项。

（5）随堂回答学生的各种问题。

3）学生分组

1人1组，以个人为单位进行各项活动，每人独立完成参观学习及实训报告，以个人为单位进行交流。

4）实训过程

师生实训前各项准备工作→教师随堂讲解答疑、学生现场提问记录→资料整理、实训报告→全班课堂交流、教师点评总结。

8. 说明

钢笔淡彩是风景园林表现图的基本技法之一，是从水彩渲染和钢笔画派生出来的，广泛地应用于设计图以及设计表现图。钢笔淡彩是钢笔画与水彩渲染、马克笔、彩色铅笔等色彩画结合的画法，广泛地应用于设计图以及设计表现图。由于水彩渲染透明性强又能进行细致深入的刻画，以水彩渲染和钢笔画结合的钢笔淡彩最为普遍。掌握钢笔淡彩的技法为最基本的技能之一。

4 形态构成设计基础

[本章导读]

本章主要讲述了形态构成基本知识、平面构成、色彩构成(附有彩图在书后)、立体构成和空间构成,目的是使读者了解形态构成的内涵,形态构成的基本要素,色彩的基本知识及搭配,平面构成、立体构成、色彩构成及空间构成的类型等。掌握平面构成、立体构成、色彩构成和空间构成的具体方法以及它们在风景园林艺术创作中的应用。

4.1 形态构成基本知识

形态构成的基本方法　　形态构成概述

设计的基础教育,应该启发和培养探求哲学和科学间新秩序的创造、感受、判断及造型能力。欲达此目的,就必须科学地研究形态,了解形态是由哪些要素组成的,其形成方法又有哪些规律。就像世界上的东西种类繁多,但归根结底都是由物质组成的,一切物质又都含有相同的一些最简单的元素(如碳、氢、氧、铁等),并由这些最简单的元素组合或化合而成。这是无机形态形成的客观世界。然而,我们所创造的形象是实物,同时又是给人看的视觉形象。既然如此,为了获得理想的效果就必须把研究的重点从过去的"以物为中心"转移到"以人为中心"上来,研究人是如何感知形态的。研究结果表明:视觉形象与本来的客观存在并不完全一致。其原因就是在主体的直接参与下,感知的过程并不等于物理的映射,还包含着生理的反应和心理判断。所以,我们创造形象必须研究形态构成的光学、生理和心理效果。

再者,设计的本质是创造全新的、过去未曾有过的形态。而人类的创造冲动基本上有两种——模仿的冲动和抽象的冲动,能科学地将两者有机统一起来的,唯有形态构成理论。

在风景园林设计领域内,我们主要关注的是形态构成中高度抽象的形与形的构造规律和美的形式。这也是形态构成中最基本的部分。

从物体的形式看,有二维形和三维形之分,因此,形态构成从空间层面上讲也自然包含平面构成和立体构成两大方面的内容。其中,平面构成主要包含了图形构成与色彩构成两个层面内容;而立体构成主要包含了实体构成和虚体构成两个层面内容。虽然二者有一定的差异,但其形态构成的规律却是基本相同的。又由于色彩因素在视觉和心理层面强烈地影响着平面构成和立体构成,所以我们首先将二者联系起来,从整体的高度上完整地把握它们,然后分别叙述平面构成、色彩构成和立体构成,最后又统一到空间构成中去,乃至到后续课程中的目的构成。

4.1.1　形态构成概述

1) 形态构成的含义

形态(Form)是指事物内在本质在一定条件下的表现形式,包括形状和情态两个方面。这个概念的意义在于它强调了"形状之所以如此"的根据,把内部与外部统一起来了。

"构成"在《现代汉语词典》中解释为"形成""造成"。构成是一种造型概念,也是现代造型设计的用语,含义就是将不同形态的几个单元(包括不同的材料)重新组合成为一个新的单元,并赋予视觉化的、力学的观念。广义上,其意思与"造型"相同,狭义上是"组合"的意思,即从造型要素中抽出那些纯粹的形态要素来加以研究。

2) 构成的分类

构成学是研究造型艺术各部类的共性——造型性的基础,与艺术学同属一个体系。"构成"作为一门学科可分为纯粹构成和目的构成。所谓纯粹构成,主要是指不带有功能性、社会性和地方性等因素的造型活动,它在对于形态、色彩和物象的研究方面具有被纯粹化、被抽象化的特点。而目的构成则指各种现实设计。纯粹构成按照造型要素还可以细分为视觉性构成和机能性构成。视觉性构成按照时空关系分类如图4.1所示。

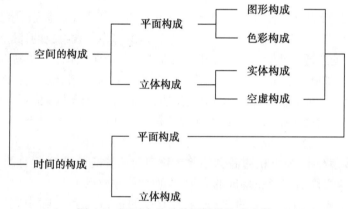

图4.1　按时空关系的视觉性构成分类

此外还有一些名称,如:意象构成、想象构成、形式构成、解析构成、意义构成、打散构成、图案构成……不外是强调构成过程中某个方面的突出作用。其实,构成是对各要素作综合性的感知和心理的创造。

4.1.2　形态构成在风景园林艺术创作中的应用

探讨形态构成在风景园林艺术创作中的应用,应该从两个方面进行:一方面是对形态构成本身的学习及其发展过程的了解,另一方面则是从园林学和园林设计的角度进行分析,了解两者之间的相互关系,寻求作为造型基础的形态构成与园林艺术表现之间的共同之处,以及具体结合的可能性,从而使风景园林专业的读者更主动地把握构成的学习,以提高自己的造型能力和艺术修养。

1) 现代风景园林审美与形态构成

特定时期的社会生产水平和相应的社会文明,孕育着与之相应的社会审美观念,并渗透、延伸于一切文化艺术领域乃至人们日常生活的各个方面。风景园林不是单纯的艺术,影响风景园林审美的因素或许更为复杂、曲折,但是我们依旧可以从历史的发展中清晰地看到:风景园林作为一种独特的艺术形式,与审美观念之间有密切联系。

古代匠师们在生产力落后、技术停滞的相当长时间里经历了无数次的重复实践,积淀艺术,造就成某种程式、法度或风格的至善至美,体现出那个时代中人们的精神追求。我国传统建筑中的开间变化,体现着中正至尊的传统观念;屋顶的出挑、起翘则是在排水功能的基础上,对"如翚斯飞"般轻盈形态的艺术表达,它们同样以"法式"或"则例"的形式被固定下来,传承于世。"庭院深深深几许""风筝吹落画檐西"……这种通过建筑环境烘托和强化诗词意境的做法,也从一个侧面展示出人们对传统建筑的审美情结。

工业时代的到来,为现代文明的发展提供了最为直接的动力,同时也引发了社会审美观念的重大改变。机器生产所表现出的工艺美对传统的手工美产生着强烈的冲击。人们从包豪斯校舍、巴塞罗那展厅以及流水别墅等名作中,体验到了建筑本身以及与环境之间的功能之美、空间之美、有机之美等。

时至今日,新功能、新技术、新材料的不断出现,高度发展的信息传播,环境问题的凸现以及地域文化的兴起等,促成了风景园林多元化发展的大趋势、大潮流。

综上所述,与过去相比,现代审美观念明显地表现出多样性和兼容性等特点。这要求风景园林设计师具有很强的创造力和对形式美进行抽象表达的扎实功底。形态构成学习的核心内容就是抽象了的形以及形的构成规律,这正是一切现代造型艺术的基础。而形态构成通过物理、生理和心理等现代知识,对形的审美所进行的分析与解释,则对我们认识、把握现代建筑的审美特点与趋向,具有重要的启发意义。

2)形态构成的应用

对审美观念变化的回顾,有助于了解形态构成被引入风景园林基础教学中的原因和背景。在此,就形式美创造中形态构成与风景园林设计之间的关系进行具体分析。

(1)形态构成的重点在于造型　以人的视知觉为出发点(大小、形状、色彩、肌理),从点、线、面、体等基本要素入手,实现形的生成;强调形态构成的抽象性,并对不同的形态表现给予美学和心理上的解释(量感、动感、层次感、张力、场力、图与底……)。这些也都是风景园林设计中进行有关形式美的探讨时经常涉及的问题。因而形态构成的系统学习,有利于学生对风景园林造型认识的深化和能力的提高。

(2)形态构成的重要特点之一是具有方法上的可操作性　所提出的各种造型方法都是以由点、线、面、体所组成的基本形为发展基础的,基本形是进行形态构成时直接使用的"材料"。对这些"材料"按构成的方法加以组织,建立一定的秩序,就是创造"新形"的过程,即:基本形—秩序—新形。

(3)学习形态构成的最终目的在于造型能力的提高　正如一些构成学家所指出的:"构成的重点不是技术的训练,也不是模仿性地学习,而是在于方法的教学和能力的培养。"在构成学习中,强调引导学生"主动地把握限制条件,有意识地去进行创造";强调学生在学习过程中从逻辑推理、情理结合、逆向思维等多种渠道、多种途径进行思考,以拓宽自己的创作思路和视野。这些都说明形态构成与风景园林设计在学习方法、过程和目的等方面具有共同特点和互通之处。

最后,需要指出的是,虽然我们列举了两者结合的许多有利条件,但以造型训练为目的的形态构成和以实际工程为目的的风景园林设计,毕竟有着本质的差别。即使单就风景园林艺术形式的创造而言,除造型问题外,尚涉及文化、历史、社会等多种因素,以及在具体创作中存在着对园林意境、个性、风格等的追求,这些都是我们不能苛求于形态构成的。此外,有关空间构成部分的内容,也还需要我们结合风景园林学和风景园林设计的特点和需要,进一步加以充实和完善。

4.2　平面构成

平面构成是在平面设计中,将各种形态要素按照形式美的法则进行组合、重构,形成一个适合需要的图形。

平面构成,是一种视觉形象要素的构成,是二维空间当中研究基本造型规律和视觉规律的学科,是逻辑思维与形象思维相结合的创造活动。它具有基础性、理论性、设计性和实践性。它的研究对象是如何创造形象,怎样处理形象与形象之间的关系,如何掌握美的形式规律,并按照美的形式法则,构成设计所需要的图形,从中培养设计人员的审美能力,并提高其创造能力和空间思维能力。

4.2.1　平面构成的基本要素

平面构成的基本要素

平面形象的形成和变化依靠各种基本元素而构成,这些基本元素主要有以下几大类:

1)概念元素——点、线、面

平面构成概念元素包括点、线、面,它是一切造型中最基本的要素,存在于任何造型设计之中,通常被称为构成三要素。研究这些基本的要素及构成原则是研究其他视觉元素的起点。

（1）点的形象

①点的概念、种类和作用。"点"是一切形态的基础,点是线的开端和终结,是两线的相交处及面或体的角端,是具有空间位置的视觉单位。几何学上的点只表示位置,没有长度和宽度及面积。但是在实际构成中,点要见之于图形,并有大小不同的面积。至于面积多大才是点,要靠与其周围的形象比较而定,例如星球本身是巨大的,但在浩瀚的太空中却成为一个点。

点的形态是各式各样的,自然界中存在的任何形态与周围的形象比较,只要在空间中具有视觉的凝聚性,而成为最小的视觉单位时,都可以形成点的形态。从点的外形上看,点有规则式和不规则式两种。规则式点是指那些严谨有序的圆点、方形点、三角形点等,不规则式点指那些外形随意的点,如图4.2所示。

图4.2　点的种类

点是视觉的中心,也是力的中心,在画面上具有集中和吸引视线的作用。当画面上有两个点时,它们之间的张力就会介于其间的空间,产生视觉的连续,从而有线的感觉,如图4.3所示。点的连续可以产生虚线,而当画面上有较多的点时,点的集合就会产生虚面的感觉,如图4.4所示。当点的大小不同时,大的点首先被注意到,然后视线会逐渐由大的点向小的点转移,最后集中在小的点上,并且,越是小的点积聚力越强。

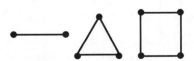

图4.3　两点之间产生连线

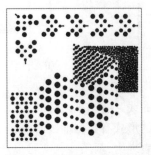

图4.4　点的集合产生虚面

②点的情态特征。点有一种跳跃感,能使人产生各种生动的联想,如联想到球体、植物的种子等。点的排列还能造成一种动感,产生有规律的节奏和韵律,如图4.5所示;如不同大小和疏密的点排列可以产生膨胀或收缩、前进或后退的运动感,如图4.6所示。

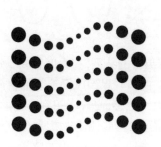

图4.5　点的排列产生动感

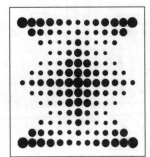

图4.6　大小疏密不同的点产生动感

③点的视觉特征。由于点所处的位置、色彩、明度以及环境条件的变化,点的视觉形象会发生变化,产生远近、大小、空间、虚实等感觉,这种视觉感觉与客观事实不一致的现象称为错视。

一般明亮的点或暖色的点有前进和膨胀的感觉,相反,黑色或冷色的点则有后退和收缩的感觉。如图4.7所示,黑底上的白点与白底上等大的黑点比,视觉感觉要大一些。利用这一原理,在设计中可以用明亮的色彩突出主题,而使用较暗或冷的色彩表达次要内容。

图4.7　点的错视

图4.8　点的错视

同样大小的点,由于周围的环境不同,会产生大小不同的视觉效果。如图4.8所示,中间同样大小的点,左图中的点视觉效果比右图中的小;如图4.9所示,被小的边框包围的点看起来比用大的边框包围的点要大一些;如图4.10所示,靠近两条线夹角的黑点,看起来要比远离夹角的黑点大一些。

(2)线的形象

①线的概念、种类和作用。线是点运动的轨迹,面与面相交也形成线。几何学上,线只有长度和方向,而没有粗细。但是在平面构成中,线在画面上是有粗细之分的。

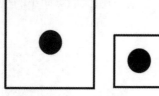

图4.9　点的错视

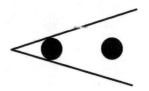

图4.10　点的错视

线的种类很多。如图4.11所示，一般从线的形状上可以分为直线和曲线两种基本形式，并且不同形式的线又有粗细之分。直线又可以分为水平线、垂直线、斜线和折线几种常用的形式；曲线中常用的形式有自由曲线和规则曲线两种形式。线是平面构成中最重要的元素。首先线具有很强的表现力，两条线相交可以产生点的形态，线是面的边界，一系列的线的排列又可以产生虚面的形态。因此，线可以表现任何形体的轮廓、质感和明暗；其次，不同形式的线可以表示不同的情态特征，如轻重缓急、纤细流畅、稳重有力等。

图4.11　线的种类

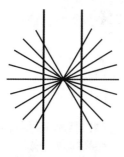

图4.12　线的错视

②线的情态特征。直线具有男性的特征，有力度感和稳定性。其中的水平线有平和、安宁、寂静之感，使人联想到风平浪静的水面和远处的地平线；垂直线则有庄重、崇高、上升之感，使人联想到广场的旗杆、垂直的柱子等；粗直线表现力强，显得有力、厚重、粗笨；相反，细直线则显得秀气、锐利；曲线富有女性特征，具有柔软、优美和弹力的感觉。其中的几何曲线是运用圆规等工具绘制的，具有对称和秩序之美；自由曲线则具有自然延伸、流畅及富有弹性之美。在实际应用中，徒手绘制的线给人以自然流畅之感，借助工具绘制的线则显得有理性和生硬。

③线的视觉特征与点的错视现象相同，线由于周围的环境要素不同，也会产生错视现象。平行线由于加入了斜线，产生的错视，看起来不平行了，如图4.12所示。等长的两条直线由于两端的变化、周围要素的对比等，产生了错视，如图4.13所示。正方形受其旁边的曲线影响，直线看起来有弯曲感，如图4.14所示。

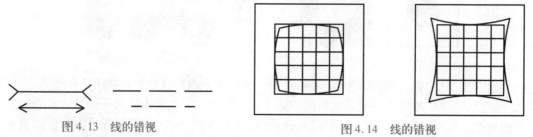

图4.13　线的错视　　　　　　　　　图4.14　线的错视

（3）面的形象

①面的概念、种类。面是线运动的轨迹，面也可以是体的外表，面一般由线界定，具有一定的形状。几何学上，面有长度、宽度而没有厚度。

面的种类非常丰富，在应用中，通常可以把面按形状分为：几何形、有机形和偶然形等。几何形面是指具有一定的几何形状的面,典型的几何形面是圆形和正方形以及它们的组合;有机形面是指不具有严谨的几何秩序,形状较自然的面,这类面多由曲线界定;偶然形面是指形成于偶然之中,如在图纸上泼墨形成的图形即属于偶然形的面,如图4.15所示。面还可以分成实面和虚面两种情况。实面是指由线界定的具有明确的形状并能看到的面,如上面提到的面;虚面则是指没有线的界定,不实际存在但是可以感觉到的面,如由点、线的密集而成的面。

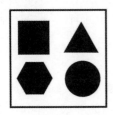
几何形面

有机形面

偶然形面

图4.15 面的种类

②面的情态特征。几何形的面呈现一种严谨的数理性的秩序,给人一种简洁、安定、井然有序的感觉,但有时又由于其过于严谨和有理性,则有呆板、缺少变化的弊端;有机形的面一般具有柔软、活泼、生动的感觉,并且在应用中,由于具有较强的随意性,能表现出独特的个性和魅力,实际应用中,须考虑其本身与其他外在要素的相互关系,才能合理存在;偶然形的面形成于偶然之中,外形难以预料,给人以朦胧、模糊、非秩序的美感,设计中往往追求偶然形的面所形成的意想不到的特殊艺术效果。

③面的视觉特征。同样大小的两个圆上下并置时,看起来上边的圆形感觉要大一些,如图4.16所示。用等距离的水平线和垂直线组成的两个面积相等的虚面,水平线组成的正方形看起来稍高一些,而垂直线组成的正方形则使人感到稍宽一些,如图4.17所示。

图4.16 面的错视   图4.17 面的错视

(4)形象和空间   平面图形中,形象和空间是相互依存的两个部分,设计要表达的形象通常也称为"图",其周围的背景空间则称为"地"。一般说来,图具有紧张、高密度和前进的感觉,在视觉上具有凝聚力,容易使形态突出来;地则有后退的感觉,起陪衬作用,使图能够显现出来。通常,图与地的关系总是清楚的,人们习惯于形象在前,背景在后,但当形象与背景的特征相接近时,图与地的关系就容易产生相互交换,图和地的关系在显著地波动,一会儿图在前,一会儿地在前,产生模棱两可的视觉效果。可见,在图形中图与地的关系是辩证的,设计中,一定要统筹兼顾,强调图的突出,同时也要注意地的变化,以获得完美的视觉效果。

2)视觉元素——形状、大小、色彩、肌理

用概念元素构成的平面形态,虽然排除了实际材料的特征,但是它们以图形形态出现,因此必定具有形态的可绘性。组成形态的可见要素称为视觉元素,视觉元素主要包括形状、大小、色彩和肌理。

4 2.2　平面构成的形式法则和形成规律

平面构成的形式
法则和形成规律

1)形式法则

以基本要素为素材进行的分解和组合等操作构成的平面形态,一定具有视觉的美才有生命力。这种视觉的美感主要是通过形式美的基本法则来体现的,特别具有装饰性的平面构成艺术,离开了形式美,就失去了魅力。形式美的法则是人们在长期的生活实践中总结出的美的表现形式,在前面形态构成中的心理和审美中有叙述。

2)形成规律

平面形态的形成和变化主要依靠各种基本要素而构成。这些基本要素综合构成平面形态中的骨格系统和基本形的形式,故平面形态的形成规律主要通过骨格的形成规律和基本形的形成规律体现。

（1）基本形

①基本形的概念。基本形是在构成中简洁的、最基本的、有助于设计内部联结而不断产生出的较多形态的图形。基本形是构成中最基本的单元元素,在单元元素的群集化过程中,必然发生"形态融洽"的形象,它们能变化出无数的组合形式,为使构成变化不杂乱,基本形的设置不宜复杂,以简单的几何形态为好。

②基本形的组合关系。基本形在进行组合中,形与形之间的组合关系通常有如彩图4.1所示的 8 种。

③基本形的变化规律。基本形的变化可以使设计形态更加丰富,组成基本形的各个要素都可以有不同程度的变化,或采取不同程度的变化过程,按照要素的变化规律不同可以分为重复、渐变、近似和对比,如彩图4.2所示。

（2）骨格

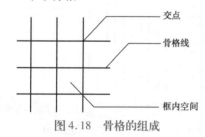

图4.18　骨格的组成

①骨格的概念和分类。基本形在平面内进行的排列是依靠骨格的组织来完成的。骨格是构成图形的骨架和格式,它决定了基本形之间的距离和空间关系,在构成中起着重要的作用。它是由概念性的线要素组成,包括骨格线、交点和框内空间,如图4.18所示。将一系列的基本形安放在骨格的交点或框内空间中,就形成了简单的构成设计。

骨格按照其结构可以分为规律性骨格和非规律性骨格。规律性骨格是按照一定的数学方式进行有序的排列形成的骨格,主要有重复、渐变、发射等形式;非规律性骨格是比较自由构成形成的骨格,一般指由规律性进行演变而得到的骨格,主要有近似、对比等形式,如图4.19所示。

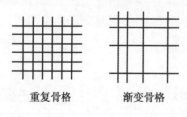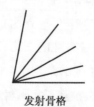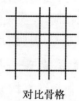

重复骨格　　　渐变骨格　　　　发射骨格　　　　近似骨格　　　　对比骨格

图4.19　骨格的分类

骨格按照其功能又可以分为作用性骨格和非作用性骨格。作用性骨格即每个单元的基本形都由骨格进行组织，必须控制在骨格线内，基本形在骨格线内可以改变位置、方向、正负，但逾越骨格线的部分将被骨格线切割掉，如图4.20(a)所示；非作用性骨格是将每个单位的基本形安排在骨格线的交点上，它有助于基本形的组织排列，但不影响基本形的形状，当形象完成以后，可以把骨格线去掉，如图4.20(b)所示。

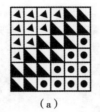
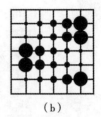

（a）　　　　　　　　　　（b）

图4.20　骨格的作用性变化

（a）作用性骨格；（b）非作用性骨格

②骨格的变化规律。骨格是关系元素，在构成中起重大作用。同样的基本形，由于骨格的变化，构成的形态就不同。骨格可以变化的要素主要是骨格的间距、方向和线型，如图4.21所示。

要　素 ＼ 变化形式	重　复	渐　变	近　似
间距			
方向			
线型			

图4.21　骨格的变化

4.2.3　平面构成的基本形式

平面构成的形式非常多，按照所应用的要素不同可以分为点的构成、线的构成、面的构成以及点线面的综合构成；按照构成的规律和形式特点可以分为重复构成、渐变构成、发射构成、近似构成、对比构成、特异构成、密集构成等。下面按照构成的规律，结合各种不同的要素进行介绍。

1）重复构成

（1）重复构成的概念　相同或相似的形态连续有规律地反复出现称为重复。重复构成是设计中常用的手法，它能够加强给人的视觉印象，形成有规律的节奏感，使画面和谐统一并富有整体感和秩序美。

（2）重复构成的形成　重复的构成主要通过基本形的重复和骨格的重复得到。

①基本形的重复。主要是指基本形的形状的重复，其他要素如大小、色彩、肌理、方向等在形状重复的前提下，可以有一些变化。

②骨格的重复。设计骨格的每一单位的形状和面积都相等，就形成了骨格的重复。

重复构成的形式如图4.22所示。

2）渐变构成

（1）渐变构成的概念　渐变构成是指基本形或骨格逐渐的、有规律的变化。渐变是一种生活中常见的现象，如月亮的盈亏、近大远小的透视现象等。它是符合发展规律的自然现象，能使人在视觉上产生透视和空间感,形成自然有韵律的节奏感。

图4.22　重复构成的形式

(2)渐变构成的形成

①基本形的渐变。组成基本形的各视觉元素和关系元素都可以进行渐变。

a.形状的渐变。由一个基本形的形状逐渐变成另一个形状。可以采取加、减、移位等手段,形成由完整到残缺,由简单到复杂,由具象到抽象等的渐变。

b.大小的渐变。基本形由大到小或由小到大的渐变,会产生系列感和强烈的动感。

c.色彩的渐变。基本形的色相、明度、纯度都可以作有规律的渐变,产生有层次的美感。

d.方向的渐变。将基本形在骨格框架内作有规律的方向渐变,可以使画面产生动感和空间感。

e.位置的渐变。将基本形在骨格框架内的位置作有序的变化,可以使画面产生起伏波动的视觉效果。

②骨格的渐变。骨格的渐变是指骨格线的间距、线型、方向等的渐变,可以产生非常强烈的视觉效果。

渐变构成的形式如图4.23所示。

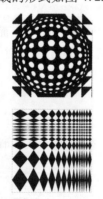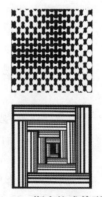

图4.23　渐变构成的形式

3)发射构成

(1)发射构成的概念　发射构成是指基本形或骨格单位以一个或多个点为中心,所有形象都向该中心集中或由该中心向四周散开。发射也是一种常见的自然现象,如鲜花的结构、太阳四射的光芒等。发射构成具有重复和渐变构成的特点,可以造成强烈的视觉效果,产生光学的动感或爆炸性的感觉,给人以强烈的吸引力。

(2)发射构成的形成　发射构成主要是通过骨格的发射得到的。这种发射的骨格具有发射点(一个或几个并成为画面的焦点)和发射线(具有方向性并与发射中心有机结合)两个重要因素,根据它们的关系,主要有以下几种发射方式,如图4.24所示。

图4.24 发射的形式(离心式、向心式、同心式、多心式)

①离心式发射。基本形由发射中心向外扩散,有较强的向外运动感,是常用的一种发射构成形式,一般发射中心位于画面的中心位置。

②向心式发射。与离心式发射形式相反,向心式发射是基本形由四周向中心集中,其发射点在画面外部。

③同心式发射。基本形环绕一个发射中心,层层向外展开,形成逐渐扩大的发射形式。

④多心式发射。画面中有多个发射中心,基本形基于多个中心进行排列形成的发射构成形式。

发射构成的形式如图4.25所示。

图4.25 发射构成的形式

4)近似构成

(1)近似构成的概念 近似构成是指在形状、大小、色彩、肌理等方面有着共同特征的构成形式。近似能给人强烈的系列感,表现了在统一之中呈现生动变化的效果,这也是一种常见的现象,如河边的卵石、树上的叶子等的形状都是近似的。

在近似的构成中,要把握好近似程度的大小。如果近似的程度太大,就产生重复之感;反之,近似的程度太小,就会破坏统一感,失去近似的意义。

(2)近似构成的形成

①基本形的近似。主要是应用基本形形状的近似。一般,两个形态如属于同族则它们的形

状就是近似的,如我们人类的形象、同一种植物的叶子形状等。在近似的设计中,可以首先找到一个原形,然后在这个原形的基础上进行加、减、正负、变形、方向、色彩等的操作变化,即可得到一系列近似的形态。将这些近似的形态进行组织即可形成近似构成。

②骨格的近似。骨格的近似一般是指骨格单位的形状或大小的近似。

近似构成的形式如图4.26所示。

 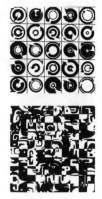 

图4.26　近似构成的形式

5)对比构成

(1)对比构成的概念　对比构成是将性质相反的要素组合在一起的构成形式。对比可以产生明确、肯定、强烈的视觉效果,给人以深刻的印象。广义地讲,任何视觉情况都包含对比的因素,如形象的存在是由于形象与背景的对比,否则就无法分辨。对比就是一种比较,相对于某一个参照物而言产生的大小、疏密、虚实、冷暖、方圆、强弱等的不同印象。

对比也有程度强弱之分,强烈的对比比较刺激,而轻微的对比则比较柔和。构成设计可以从某一个角度出发,应用对比的手段,强调某一个因素的存在,使设计产生独特的个性。但是,也应注意对比产生的同时,作品也要保持整体的统一协调,要有一个重点,相互烘托,如果处处对比,反而强调不出对比的因素。

图4.27　对比构成的形式

(2)对比构成的形成　对比的构成以基本形的对比方式为主,主要通过基本形的以下方面进行对比:

①形状的对比。不同的形状一定可以产生对比,但是应注意统一感。

②方向的对比。在基本形整体有明确方向的前提下,少数基本形的方向发生改变。

③大小的对比。基本形的形状面积或线的长短不同产生的对比。

④色彩的对比。由于色相、明暗、冷暖、浓淡不同产生的对比。

⑤肌理的对比。不同的肌理感觉,如粗细、光滑、凹凸等不同产生的对比。

⑥疏密的对比。基本形排列的聚与散产生的对比。

对比构成的形式如图4.27所示。

6) 特异构成

(1) 特异构成的概念　特异构成是指构成要素在有秩序的关系里,有意违反秩序,使个别的要素显得突出,以打破规律性。特异构成可以使某些要素强烈鲜明,形成视觉焦点,产生生动活泼的效果。

在特异的构成中,特异的程度在整个构图中的比例应适度,如果特异的程度太小,效果不明显,不足以引起视觉刺激;反之,过分强调特异的程度,又会破坏图面的统一感。

(2) 特异构成的形成

①基本形的特异。

a. 形状的特异。在众多重复或近似的基本形中出现一小部分特异的形状,形成画面的焦点。这种形状的特异,能增加图面的趣味性,使形象更加丰富。一般情况下,形成特异的基本形数量应很少,甚至只有一个。

b. 大小的特异。在相同的基本形中,只有少部分在大小上特异形成对比。

c. 色彩的特异。在基本形的其他要素相同的情况下,采用色彩的特异变化。

d. 方向的特异。在大多数基本形方向重复的秩序里,有个别出现方向的变化而产生特异。

e. 肌理的特异。在众多相同的肌理质感中,形成少部分肌理的变化。

②骨格的特异。骨格的特异多指在规律性的骨格中,部分骨格单位在形状、大小、位置、方向等方面发生了变异。

特异构成的形式如图4.28所示。

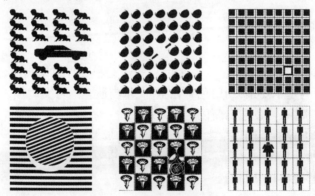

图4.28　特异构成的形式

7) 密集构成

(1) 密集构成的概念　密集在设计中是一种常见的组织图面的手法,基本形在构图中自由分布,有疏有密,最疏和最密的地方就成为整个图面的视觉焦点,在图面中造成一种视觉上的张力,并有节奏感。密集也是一种对比的情况,利用基本形数量的排列,产生疏密、虚实的对比效果。

(2) 密集构成的形成　密集的构成设计,是依靠基本形的排列完成的,实际训练中应注意以下两点:

①组成基本形的数量要多,个体要小,形状可以相同也可以近似。

②基本形的排列虽不受骨格的限制,但要合理地组织,使画面具有一定的张力和动感,不能零散。

(3) 密集构成的形式(图4.29)

①趋于点的密集。在设计中将一个概念性的点置于画面中,基本形的排列都趋于这个点进

行密集,越靠近该点越密集,越远离该点则越稀疏,这个概念性的点则往往成为画面的焦点。需要注意的是这种概念性的点有时不止一个,基本形的排列也不要过于规律。

图 4.29　密集构成的形式

②趋于线的密集。在构图中有一个概念性的线,基本形的组织趋于该线进行密集,越趋于该线越密集,越远离该线则越稀疏。

③自由密集。构图中基本形的组织不受概念性的点和线的约束,完全自由散布,没有规律,形成疏密变化的图面效果。

4.3　色彩构成

色彩构成,即色彩的相互作用,是从人对色彩的知觉和心理效果出发,用科学分析方法,把复杂的色彩现象还原为基本要素,利用色彩在空间、量与质上的可变幻性,按照一定的规律去组合各构成之间的相互关系,再创造出新的色彩效果。

色彩构成是艺术设计的基础理论之一,它与平面构成及立体构成有着不可分割的关系。在我们生活里,色彩无所不在,它是构成我们生活环境的重要组成部分。可以说我们对每一件事物的认知,都是从色彩与形状开始的。

4.3.1　色彩的基础知识

1)色彩的本质

色彩就是生命,它是原始时代就存在的概念。火焰产生了光,光又产生了色,色是光之子。光,这个世界的第一现象,通过色彩向我们展示了这个世界的精神和活生生的灵魂。

人们凭借五官去感知五彩缤纷的世界,园林设计师依靠审美认知和灵感绘制宏伟蓝图,这一切都离不开视觉。

(1)视觉现象　一般认为,人产生视觉形象,必须具备3个条件:

①视觉对象,即能反射光,被视的物体。

②视觉感受器,即人眼,包括神经中枢。

③光源。

在这里,我们把物体、眼和光称为视觉三要素。

（2）色彩物理学　1676 年,牛顿用三棱镜将白色太阳光分离成色彩光谱,这张光谱包含了除紫红以外的所有色相。物体接收光的照射,依其物体本身不同的性质,将光线反射、吸取或透过,这种反射和透过的光进入人眼到视网膜,刺激中枢神经细胞,引起兴奋亢进,这种信息由中枢神经系统传到大脑的视觉区域,便产生了视觉现象。由于光的组成不同,其刺激也不同,我们便感知不同的颜色。

色彩产生光波,牛顿光谱中,白光射线分解成连续的色带,能被我们人眼辨别的有红（R）、橙（O）、黄（Y）、绿（G）、蓝（B）、紫（P）。这种光波是一种以电磁波形式存在的辐射能,它和无线电波实际上只是波长不同而本质上无别的辐射（彩图4.3）。

在 17 世纪以前,色彩被认为是物体的一种属性,自牛顿发现了光是由许多射线构成之后,色彩才被视为视觉的一种知觉表现,光与色从本质上才被认为是一体的。光为色之源,光存在色也存在,光改变也影响了色的感觉。例如物体在日光下、日光灯下、白炽灯下和彩色灯下所表现出的颜色是不同的。平时人们见到的物体色彩是当日光照到物体表面时除该物体所呈现的色被反射外,其他色大部分被吸收了的一种现象,如白色是反射了光的所有色光的结果,黑色是吸收了所有色光的结果,而灰色则是对所有色光既反射又吸收时呈现出的一种现象。若将日光中的 6 种色光减化为红、蓝、绿 3 种色时［彩图4.4（a）］,颜料中的黄色吸收了蓝光,红光被青色吸收,而绿光被洋红色吸收,这 3 种颜色靠吸收光色构成了颜料的三原色红、黄、蓝［彩图4.4（b）］,并由此组成了各种颜色。当将颜料的三原色混合在一起时则与光的混合不同,不是合成了白色而是吸收了所有色光,留下的只是黑色。这就是为什么黄色加蓝色会变绿,因为黄色吸收了蓝色留下了红光与绿光,而蓝色又吸收了红光只留下了绿光。

由此可以看出,色光的混合与颜料的混合是有区别的,前者是一种加的过程,当红、蓝、绿 3 种色光加在一起时形成了白光,它是彩色电视、摄影、照明等的原理;而颜料的混合是一种将白光所包含的色减去、排除掉的过程,只留下被人们看到的颜色,这是颜料的色彩特征。光与色在景观中是同时作用的,景观环境中的色彩多是在自然光照下被人们看到的,它的选择配置需要与天空、大地、水面、树木、花草、建筑物、构筑物等要素同时考虑。

2）色彩的体系

在风景园林设计中,对着无穷无尽的色彩世界需要建立一个科学化、实用化的系统,以便准确、有效、方便地认识和使用色彩。

（1）分类概述　色彩有很多分类的方法。

①从使用性质上讲色彩可分为:

a. 写生色彩。将颜料经过调配（可混合成新的色彩）用工具描绘在介质载体上,如水彩、油画、壁画等。

b. 实用色彩。介质或材料上色彩已固定,经过设计进行组合（如交通信号灯的红、黄、绿色,邮政的墨绿色,消防的红色等）,根据人们生理上的感受进行设计,带有普遍共性。

c. 装饰色彩。根据设计者的构想,强调色彩所造成的气氛和色彩组合规律,讲究色彩美学,一般是间接用色。

②根据用色程序不同色彩可分为:

a. 设计色彩。由设计者提供,经过加工形成的色彩,包括实用色彩和装饰色彩。

b. 直接用色。绘画用色。

③根据色彩的属性特征,可以把千变万化的色彩归结为两个类型:

a.无彩色。即黑、白,以及由此二色混合而成的不同明度的灰。

b.有彩色。无彩色以外的所有颜色,包括原色和调和色。

比如,我们把红、黄、蓝3种颜色称作颜料的三原色,其他颜色都是由这3种颜色相调和所产生的,因此其他颜色则被称作调和色。

(2)色彩分类的基准

①色彩的属性:

a.色相。色相就是颜色的面貌。我们借助色彩的名称来区别色相,如红、黄、蓝、绿等彩色。不同的色相是反射不同波长的结果,反射光的波长为700 nm的物体或颜料,被称为"红色";反射650 nm波长的物体或颜料,虽然也可以称之为"红色",但这种红色却带有一点橙味,称之为"橙红";反射波长为610 nm光的物体或颜料,我们称其为"橙色"等。在七色光谱上,色相的顺序是一种固定关系,而各色相之间并没有明显的边界。比如波长在700～610 nm,分布着紫红—红—橘红—橘黄等不同色相;而波长在450～400 nm,分布着蓝紫—紫—红紫等色相。这样一来,七色光谱完全可以形成一个天衣无缝的圆环。人们根据这个关系制出一个色相圆环,上面按顺序安排着一些基本色相,这就是色相环。

色相环是研究色彩的重要工具,色相环上色相顺序是一定的,但种类有所不同,如孟赛尔(Munsell)色相环是100色相,奥斯特瓦尔德(Ostwald)色相环是24色相。通常以三原色为基本色相,形成12或24色相环(彩图4.5)。

色光三原色:红(R)、绿(G)、蓝紫(BP)。

颜料三原色:红(R)、黄(Y)、蓝(B)。

标准色:红(R)、橙(O)、黄(Y)、绿(G)、蓝(B)、紫(P)。

间色:橙(O)、绿(G)、紫(P),即原色中每两组相配而产生的色彩。

复色:除标准色以外的颜色,指合3个以上的颜色。

补色:在色光中,两个颜色叠加为白光的称为补色;在颜料调和中两种颜色混合成灰黑色的称为补色。

对比色:狭义上指在色相环中每一个颜色对面(180°对角)的颜色为对比色;广义上也可以这样定义对比色:两种可以明显区分的色彩,叫对比色。包括色相对比、明度对比、饱和度对比、冷暖对比、补色对比、色彩和消色的对比等。

邻色:指在色相环中每两个相邻的颜色。

b.明度(又称亮度)。色彩的明亮程度叫明度。明度最高的颜色为白色,最低为黑色。它们之间不同的灰度排列显示出明度的差别,有彩色的明度是以无彩色的明度为基准来比较和判断的,其中黄色明度最高,橙色次之,红色和绿色居中,蓝色暗些,紫色则最暗。

在色彩对比中,明度差往往是醒目的重要因素。为确定各种色相的明度,往往用从黑到白9个渐次变化明度阶段来衡定各色相或同一色相的明度值,以便进行各种明度对比组合。这个明度阶段又称为明度标尺。理想中100%反射所有光的颜色为白色,反之100%吸收所有光的颜色为黑色。在P.C.C.S制中,黑为1,灰调依次为2.5、3.5、4.5、5.5、6.5、7.5、8.5,白为9.5。在孟赛尔(Munsell)体系中,黑为1,白色为10,中间为不同程度的灰(彩图4.6)。

c.彩度。色彩的鲜艳程度,又称作纯度。彩度与色相共同构成色彩。纯度高的鲜艳颜色称作清色,纯度低的混浊色则称作浊色。纯度高的颜色其色相特征明显,又称作纯色。无彩色则没有纯度,只有明度。

在颜色中加白、加黑或加与色相明度相同的灰,都可使彩度降低。各种色相,不仅明度不同,彩度值也不相同,红和黄的彩度最高,而蓝、青绿和绿的彩度较低。

彩度基调指以高、中或低彩度为画面基调的组合状态。高彩度基调,给人以丰富多彩、原初感及平面化的感觉,使人想到节日的气氛、华贵、艳丽、欢乐、突进和热情;中彩度基调给人以厚实、丰富又稳定的感觉;低彩度基调给人以典雅、稳静、柔和的感觉,易使人联想起文雅、娴静的性格,以及理智、内在的意蕴。

高彩度组合坚定而明快,低彩度组合飘动而朦胧;高彩度有具体的真切感[彩图4.7(a)],低彩度则具有超脱和远离感[彩图4.7(b)]。然而由于色相基调和明度基调不同,彩度基调的心理效应也会产生不同的感情变化。

实际上,一个物体与环境的色彩在某一属性发生变化的同时,其他属性也往往发生相应的变化(彩图4.8)。

②色立体和色空间。色彩的明度、色相和彩度三属性,可用三维立体空间形象地表示。我们引进几何学上的三维空间坐标,那么每一属性的标度可以看作数学上一个坐标值区间,三属性——即三坐标区间值(C、V、H)便可给定唯一的空间,色彩就可以定量化形象地决定了(彩图4.9)。这种数学空间的概念表示色彩很方便,在这样一个坐标体系中可以容纳世界上所有的色彩,是色彩彩调的集合,我们形象地称之为色空间(彩图4.10)。三属性的这些元素集合是有限的,构成了有限的色立体。色立体的建立解决了色彩分类的问题,它将色彩性质相似的事物归纳为一类,并排列其性质,使得色彩设计师能方便而有效地利用。

然而,色立体的建立,常常是有限地决定色彩的三属性,这样的色立体中的等色相面是有限的。因此,我们常以色断面来制作实际的色版。所谓色断面,即以无彩色轴为中心的左右对称的等色相面构成的有限的色平面,其形状一般呈不规则形的菱形。

在等色面上,亮度和彩度虽划分为有限的区间,但它们之间的变化是连续均匀的,两者并非完全独立,而是彼此间存在一定的相关性。因此,不可能随意改变明亮而保证彩度不变。无论任何纯色,在其中加入白或黑之后,其亮度将升高或降低,其彩度也同时降低;如加入同度的灰,其亮度将保持不变。这一相关限制性正好可以通过色断椭圆面来表示。从色断椭圆面中我们可以发现:降低彩度可自由地改变明暗,若加入纯色来提高彩度,无论从哪一点加入,均指向并不断地接近纯色,以致和纯色一样,最终在感觉上无法分辨。

③色调。色彩的三要素(明度、色相、彩度)一旦确定,某颜色就被确定唯一的色空间。这三属性联合成彩色印象调子,我们称之为彩调或色调。看到色彩或听到色彩,我们大脑中的印象常常是用形容词来代替,因此在谈到色调时,照我们的习惯,常用描述性的字眼来代替。就像黑白摄影一样,常有中长调、高调、低调等来形容画面黑白灰调子。在色彩中,如果将某一色相固定,只考虑彩度和亮度的关系,将两者统一起来,用较容易理解的形容词来描述、表示其平面三维空间,这就是我们理解的狭义色调,习惯上,常用较为熟悉易解的字眼,如淡、深、浅、浊、暗、鲜、涩、亮等形容词来表示。

在描述色调时,也常用高、中、低或长、中、短来形容。这在摄影作品制作上用得特别多,如高调、中调、低调。其大致可分为9类,包括高长调、高中调、高短调,中高调、中中调、中短调,低长调、低中调、低短调。

a. 高调:高长调——该调明亮,但明暗反差大;

　　　　高中调——该调明亮,明暗反差适中;

　　　　高短调——该调明亮,明暗反差微弱。

b. 中调:中长调——该调以中明度色作基调、配合色,用浅色或深色进行对比;

中中调——该调为中明度对比，感觉较丰富；

中短调——该调为中明度弱对比。

　　c.低调:低长调——该调深暗而对比强烈；

低中调——该调深暗而对比适中；

低短调——该调深暗而对比微弱。

3）色彩的表示体系——表色系

有彩的三原色——红、黄、蓝加上黑、白、灰可以变出人们能够看到的成千上万种的不同色彩。为了系统解决色彩的识别与表示的方法,20世纪色彩学家试图将不同颜色分类编目,按色相——色的名称,明度——色的明暗程度和纯度——色中的色素含量来进行区分。其中美国的孟赛尔(Munsell,1858—1918年)和德国的奥斯特瓦德(Ostwald)色系被广泛作为色标应用,它们提供了1 500多个不同的可供查找和比较的颜色。

孟赛尔色系主要由孟赛尔色环、孟赛尔色立体两个基本环节构成,并以此给出了孟氏色标。

孟赛尔色环是将光谱分析得出的颜色按顺序环状排列而成的。在孟氏色环中,有5个主要色相(红R、黄Y、绿G、蓝B、紫P),在这5个色相中又加入了5个混合色的色相(橙YR、黄绿GY、蓝绿BG、蓝紫PB、紫红RP),构成10个色相为基本的色环范围,使用时把10种色再各分四分之一,即2.5、5、7.5、10四段,形成40个色相。

孟赛尔色立体将色彩的三要素——色相、明度与纯度组织成一个用数码序列表示的近似于树状的三度空间立体。这个立体形又被称作色树,可以帮助我们了解颜色的系统和组织。其中色相是由沿水平色环的5个基本色与其间的5种间色共10个色表示,这10个色又各配有10个编号共分为100个刻度。色立体的中心垂直轴表示明度,由上到下,由白到黑中间间隔9个等阶,其中黑色为1,白色为10,中部的色阶是渐变的中灰度。色的纯度变化则由中心轴向外等间隔辐射,离开中心轴越远纯度越高。每种色所划分的间隔数根据色相和明度的不同而不等,红色有14个,蓝色有8个,黄色有12个。这样,色立体用简单的编号可反映出色的色相、明度和纯度,如标号为10YR7/10的色彩,其中10YR表示色相,7表示明度,10表示纯度。孟赛尔色标由于其色相、明度、纯度的属性在感觉上易为人们接受,在设计中比其他色标更为适用而成为最通用的色标。

表色系的作用是使我们对颜色的理解有一个可参考的依据和标准,并能在国际范围内通用,减少因颜色理解不同造成的错误和混乱。

4）色彩的混合

不同色相混合可产生新色相。如果把3种基本色光(红、绿、蓝)等量相混,即变成白光,失去彩度,如果把红、黄、蓝3种颜料(三原色),按同一比例相混,就会产生一种灰暗的色,也失掉彩度;如果两个补色按同等比例相混合,也会产生一种没有彩度的灰暗的色。而按不同比例相混合,可以得到有某种色相倾向的灰;按不同比例混合非补色色相,则产生千差万别的色相。

色的混合大致可分为以下两类:

(1)色光混合　其特点是,色光混合的次数愈多,明度愈高。由于不同的色相是以色光的混合并直接投射的方式形成的,因此,感觉十分美妙动人。光作为造型的一个重要因素,在形态创造上是不可忽视的,在色彩表现上就更加重要。

光的三原色为红、绿、蓝。红光和绿光的等量混合形成黄光,红光和蓝光的等量混合形成紫光,绿光与蓝光的等量混合形成蓝绿光,红、绿、蓝的等量混合即形成白光。如果改变比例,改变亮度,会形成更加丰富的色光。

（2）颜料的混合

①三原色等量相混。颜料的三原色为红、黄、蓝。其特点是混合的次数越多,明度越低。红与黄等量相混形成橙色;红与蓝等量相混形成紫色;蓝与黄等量相混形成绿色;3 种原色等量相混形成灰暗的黑浊颜色。

②叠色混合。即在一层颜色上再重叠另一层颜色。如果两种颜色为透明颜料,所得的新色相为稍稍偏向后叠颜色的中间色相,明度也稍降低;如果在红色上再叠加一层透明的蓝色颜料,那么叠出的紫色则稍稍带点蓝味;如果是半透明颜色(如印刷油墨)的重叠,叠出的色相就更偏向后叠颜色。掌握这种叠色的规律,在设计上可以用很少的颜色创造出更丰富的效果。关键是要掌握叠印次序形成的色彩效果。

③圆盘旋转混合。将颜色按同等比例放在混色圆盘上进行旋转,于是各种颜色便混合成一种新的颜色。这种混合方法与颜色混合法相近似,但明度上却是被旋转各颜色的平均明度,不像混色那样明度会降低。因此,这种方法产生新色相的明度既不像色光(加色)混合那样相混合的色相越多,明度越高,也不像颜色混合那样,色相越多明度越低,这种圆盘旋转混合的明度处于前两者中间,故属于中性混合。如果把三原色等量放在圆盘上,旋转后便形成一种中明度灰的效果。

④空间混合。也属于中性混合的一种。与圆盘混合的方法所不同的是,在画面上将各种颜色并置,然后退到一定距离,则会发现颜色的混合效果。因为这种混合必须借助一定空间距离才会有新的感觉,故称空间混合。这种方法可以在色彩印刷的网点并置上找到明显的例证。新印象派(如修拉、西涅克等人)在研究谢弗勒尔色彩同时对比原理的基础上,创造了点彩画法,即利用色彩的空间混合原理而获得一种新的视觉效果。如果用来进行混合的颜色面积越小,不同颜色穿插关系越紧密,混合效果越显得柔和。

用这种方法获得的新色相,显得丰富、多彩,且有一种跃动感,明度也比较高。如红与蓝的空间混合会获得一种明快的紫色;蓝与黄的空间混合可获得一种明快活跃的绿色;红与绿的空间混合可获得一种跃动的近似金色的中明度灰。

5）色彩的认知

（1）色彩的对比　色相相邻时与单独见到时的感觉不同,这种现象叫色彩的对比。颜色的对比有:两个色同时看到时产生的对比,称为同时对比;先看到一个色再看到另一个色时产生的对比,称为继时对比。继时对比在短时间内会消失,通常所说的对比是同时对比。

①色相对比。对比的两个色相,可以是色相环上的相邻色、间隔色、色相环上相反方向上的颜色(补色)。由于色相环上色相的排列次序是渐次变化的,相邻色相由于具有大同小异的特点,所以渐次变化的效果是和谐的;相间隔的色相的对比,由于加大了一些相异因素,因而获得的效果稍强烈,如果把间隔距离加大,那么色彩效果就更加强烈。这样,在色相中就存在弱、中、强的对比。

a.弱对比。以色相环为例,同色相组合,以及相邻色相或间隔一个色相的结合(0°～60°),因为效果较柔和,故称为弱对比。这种对比可以取得很统一的效果,使人感觉和谐、宁静,但除同色相之外,色相差小于30°的,常让人感觉灰暗,产生单调贫乏感。

b.中对比。一个色相与同它形成60°～120°关系的对比。这种对比相对于弱对比,效果强烈但又很适中,很鲜明但又不像强对比那样容易引起醒目的效果。

　　c. 强对比。一个色相与同它形成 120°~180° 关系的对比,这其中包括 8 个间隔以上的色相对比和 12 个间隔(补色)对比。这种对比视觉效果十分强烈,使人感到饱满、丰富多彩。其中两个补色若相邻时,如红与绿、黄与紫等相邻时,看起来色相不变而彩度增高,这种现象叫补色对比。补色对比如果色相的面积、明度、纯度关系处理不好,容易引起混乱、刺目等不协调的效果。

　　②明度对比。明度不同的二色相邻时,明度高的看起来明亮,明度低的更显灰暗,这种对比使明度差异增大。

　　③纯度对比。纯度不同的二色相邻时会互相影响,纯度高的显得更艳丽,而纯度低的看起来更暗淡些;被无彩色包围的有彩色,看起来纯度会更高些。

　　④冷暖对比。从色相环上看,有些色相使人感觉温暖甚至灼热,有些色相感到凉爽甚至冰冷,而有些色相则处于中间状态。但中性色在与某些色相对比时,也可以产生不同的冷暖倾向,如紫与蓝对比,紫则显得暖,而同样这块紫与红对比则显得冷,绿与黄对比显得冷,而与蓝对比则显得暖(彩图 4.11)。

　　即使是暖色区的色彩,相互对比也会产生不同的冷暖感,如黄与橘黄对比,黄显得冷些。紫红与红对比则显得冷些。冷色区的某些色彩在对比之下也可以显得暖些,如蓝紫与蓝对比则显得暖,青绿与蓝对比,也显得暖些。

　　黑、白、灰虽然并无彩度,但由于对比也会有微弱的冷暖感。黑与冷色对比显得暖,白色与暖色对比显得冷些,灰也是这样。黑白对比,白显得冷些,而黑显得暖些。各种冷色加黑也会比原来暖些,加白则比原来冷些;各种暖色加黑也会比原来暖些,加白则比原来冷些。

　　由此可见,色彩的冷暖感觉主要来源于对比。也可以说,凡涉及色彩,都会因为环境因素而产生不同的冷暖感。在色彩对比中,特别是近似色相对比中,如果冷暖感模糊,色彩感就较差,易产生单调贫乏之感。

　　(2)色彩的面积感　颜色的明度、纯度都相同时,面积的大小会给人不同的感觉。面积大的色比面积小的色感觉其明度、彩度都高,这是因为色块边界存在色彩对比的程度不一带来的感觉。因而以小的色标去定大面积的地面时,要注意颜色有可能出现的误差。

　　(3)色彩的可识度　色彩在远处可以清楚见到,在近处却模糊不清,这是因为受到背景颜色的影响。清楚可辨的颜色称为可识度高的色,相反称为可识度低的色。可识度在底色和图形色的三属性——明度、色相和彩度差别大时增高,特别在明度差别大时,会更高。另外,可识度还受照明状况及图形大小的影响。

　　①色彩的进退。在相同距离看颜色,有的色比实际距离显得近,称前进色;有的色则反之,称后退色。从色相上看,暖色系为前进色,冷色系为后退色;明亮色为前进色,暗淡色为后退色;纯度高的色为前进色,低者则为后退色(彩图 4.12)。

　　在组合中,一般来说,暖色较为活跃,有突进感;而冷色则较沉静,因此感到收缩、后退。所以,画面中较突出的形态,如果冷暖关系处理不当会形成混乱,而使人不得要领。

　　然而,如果面积对比较为悬殊,面积较小的色彩即使是冷色,也会感到突出。此外,色彩的进退还与彩度和明度有关,如果暖色彩度较低,冷色彩度较高,冷色仍然会突出;如果暖色面积较大,明度较低,冷色面积小,明度又高,冷色仍然突出。因此,前进、后退关系要视具体情况而定。

　　②色彩的胀缩。同样面积的色彩,明度和纯度高的色看起来面积膨胀;而明度、彩度低的色看起来面积缩小。一般来说,暖色较为活跃有膨胀感;而冷色则较沉静,因此感到收缩、内向。

4.3.2　景观色彩的造型特点

1) 背景和图形的相对性

一般来说,当我们观赏一幅画时,画面图形和背景的关系是固定的,图形就是图形,背景就是背景,无论近看或远看都不会改变这种既定关系。但在景观环境中,情形则复杂得多,一幢建筑在某种景观范围内是图形,在另一种景观范围则是背景。

(1)景观的图形特征与视点距离有关　在一定距离观看时,建筑整体轮廓在视场中心,建筑具有图形效果。随着视距拉近,背景图形关系会发生变化,当建筑的周边轮廓接近视场边缘时,建筑的墙面则变为背景,建筑前的小雕塑、花坛、水池、面上的小型构件和细部却成为图形。

(2)景观的图形特征与环境有关　在自然环境中个别的、孤立的建筑通常具有图形效果。这时,建筑的色彩即是图形的色彩。在建筑密集的城市环境中,身着各色服装的人群、汽车、引人注目的广告牌等通常构成景观的中心,街道后面的建筑一般是起背景作用的。

(3)景观的图形性质与自身的特征有关　一般性的无特色景观通常作为新颖的、有特色的景观的背景;灰调子建筑容易成为色彩艳丽建筑的背景;大体量、大面积的建筑则往往成为小建筑的背景,整体通常作为局部的背景。在进行景观色彩造型设计时,需要根据多种因素从不同范围进行全面综合考虑。

2) 景观内容的规定性

景观的色彩造型是建立在景观形体之上的,它受到景观主题及多种形式规律的制约,包括结构、构造、功能、技术、材料等的限制。在具体的景观色彩造型设计中,设计师应善于把各种制约因素变为可以利用的条件,结合各种景观形体和内容是处理景观色彩造型的有效方法。

3) 景观色彩的面积感

景观中使用的色彩有大面积的,也有小面积的。背景色是大面积的,图形色是小面积的。欧洲早期园林中林园与花园便是这种关系的体现。面积对色彩的效果有不可忽视的影响,色块越大,色感越强烈。在小块色板上看起来很清淡的色彩,大面积使用时可能会感到鲜艳、浓重。在建筑色彩造型中常常出现由于误判了色彩的面积效果而造成失败的例子。在景观中使用色彩,除小面积地点缀色彩外,一般应降低彩度,否则难以获得预想的效果。

4) 景观色彩的时空可变性

景观形态是处于时间、空间中的,其色彩也必然受到时间和空间的影响。人与景物的距离及观察角度的不同,对色彩的表现效果会产生不同程度的影响。同样色彩的景观,当近距离和远距离观看时,色调、明度和彩度都有明显的变化。远处的色彩会由于大气的影响趋向冷色调,明度和彩度也随之向灰调靠近。

(1)季节变化对景观色彩的影响　春、夏、秋、冬的季节变化和阴、晴、雨、雪的天气都会使景观处于不同的景色陪衬之下(彩图4.13)。

(2)天气变化对景观色彩的影响　天气变化给自然光源带来了色彩的丰富性。光源的色彩变化对景观的色调有直接的影响。晴天时,太阳光线一般是极浅的黄色,早上日出后2小时显橙黄,日落前2小时显橙红,景物在朝霞和夕阳映照下呈现的色彩绚丽的景象是一天之中最富表情的时刻;阴天的时候,太阳光通过云层的折射,光源显出冷色调,使景物的色彩笼罩在清凉的色调之中。

（3）受光与背光对景观色彩的影响　因为景观形态是立体的，景观色彩具有空间效果，因此景物受光的阳面与背光面及阴影面色彩是很不相同的。在相同光源的照射下，同样色彩的景观形体表面，由于受光条件的不同会呈现不同的色彩差别，我们正是通过这些差别，区分出平面和立体，感知景物的体积和量感。

此外，落影、倒影对景观的色彩造型的影响更加具有趣味性。落影使景物受光面增加了明暗对比的效果，同时，落影的形状还增加了景观的丰富性。一些设计师对落影进行精心设计，创造出奇妙多样的阴影造型，如杭州花港观鱼公园的梅影路、香山饭店白粉墙前的油松都是利用落影创造的趣味性景观。倒影在景观中的成功运用更是不胜枚举，常用的有建筑、园桥、塔、碑、树木、山体、白云、飞鸟等，其色彩使景物更具魅力。

（4）反光建材对景观色彩的影响　反光的建筑材料对光源和空间环境的色彩最为敏感。景观色彩的时空变化性在玻璃幕墙的建筑中得到了最生动的表现。美国著名建筑师西萨·佩里成功地运用了玻璃幕墙展示气象万千的变化，人们从中可见曙光与夕照的美景及闪烁迷离的城市奇观。

（5）灯光对景观色彩的影响　夜间，景物的灯光向着无边的夜幕放射着夺目的光彩，景物的轮廓若明若暗，若隐若现，使得人造光源的景观更加神奇和富有感染力。景观色彩的时空变化性使单调的色彩产生许许多多的变化。我们从景观的色彩变化中，不仅得以识别形体空间，而且可以从中感受到生机与活力。

4.3.3　色彩与景观塑造

景观色彩对人的心理、生理和物理状态都有一定的调节作用，这种作用通过山、水、树、石、路、建筑、小品等综合全面地影响着我们对景观的理解与感受。一个好的环境景观设计，在满足使用功能的同时，还要利用色彩来烘托、创造气氛，为环境增添情趣，并且是所处地域、民族、文化等的生动写照。景观色彩的和谐美主要体现在景观内部色彩的和谐和景观与外部环境色彩的和谐上。在环境景观设计的过程中，我们可通过色彩的调节、配色等途径来创造景观色彩的和谐美。

1）色彩的调节

（1）色彩的调节作用　色彩的调节作用体现在以下方面：①使人得到安全感、舒适感和美感。②便于识别物体，减少眼睛疲劳，提高注意力。③便于形成整洁美好的景观。④危险地段及危险环境的指示以醒目的警戒色作为标识，减少事故和意外。⑤对人的性格、情绪有调节作用，可激发也可抑制人的感情。

（2）色彩在景观中的作用　在景观环境中可以按颜色的三大属性的任何一方面对颜色给以调控，从而求得理想的效果。

①表现气氛。色彩表现气氛是建立在色彩表情基础上的，色彩传达感情最为直接。色彩的表情与人们的心情息息相关，无论是兴奋还是忧郁、欢快还是平静、轻松还是沉重，都能从色彩中寻出"知音"。色彩的不可胜数的变化能够与人们内心各种复杂的感受取得共鸣，色彩所具有的风采和情趣常使人们心悦神往。

a. 景观环境的功能要求。可按景观环境的功能要求决定色调。其方法非常自由，按不同的气氛、不同的环境需求来做变换，可以说变幻无穷。如纪念环境应体现庄严肃穆，宜采用深绿色的常绿树、白色的花灌木体现纪念气氛。休息环境宜清静淡雅，不适合采用彩度过大的色块，若彩度过大,使人易疲劳。而娱乐场所、欢庆场所、节日广场则热烈、绚丽,为创造热烈欢快的气氛,高彩度的色块可适当放大。

b.确定基调色。色彩表现气氛与基调色有很大关系。基调色反映色彩表达的基本倾向,它相当于音乐的主旋律,景观环境所表现的气氛,很大程度上是由基调色的感染力形成的。一般的规律是:

暖色调表达温暖、热烈;

高彩度表达华丽、鲜艳;

低彩度表达朴素、柔和;

高明度表达明朗、轻快;

低明度表达稳重、坚实;

……

基调色的选择可以是单色的,突出表现某种色彩的表现力,如红色的热烈鲜艳、蓝色的宁静纯洁、灰色的含蓄柔和等。也可以用不同色彩的对比和配合,以表现在各种色彩相互衬托情况下多彩多姿的效果。我国传统的宫廷与宗教建筑常用多彩并列的方式,用绚丽的色彩表现富丽堂皇的气氛。

色彩在各种存在条件下的对比关系,如色相对比、明度对比以及彩度对比都对色彩的表现气氛形成不可忽视的影响。色彩诱人的魅力是在相互比较和衬托之中显现的。色相对比时,差别越大,色彩越显得艳丽夺目。补色对比时,彩度有相互增强的倾向,可以使色彩生动鲜明;色相接近的色彩并置时则显示含蓄、柔和的气氛。纯度对比使色彩鲜明、纯正。建筑中常用灰色或白色与某一单纯色彩对比而取得鲜明、清新的效果。明度的强对比具有强烈的黑白反差;明度的弱对比由于明暗差小,会使形象模糊不清;适中的明暗对比可以取得明确、肯定的效果,使景观形象清晰、爽朗。

c.考虑环境色。景观环境中主景多为建筑物、构筑物,其色彩表现的气氛与环境色密切相关。与背景呈色彩对比时,可以使其形象更加鲜明,与背景色调适度的差异使二者既能融为一体,又可相映成趣。我国江南民居的秀美是由自然环境及建筑特有的色彩构成的。传统民居的白粉墙常年处于四季如春的绿色植物之中。蓝天、绿地、白墙构成了江南民居的主色调,同时深灰色的屋顶和门窗洞口与墙面的明暗对比使建筑黑白分明、清爽秀丽。

②装饰美化。用色彩作为装饰美化的手段,无论是东方还是西方,都是从古就有的。在传统建筑中,人类非凡的智慧,集中体现在宫殿和神庙的建筑中,除去那些引人遐想的富有感染力的形体空间之外,魅力无穷的还有诱人的色彩。色彩能为景观增添难以言表的生机和活力。

今天,设计师们找到了更多的装点景物的方法,色彩可以像化妆美容一样为景物增光添彩,也可以像产品包装一样使景观形象翻新。需要指出的是,色彩对景观的美化不是无条件的,如果色彩使用不当,效果会适得其反。景观色彩设计是一种艺术创作,其中艺术鉴赏力对于设计者至关重要,而这种鉴赏力是以感觉为标准,建立在审美经验的基础之上的。

③区分识别。色彩具有区分识别作用。色彩的差别告诉我们,这是什么,那是什么,情况怎么样。由于有了色彩,我们才有"一目了然"的高效率区分外部环境的本领。在景观设计中,对景物加以适当的区分可以给人构成清晰的印象。色彩的差异起着标志作用,可以传达多种信息,如区分功能区、区分部位、区分材料、区分结构等,具有实际的意义。

如为使居住区景观环境富于变化,常将住宅分组变色处理,改变了千篇一律的形象,又增加了识别性,使人们可以很快找到要去的地方。将医院的门诊部、住院部、管理部等用色彩加以区别,使不同的功能区域明确地显示出来,可以为前来就医和探视的人减少问路的麻烦。

④重点强调。色彩具有强调作用。对特别的部位施加与其余部分不同的色彩,可以使该部分得到有力的强调。色彩强调,一般用以强调重要的、美观的部位,如公园、建筑、广场的入口,道路交叉口和转折处,广场和休息场地周围等。一般将色彩重点用在中心、边缘、建筑的上部等视线经常停留的部位,可以收到较好的效果。

重点色强调可以使看起来单调的形象增加活力。重点色与主色调的差异越大,对比效果越强烈、醒目。由于暖色调有向前的倾向,很容易从背景中跳出来,因此重点色调常用暖色,如红、橙、黄等。

采用各种色彩对比是重点强调的有效方法,如纯度对比、明度对比、色相对比等。其中色彩的面积对比是景观创造中应用最普遍的方法。在景观设计中重点色一般是小面积的。小型图案或小块色彩与大面积背景的任何色彩差异都可以使其从背景中分离出来,得到突出的表现。在城市景观设计中,一般是将景观划分为若干区域,从较大的范围内决定色彩重点强调的对象。

2)景观环境中的配色

色彩可以在形体表面上附加大量的信息,使景观造型的表达具有广泛的可能性和灵活性。色调处理得好的环境,将给人留下深刻的印象。一般来讲,公共活动场所是人流集中的地方,因而应强调相对统一的效果,配色时应以同色相相近似色的浓淡系列为宜;公共场所的视觉中心、标志等应有较强的识别性和醒目的特征,因而颜色会有所对比,并且饱和度会高些;同一个空间内,如果空间按功能要求需要进行区分,则可以用两个以上的色配合来得到。景观环境中配色应注意以下方面:

(1)主从感　主从感是指在配色时,要有主有次,主色调占优势,起支配作用。和谐统一是人类追求色彩美的最高境界,自然界中的色彩是丰富多彩、杂乱无章的,作为设计师来讲,就是要把自然界中的色彩进行有序地、合理地组织与安排,给人一种美的享受,使人感受到一种愉悦。在环境的色彩设计时,应以一种色调为主要色彩,其他色对比点缀,才能形成既有变化,又协调统一的色彩关系,达到较理想的配色效果。

(2)色彩的冷暖　一般暖色产生温暖气氛,适合于交谈、聚集。冷色易产生凉爽感,适合学习、安静休息;中性色明快自然,适宜散步、休闲。

(3)色彩的深浅　配色要视周围环境而定,一般深色有下沉感,有拉伸空间的感觉,如在明度较低的大面积深沉色环境中,适当点缀明度较高的色彩,会有极强的视觉冲击力,可以起到活跃景观气氛的作用。但由于是强对比调节,亮色的出现既要注意节奏,也要注意与其他色彩的呼应,否则会不协调。浅色如木本色、白色能产生一种平静开阔的空间感。

(4)变色和变脏　变色是指有些材料如涂料及有些金属,长期处在日光下暴露会因日晒氧化产生颜色变化,因而在作色彩的选择时,要考虑到变色与退色的因素,才能使景观历久弥新。

变脏是一种由于空气氧化和长期使用造成的脏,可以采用易清洗的材料或耐脏材料来处理;还有一种就是颜色使用不当,例如有些纯度低的颜色和混沌的颜色相配使用,会使二者都互相排斥和抵消,使得颜色显得混浊不洁净。

(5)使用者的习惯　人类所面对的色彩都是相同的,但由于民族、地域不同,兴趣爱好等方面的差异,在色调的组织与配置上都有其不同的特点,因此色彩设计应结合不同国家、不同民族的风俗习惯。我国的徽州民居中的白墙黛瓦与青山绿水构成了淳朴的徽州民风,故宫金黄色的琉璃瓦与朱红的高墙还保留着皇族的遗风,而瑞士则是在绿丛中点缀红、蓝屋顶。由于地域、文化背景不同,各地人们对色彩都有着自己的偏爱,因此,色彩设计还要体现民族风格及其审美情趣与追求。

(6)人的心理、生理 环境是为人服务的,环境的功能必须满足人们使用的需要,这种满足包含两个方面的意思:一种是机能上的满足,另一种是人的生理与心理上的满足。不同的色彩会给人带来不同的心理与生理反应。当我们看见白色时,就会想到牛奶;看到红色时,就会想到太阳和火而感到温暖;当我们看到蓝色时,就会想到蓝天与大海而产生一种宁静、清爽的感觉。所以,在景观环境设计中,我们要根据环境的不同功能以及人们在这样的环境中心情的变化,考虑环境色彩的配置。

环境是立体的,由不同形状、不同特征、不同材质的物体构成,环境中的色彩设计和绘画组织色调不完全相同。只有根据环境空间的特性并结合材料对色彩进行提炼组合,才能创造美好的景观。

3) 色彩对景观形象的调节与再创造

单纯造型由于受到材料、内容、周围环境、经济等多种条件的制约,往往难以实现人们的审美愿望。

色彩具有从多方面调节景观效果的功能,对于某些不尽完善之处可以通过色彩的应用进行调节,还可以在已有景观的基础上对景观形象做进一步的加工实现再创造。

(1)空间大小的调节与再创造 不同的色彩与色调对人的心理将产生不同影响,人对色彩的不同感受继而产生一定的联想。色彩之间的对比会产生冷与暖、远与近、轻与重、软与硬的感觉,我们正是利用色彩的这一特性来调节环境的空间感,过窄的空间,我们可以采用饱和度较低的颜色,如灰绿、灰蓝;如果要使环境中某一物体突出,我们可以采用对比强烈的颜色,就会产生逼近感;如果环境空间较小且拥挤,如在各类建筑物围合的内庭院、小天井的设计中,我们可尽量使环境中物体的颜色协调统一,并尽量选取冷色调、低矮植物增加深远感;相反,如果空间过大,则适宜安排一些色彩鲜艳的花木,有趋近感,起到缩小空间的效果。总之,如果环境色彩选用得合适,将对空间起到积极的调节作用。

(2)形状的调节与再创造 色彩为景物形状再创造提供了可能性。用色彩对比的方法可以在单调的形体上创造出多彩多姿的形状,使景物造型丰富起来。传统建筑中的彩绘、壁画都具有色彩造型的功能。在古典建筑中,彩绘多是以自然界的动植物为题材,现代景观建筑通常采用简洁规范的几何形,其色彩造型也多倾向于抽象的几何形状,如矩形;而千篇一律的方盒子又会引起人们的厌烦。色彩在克服这一不足之中体现了其独特魅力,常常会收到意想不到的效果。

景物的形状主要由其边缘的轮廓线反映出来,用色彩强调景物的外轮廓能使其形状得到突出的表现。如公园中白色、灰色的规则形花架,藤本开花植物的运用使其形状更显柔和俏丽;规则形广场的周边花卉的围合则更显其图形效果。

在建筑拥挤的城市环境中,建筑物的外轮廓时常难以得到完整的展现,而内轮廓反映建筑的局部和小型部件的形状,如楼梯、门窗、台阶、雨篷、柱廊、小型色块等,在常规的观赏范围内一般具有图形效果。墙面与墙面上的门窗洞口及局部构件所构成的图底关系,反映建筑的面目。用色彩对比的方式表现建筑的小型部件或对门窗洞的边框用色彩加以粉饰,都具有突出建筑内轮廓的作用,可以使建筑面目清晰,给人以爽快、舒适的感觉。对于建筑整体和局部不理想的形状都可以用色彩进行各种形式的改造和调整。

（3）色彩的调节与再创造　　色彩调节就是恰当地处理色彩关系。一般来说,使用材料自身的色彩经济简便,而且材料固有的色彩美具有自然天成之感。但是材料固有的色彩性质中,一般总是具有优点和缺点两个方面,或由于某种局限性只具有一定的适用范围,需要设计师在使用过程中适当运用和调节。

如绿色沉静柔和,但也有其不足之处。大面积的深绿色的运用容易产生郁闷、苦涩、低沉、消极和冷漠感;而深绿与少量红、黄搭配其景观效果则大为改观,沉静中增添了活力,产生明快感。景观效果中的"万绿丛中一点红"就是这个道理。景观环境本身的色彩局限性和弊端需要运用色彩进行调节。

再比如红砖的色彩有许多美好的特性,可给人以热烈、兴奋、欢快之感。但是红砖颜色也有它的弊端。大面积红砖由于颜色纯度较高、明度较低、色彩浓艳,也会产生火辣、沉闷等不舒适感。红砖与白色、浅灰色相配时,不仅可以有效地克服单一红砖的沉闷、浓艳、单调的感觉,还可以充分显示砖红色特有的魅力。

水泥灰的色彩似乎是最不讨人喜欢的了。普通外墙水泥砂浆罩面,灰暗而无色感,通常用涂料和贴面加以遮盖。其实,灰色有很多优点:灰色性情柔和,它与各种鲜艳的色彩并置时,可以使各种色彩的个性得到最好的发挥,在色彩表演的"舞台"上,灰色可以称为"最佳配角"。灰色可以使鲜艳的色彩更显纯正,纯色与灰色对比所创造的和谐,在宁静中显生动,稳重中又有一定活力。

4.4　立体构成

我们每个人都生活在立体世界里,身边的一切都是立体的,但我们对这个空间的秩序和特性都研究得很少。立体构成是一门研究空间立体造型的学科,它揭示立体造型的基本规律,阐明立体设计的基本原理,提高对立体设计形式美的规律的认识,从而提高其设计能力和审美能力。它是以三度空间形态为对象,采用一定的工具和材料,将造型要素按照美的原则进行创作的过程及结果。通过立体构成的学习和训练,使人们了解和掌握立体造型的构成方法,并提高对立体设计中形式美规律的认识,提高设计能力和审美能力。因此,立体构成规律是景观设计人员应该掌握的。

4.4.1　立体构成的元素

这里所说的元素,是指立体构成形态的元素。

1) 点的元素

几何学中的点,只有位置,没有方向、形状和面积大小。造型学中的点,不仅可有位置、方向和形状,而且有长度、宽度和厚度。点常存在于两线相遇与相交处,既是线的起点也是线的终点。

一般来说,点的形体应比较细小。在同一环境中相对较小的物体就可称之为点。因此,点的形状可以是多种多样的,或方或圆或角或其他任何形状。只要是宽度、厚度均近似或等于长度即可。点立体亦可称作块体,有空心和实心之分。用于点立体成型的有黏土、石膏、木块、石块和金属块等,亦可用布、纸、玻璃、塑料和金属等的面性或线性材料做成中空和通透的点立体造型。

2）**线的元素**

几何学中的线，是点移动的轨迹，有位置、方向和长度，没有宽度和厚度，是面的边缘和面与面的界限，也是点与点的连接，属于一次性元素。

点的移动方向的变化，可带来线的曲与直的变化。在造型学中，线就是线体或线材。不仅有长度，而且有宽度和厚度，还有粗细、软硬的区别。一般来说，作为线体的宽度和厚度不宜近似或等于长度。线立体构成常给人以纤细、流畅、轻巧、运动和透明等空间感。线立体构成的常用材料有：毛线、尼龙线、丝带、铁丝、竹木藤条和玻璃、塑料、金属等管形材料，许多其他构成中也是基于线的构成原理（彩图 4.14—彩图 4.19）。

3）**面的元素**

几何学中的面，只有长度和宽度，没有厚度，是线的平行移动的轨迹，也是体的断面、界限和外表，属于二次性元素。

造型学中的面，常可由点的多向密集移动而构成，或由线的纵横交错而构成。点和线的集合与扩大，也能够构成面。有的点形和线形，还可直接构成面的肌理性质感。

直线平行移动构成方形面，直线的回转移动构成圆形面，直线的倾斜移动构成扇面形。

上述面形均为积极的纯粹面形性形态。由点和线的集合或扩大而构成的面，属于消极的面，其面形的特征较弱。

此外，横切线体可以得到横断面或剖面。面的反转和分割，可使面形产生无穷无尽的变化。

面立体构成的常用材料有纸、布、木板、玻璃、塑料和金属板等，目的构成可由多种面状材料构成丰富的景观（彩图 4.20—彩图 4.24）。

4）**体的元素**

几何学上的体，由面的二次性元素移动构成，是面移动的轨迹，是真正名副其实的三次性元素。

在造型学中，点、线、面的肥厚性增大均可成为体。其上、下、左、右、前、后不同的视角有不同的视觉效果。

立体的种类有：半立体（浮雕）、面立体和块立体（包括点立体）。

线材与面材相结合，常能构成动态立体。体与体的并置与组合，构成空间关系（彩图 4.25—彩图 4.36）。

4.4.2　立体构成的分类

构造有各种各样的方式。按物理中力的构造的方式，构造可分为静态平衡式、动态运动式和集聚式。

1）**静态平衡式**

静态平衡式又可分为对称式和非对称式。

（1）对称式　对称，是最常见的一种平衡方式。一般来讲，天平构造的形态与杆秤相比，其平衡感前者强于后者。其主要原因取决于天平构造属于对称性静态构造。对称式的平衡构造，比较安定、庄重，具有安宁的静态美。在景观设计中常用的拱形构造就属此类。很多主题建筑的前庭后院在园林布局上多采用中轴对称的方式（彩图 4.37）。

（2）非对称式　日常生活中也存在着类似于杆秤构造的非对称性平衡式静态构造（彩图

4.38、彩图 4.39）。如等量不等形的构造性设计和同形不同色或同色不同形的形态性设计等。这类造型人都趋于生动,富于变化性动感。因其适度的形色比例关系内在地受着一种平衡力的支配,故其造型仍然能保持和呈现一种耐人寻味的稳定。

2)动态运动式

动态流动源于动力,动力能源的种类很多,主要可分成两大类:自然力和人工力。这里列举的主要是自然力造型,如风力、水力、热力、重力、惯性力、弹力和磁力等。动力能源种类不同,其形态造型也不同。

利用风力,可以创造出摆动、转动等构造的形态(彩图 4.40),如荷兰风车就是最典型的例子(彩图 4.41)。

水车,是人们利用水景造型的最好实例(彩图 4.42)。很多水源因为存在着地形高低落差变化而形成瀑布和喷泉等,这是最好的天然水动造型。利用此种原理再加入其他人工因素(如光和电等),就可以创造出更加美妙、更具魅力的现代水动造型,音乐喷泉就是这一领域的最杰出的作品。

利用弹簧构造的弹力,人们可以只需要开启而不用关闭,这在门、盖类器物、器具的构造上是最常见的。人们合理利用和发挥这类物理性的材料力源,不仅可以节省人力和电力,还可以创造出神奇而富于艺术魅力的形态来。

利用电力是动态构造的又一特色。根据预先设定的力度大小和运动速度,可使造型的动态变化保持恒定的规则运动状态。日本雕塑森林中的动态造型大多属于此类(彩图4.43)。

3)集聚式

世界上的生命体,在胚胎时期,其头脚躯体大多是紧紧地贴合在一起的。因此,对于集聚式构造,人们有着与生俱来的亲和力。两个以上的形体联结,必须有一个构造物才能得以实现。这一构造物可以是面状的、线状的,也可以是其他任何形状的。

从形态上讲,有线式的、面式的、体式的;从材料上讲,可以是石头、雕塑、树木等;从色彩上讲,其变化就更是不胜枚举。如果再与其他形态组合变化,则可产生更加丰富的形态(彩图 4.44)。

4.4.3　立体构成的技法

每一种形态的元素,每一种成型材料,都潜藏着丰富的造型原理和方法。掌握了技法和原理,不仅能事半功倍,而且能后劲倍增。在实践中加以总结、归纳,形成立体构成的方法论,会使设计造型能力在原有水准上得到进一步提高。

1)一纸成形

一木成形、一布成形和一纸成形等技法与一物多用设计一样,在现实的造型世界里,具有不可低估的经济意义,其合理、省料、省工等特点,都是形态创造和现实生活所必须遵循的原则。

一纸成形能有效地提高学生的经济意识和合理使用单一材料的能力,使其在利用有限平面形态最大限度地发掘立体空间的潜能方面,得到实际的锻炼和体验。

在实际训练中,有以下 3 类形态:

(1)原形法　不改变和破坏平面原形的基本特征,如原形为正方形,其形态变化及其加工制作仍然保持在正方形状态中展开。

(2)互换法　局部地改变原形特征,以局部互换位置的方式造型。其物尽其用的效果,和原形法是一样的。然而,由于在构造形式和方法上塑性增大,其形态的变化范围和质量也相应扩大和提高。

(3)减量法　这种方法也是属于比较积极的类型。局部的剔除可以增加整体造型的生动性、通透性。

2)同形异材

当今世界,科学昌盛,学科交叉,学术研究出现了一派新景观。比较文化、比较文学、比较艺术、比较造型,在比较中得到了空前发展。即使构造形态完全相同,由于造型材料的属性不同,其形态效果也存在差异和变化。作为一种激化思维、开发创造力的方法,同形异材是立体构成基础训练中的重要一环。其突出特点在于形成对比差异,一般包括软硬对比、色彩对比、光洁与粗糙对比、形态属性如线与面的对比等。

两种材料的属性越相似,其模拟后的效果也就越近似;反之,则差异越大,甚至大相径庭。

(1)草、木、石　三者在此同为面性材料,但色彩、质感不同可产生对比差异的美(彩图4.45)。

(2)铁丝与铁丝网　虽然同属金属铁性质,但形态属性不同,前者为线性,后者为面性。同样成形后的差别明显,线性方通透玲珑,面性方模糊凝重(彩图4.46)。

(3)铁与石　如彩图4.47所示为二者结合运用实例。

(4)钢构与玻璃　如彩图4.48所示为二者结合造型。

3)平面立体化

在日常工作中,我们对形态的空间特征和属性,一般以度和维来表示,日本及我国的香港、台湾地区则常以次元来表示。比如:对具有长度和宽度的形态,称之为二度或二维空间形态和二次元形态,并俗称平面形态。对具有长度、宽度和厚度的形态,称之为三度或三维空间形态和三次元形态,并俗称立体形态或空间形态。对具有长度、宽度和厚度,并还具有先后次序变化因素的形态,则称之为四度或四维空间形态和四次元形态,俗称时间形态。

在设计中,二维、三维甚至四维形态共存,是常见的事。另外,在不同的过程,不同的需要,同一个形态需要有不同维、度或次元的变化也是经常碰到的事。为此,在基础训练中,对形态的属性进行彼此间转换性变化是非常有必要的。

具体的造型训练中,常有以下几种方法:

(1)高度和空间的立体化　对原有的形态赋予高度和空间因素的变化,这种变化的建设性很强。平面形态时,大多以纸为载体,而赋予厚度和空间属性后,无须采用一定的结构性材料,通过使用一定的工具和技术,便能得以成形。广为知晓的二维图形和图案经常被立体化处理(彩图4.49、彩图4.50)。

(2)正负形与图底分离立体化　在平面上,正形和负形、图和底紧密相连的形态,通过立体的切割分离后,重新调换空间位置,能生成丰富有趣而又协调统一的立体化造型(彩图4.51、彩图4.52)。

(3)平面形态的肥厚立体化　二维空间的形态有了厚度,其立体的空间形态就脱胎而出。如再加以进一步发展,还可使这类立体、空间形态作时间化的表现(彩图4.53)。

4)视点转换

著名荷兰画家埃歇尔常利用人们对平面图形的固定视觉概念进行逆向发挥和创造。半个世纪以来,他创作的平面、立体形态极富神秘性、趣味性和新奇感,令美术界、设计界和美学界,甚至数学界诸多权威人士也为之赞叹不已。埃歇尔造型作品的奥秘主要在于:思维方式的反常性转换及其严谨的数理性表现。视点转换,在这里,既是一种新的思维方式,也是一种新的造型表现技法。

(1)颠倒空间关系　局部地颠倒平面作品中的空间关系,或近大远小变为近小远大,或使合理的上下左右连接关系局部错位,在使得正常的构图法则混乱,进而重新安排空间法则的同时,有序地排列其主题性形态,达到既幽默、奇特、神秘和怪诞,又具有美感和艺术震撼力的视觉效果(彩图4.54、彩图4.55)。

(2)模糊轮廓线　模糊两事物间的空间轮廓线,使空间关系出现矛盾和混乱,创造出全新的空间概念和景观(彩图4.56、彩图4.57)。

(3)数理性渐变　在同一空间和同一时间中,天地共存、昼夜共存,这在中国画中并不足为奇。然而,通过采用数理性的互变手法使得这种不合理的共存,在视觉上变为合理又合情,这是值得借鉴的新技法(彩图4.58、彩图4.59)。

近年来,在埃歇尔等新型艺术家造型原理的影响下,在艺术和设计领域,在现实生活的实际应用和环境空间中,出现了很多杰出的造型作品。

4.5　空间构成

"空间",广义地讲,是指我们生活着的地球表面之上的空域,即"天空",以及大气层之外脱离地球甚至太阳引力场影响的"宇宙空间";狭义地看,可以指自然物或者人造物以外的空域所在,也可以指一个物体之中或者多个物体之间的空隙和间隔。

空间的形成必须依赖有形的实体,即进行物理性实体限制,用有形的物体来限定广漠、无形的空,使无限变成有限,无形变成有形,才能形成可以利用的空间。例如,在广阔的集市上,商贩用一块布铺在地上,就限定了其可以利用的空间。

4.5.1　空间的类型

同一种结构和秩序的空间,由于着眼角度不同有不同命名,在此以建筑界的习惯用语,来罗列空间的不同类型。

1)原空间(自然空间)

原空间上接蓝天,下接岩石,无边无缘,无限伸展。

2)建筑空间

建筑空间是人们按自己的需要从无限的自然空间中划出的一块有限的活动领域,加以人工构筑,是人们理想意志的物化。

3)知觉空间

知觉空间受控于形态特点与图底关系。

①在空间形态上,指一种律动、力动、气韵而言。

a.自然形态是形式的源泉,其内部结构和外部形态一致,一般指具象特征。

b.人为形态由抽象概括和拓扑变形及运用比例、尺度、分隔、韵律、节奏组织的。

c.超自然形态,以微观的世界,如化学分子结构、生物的细胞结构等原形,创造或再现于建筑空间。

②图底关系指任何可认知形都是由图形与背景两部分组成,图与底互相衬托,并在一定条件下可以转变。在空间形态设计中要兼顾正负形,使其互为完善。当图形与背景同时映入人的视野,会呈现以下知觉规律:

a. 背景具有模糊绵延的退后感,图形通常是由轮廓界限分割而成,给人以清晰、紧凑的闭合感。

b. 图形与背景的主从关系随周围环境不同而变化,在群体组合中,以距离近、密度高的图形为主体形。

c. 小图形比大图形容易变为主体形,内部封闭的形比外部敞开的形容易成为主体形。

d. 对称形与成对的平行线容易成为主体形,并能给人以均衡的稳定感。

4)积极空间与消极空间

积极空间是有确定领域,是有计划的、收敛的、外围的划分并然有序而无法向外延伸的空间;消极空间是虚拟限定,是发射的、没计划的、自由延伸且无止境的空间。因此,空间的创造就包括从无限的宇宙空间中有计划地分隔并组织出积极空间,或创造向无限的自然环境作融归的消极空间。

4.5.2 空间的形态

1)空间形态的基本特征

从构成的角度讲,空间形态是指由物体所限定的或所包围的三次元空间,即可感知的有形的空间,是由实体和空虚共同组成的空间。

①空间的限定性。空间形态必须借助实体来限定才能形成,通过限定,把空虚变成视觉形象,才能从无限中构成有限,使无形化为有形。

②空间的内外通透性。空间形态的创造目的是为了满足人们的各种应用,例如,居室的空间是为了居住的目的,容器的空间是为了容纳东西,各种不同的容纳都涉及空间内外的流通,故空间必须具有内外通透性。

③空间可感知的内部性和外部性。由于空间具有内外的通透性,人们对空间的感知就有两种情况,即外部感知和进入内部的感知。进入内空间之前,可以看到空间形态的外表面的组合,体会不到内部空间气势变化的特点,这种情况与观察立体形态相同,主要运用视觉和触觉去感知。而对于内空间形态,则主要靠视觉和运动,可以完整地体会空间的变化气势,如高大宽敞的空间气势雄伟,有庄严、神圣之感,可用作会议厅等;而尺度宜人的空间则相对亲切,有宁静、舒适之感,可用作居室等。

2)空间形态的限定方法

空间一般由顶界面、底界面、侧界面围合而成,其中有无顶界面,还是内外空间的重要标志。限定要素本身的不同特点和限定元素的不同组合方式,所形成的空间限定感也不尽相同,空间边界实体的材料、形状、尺度、比例、虚实关系以及组合形式都会在很大程度上决定空间的具体限定手法,包括设置、围合、覆盖、凸起、下沉,以及材料、色彩、肌理变化等多种手段。

①水平要素限定的空间。

a. 基面。一个水平向上简单的空间范围,可以放在一个相对的背景下,被限定了尺寸的平面可以限定一个空间。基面有3种情况:地面为基准的基面;抬到地面以上的水平面,可以沿它的边缘建立垂直面,视觉上可将该范围与周围地面分隔开来,为基面抬起;水平面下沉到地面以下,能利用下沉的垂直面限定空间体积,为基面下沉。

b.顶面。如同一棵大树在它的树荫下形成了一定的绿荫范围,建筑物的顶,也可以划定一个连续的空间体积,这取决于它下面垂直的支撑要素是实墙还是柱子。屋顶面可以是建筑形式的主要空间限定要素,并从视觉上组织起屋顶面以下的空间形式。如同基面的形式一样,顶面可以经过处理去划分各个空间地带。它可用下降或上升来变换空间尺度,通过它划定一条活动通道;或者允许顶面有自然光线进入。顶棚的形式、色彩、质感和图案,可以经过处理来改进空间的效果或者与照明结合形成具有采光作用的积极视觉要素,还可以表达一种方向性和方位感。

②垂直要素限定的空间。垂直形状,在我们的视野中通常比水平面更加活跃,因而用它限定空间体积会给人以强烈的围合感。垂直要素还可以用来支持楼板和屋顶,它们控制着室内外空间视界和空间的连续性,还有助于调节室内的光线、气流和噪声等。

常见垂直要素有:

a.线要素。一根线无方向性,容易成为空间的中心、焦点而形成中心限定;两根或两根以上在同一条直线上排列、编织的线可限定一个消极的虚面,可用于空间的划定,且会使空间产生流通感;3根和3根以上不在同一条直线上的线可排列、编织形成若干虚面,可产生限定和划分作用,产生围合感,形成各种空间体积。另外,这些线的数量、粗细、疏密都会对限定程度的强弱造成影响。

b.一个垂直面将明确表达前后面的空间。它可以是无限大或无限长的面的部分,是穿过和分隔空间的一个片,它不能完成限定空间范围的任务,只能形成一个空间的边界,为限定空间体积,它必须与其他形式相互作用。它的高度的不同影响到其视觉上表现空间的能力。当它只有60 cm高时,可以作为限定一个领域的边缘;当它齐腰高时,开始产生围护感,同时它还容许视觉连续性;但当它高于视平线时,就开始将一个空间同另一个空间分隔开来了;如果高于我们身高时,则领域与空间的视觉连贯性就被彻底打破了,并形成了具有强烈围护感的空间。

c.一个"L"形的面。它可以形成一个从转角处沿一条对角线向外的空间范围,使空间产生内外之分,角内安静,有强烈围护感、私密性,滞留感强,角外流动性强,且具导向作用。"L"形面是静态的和自承的,它可以独立于空间之中,也可以与另外的一个或几个形式要素相结合,去限定富于变化的空间。

d.平行面。它可以限定一个空间体积,其方位朝着该造型敞开的端部,其空间是外向性的。面有很强的流动感、方向感,空间导向性很强。由于开放端容易引人注意,可在此设置对景,使空间言之有物,避免空洞;另外,空间体的前凸和后凹可产生相应的次空间,利于消除长而不断地夹持空间所产生的单调感(图4.30)。

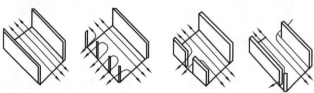

图4.30 平行面

e."U"形面可以限定一个空间体积,其方位朝着该造型敞开的端部,在其后部的空间范围是封闭和完全限定的,开口端则是外向性的,具有强烈方向感和流动性是该造型的基本特征,相对b、c、d所述的三面,它具有独特性的地位,它允许该范围与相邻空间保持空间上和视觉上的连续性。"U"形底部具有拥抱、接纳、驻留的动势。3个面的长短比例不同,驻留感也会不同(图4.31)。

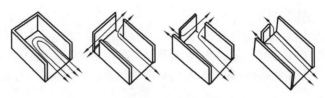

图 4.31 "U"形面

f.四个面的围合,将围起一个内向的空间,而且明确划定沿围护物周围的空间。这是限定度最强的一种形式,可完整地围合空间,界限明确,私密性强(图 4.32)。

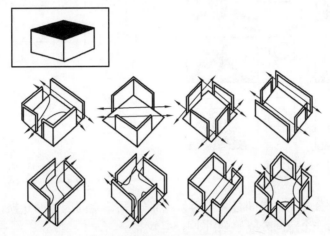

图 4.32 四个面的围合图解

另外,面的围合程度除了与形状、数量以及虚实程度有关外,还与分隔面的高度有关,其高低绝对值以人的视觉高度为标准。高度越低,其封闭性、拦截性均相应地减弱,甚至只起形式上的分隔作用,视觉空间仍是连续的。

4.5.3 空间的组合

1) 空间组合的要求

在典型的建筑设计纲要中,对不同的空间有着不同的要求,而这些要求中一般是存在着共同性的,即:具有特定的功能和形式;使用上有机动灵活和自由处理性;具有独一无二的功能性和意义;同功能相似而组成为功能性的组团或在线性序列中重复出现;为采光、通风、景观与室外空间的通连性需要适当的向外开发;因私密性而必须隔开;需易于人流进出。

一个空间的重要性、功能性和特征作用因其在空间中的位置而得以显示。具体情况下,其形式取决于:纲要中对功能的估计,量度的需要,空间等级区分,交通、采光或景观的要求等;根据建筑场地的外部条件,允许组合形式的增加或减少,或者由此促成组合对场地的特点进行取舍。

2) 空间的组合形式

(1)单一空间的组合   单一空间可通过包容、穿插、邻接关系形成复合空间,各空间的大小、形式、方向可能相同,也可能不同。

①包容式。即在原有大空间中,用实体或虚拟的限定手段,再围隔、限定出一个或多个小空间,大小不同的空间呈互相叠合关系,即体积较大的空间将把体积较小的空间容纳在内。这样的空间也称母子空间,是对空间的二次限定。通过这种手段,既可满足功能需要,也可丰富空间

层次及创造宜人尺度(图4.33)。

②穿插式。两个空间大致保持各自的界线及完整性,在水平或垂直方向相互叠合的部分往往会形成一个共有的空间地带,通过不同程度地与原有空间发生通透关系而产生以下3种情况:

a. 共享:叠合部分为二者共有,它与二者间分隔感较弱,分隔界面可有可无[图4.34(a)]。

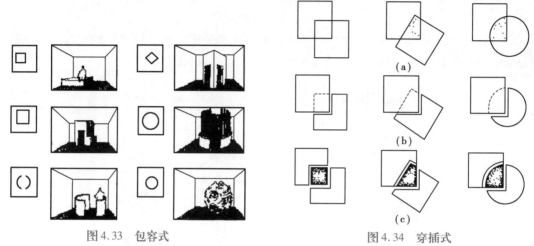

图4.33　包容式

图4.34　穿插式
(a)共享;(b)主次;(c)过渡

b. 主次:叠合部分与一个空间合并成为其一部分,另一空间因此而缺损,即叠合部分与一个空间分隔感弱,与另一个空间分隔感强[图4.34(b)]。

c. 过渡:叠合部分保持独立性,自成一体,它与两空间分隔感均强烈,成为两空间的过渡联系部分,实际上等于改变两空间原有形状并插入一个内空间[图4.34(c)]。

③邻接式。它是最常见的空间组合形式,空间之间不发生重叠关系,相邻空间的独立程度或空间连续程度,取决于两者间限定要素的特点:当连接面为实面时,限定度强,各空间独立性较强;当连接面为虚面时,独立性差,空间之间会不同程度存在连续性。邻接式又分为直接邻接和间接邻接(图4.35)。

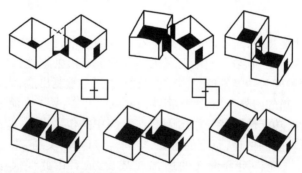

图4.35　邻接式

(2)多空间的组合方式　多空间组合,其形式有线式组合、中心式组合、辐射式组合、组团式组合、网格式组合5种类型。根据具体情况和要求,构成的单元空间既可同质(形状、尺寸等因素相同),强调统一、整体,也可异质,强调变化以及营造中心。

①线式组合。按人们的使用程序或视觉构图需要,沿某种线形组合若干个单位空间而构成的复合空间系统。线式空间具有较强的灵活可变性,线的形式既可以是直线,也可以是曲线和折线,以及环形、枝形、线形,方向上既可以是水平方向的,或是存在高低变化的组合方式,也可

以是垂直的空间,容易与场地环境相适应(图4.36)。

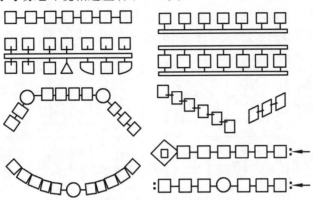

图4.36 线式组合

②中心式组合。一般由一系列的次要空间围绕一个大的占主导地位的中心空间构成。中心空间的尺寸要足够大,并大到足以将其他次要空间集中在周围。次要空间的功能、尺寸可以完全相同,从而形成规则的、两轴或多轴对称的整体造型;也可以互不相同,以适应各自不同的功能需要和相对的重要性及周围环境的要求。中心式组合本身无方向性,因而应将通道和入口的位置设置于次要空间并予以明确的表达,其交通路线呈辐射状、环形或螺旋形(图4.37)。

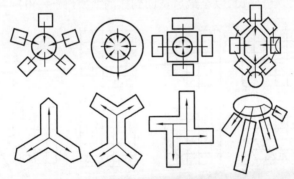

图4.37 中心式组合

③辐射式组合。由一个主导的中央空间和一些向外辐射舒展的线式空间组合而成,中心式及线式组合的要素兼而有之。与中心式组合相同,辐射式组合的中央空间一般也是规则的,其"臂膀"可以是在形式、尺度上相同或不同,其具体形式根据功能及环境要求来确定。不同的是,中心式组合是一个向心的聚集体,而辐射式组合则是一个向外的扩张,通过其线式"臂膀"向外伸展,并与场地特点和建筑场地的特定要素相交织。辐射式组合还有一个特殊的变体,即风车图式,其线式臂膀沿着正方形或规则的中央空间的各边向外延伸,形成一个富有动势的风车翅,视觉上产生一种旋转感(图4.38)。

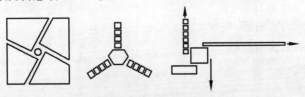

图4.38 辐射式组合

④组团式组合。通过紧密连接使各个空间互相联系的空间形式。其组合形式灵活多变,并

不拘泥于特定的几何形状，能够较好地适应各种地形和功能要求，因地制宜，易于变通，尤其适于现代建筑的框架结构体系的使用。组团式组合采用具有秩序性、规则性的网格式组合，使各构成空间具有内在的理性联系，整齐统一；也正因为如此，组团式空间也很容易混乱和单调乏味（图4.39）。

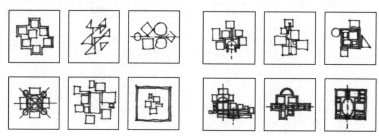

图4.39　组团式组合

　　⑤网格式组合。它是通过一个网格图案或范围而得到空间的规律性组合。一般由两组平行线相交，其交点建立了一个规则的点的图案，这就形成了网格，再由网格投影成第三度并转化为一系列重复的空间模数单元。为满足空间量度的特定要求，或明确一些作为交通和服务空间地带，可使网格在一个或两个方向呈不规则式；或因尺寸、比例、位置的不同造成一种合乎模数的、分层次的系列。另外，网格也可以进行诸如偏斜、中断、旋转等变化，并能使场地中的视觉形象发生转化：从点到线，从线到面，以至最后从面到体的变换（图4.40）。

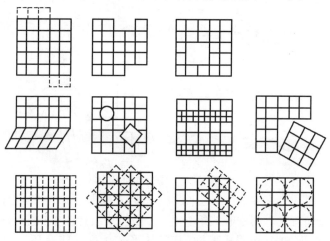

图4.40　网格式组合

复习思考题

　　1.形态构成的含义是什么？

　　2.形态构成的主要分类有哪些？

　　3.平面构成的基本要素有哪些？

　　4.平面构成的基本形式有哪些？

　　5.什么是色彩构成？

　　6.什么是立体构成？

　　7.空间形态的基本特征是什么？

　　8.空间形态的限定方法有哪些？

实训1　形态构成练习1——平面及色彩构成练习

例图：

1. 实训目的

1) 重点

掌握平面构成与色彩构成技术。学习常见园林花台、种植池或造型墙面、地面的图案设计表达。

2) *教材关联章节*

绘图前结合教材"4.1　形态构成基本知识""4.2　平面构成""4 3　色彩构成"内容讲解。

3) *目的*

（1）通过实际案例，了解平面构成与色彩构成的含义、平面及色彩构成的相关知识。

（2）通过参照的手绘练习，最后能够徒手用平滑、流畅的线条设计出美观、大方、色彩搭配和谐的图案、图形。

2. 材料器材

（1）优秀平面构成作品、实际案例图片。

（2）铅笔、钢笔、直尺、三角板、圆规、彩色铅、记录本、速写本、A4 纸等。

3. 实训内容

（1）学习平面及色彩构成的相关知识。

（2）观看一些优秀的平面图案设计、色彩搭配优秀的作品。

（3）参照好的作品进行练习。

（4）独自完成平面图形、图案的创作、上色等。

4. 实训步骤

（1）课前准备：阅读课本、准备材料。

（2）现场教学：现场参观、现场讲解、现场记录、现场绘画。

（3）课后作业：整理资料、完成绘图。

（4）课堂交流：学习平面及色彩构成后的心得体会（作品展示交流）。

5. 实训要求

（1）认真听老师讲解，细心观察。

（2）记录重要的概念、注意事项和最终要求。

（3）认真参照优秀作品练习。

（4）注意观察优秀作品中的元素、要点、风格及特点。

（5）注意独自创作时避免雷同，有自己独到的造型与色彩表现。

6. 实训作业

完成一份平面及色彩构成的设计作品。图幅 A3。

要求：图形图案美观大方，有自己独到的表现风格，色彩搭配合理。

评分：总分（100 分）= 平面及色彩构成作品（80 分）+ 实训表现（20 分）

7. 教学组织

1）老师要求

指导老师 1 名。

2）指导老师要求

（1）通知学生带必需的学习用具、准备优秀作品及图片。

（2）全面组织实训教学及考评。

（3）讲解学习的目的及要求。

（4）帮助学生欣赏、了解优秀作品。

（5）随堂回答学生的各种问题。

3）学生分组

2 人 1 组，以组为单位进行各项活动，每人独立完成观看、学习平面及色彩构成作品，以组为单位进行交流。

4）实训过程

师生实训前各项准备工作→教师现场讲解答疑、学生现场提问记录练习→资料整理、平面及色彩构成作品→全班课堂交流、教师点评总结。

8. 说明

平面及色彩构成是重要的专业入门知识，在平面设计中，将各种形态要素按照形式美的法则进行组合、重构，形成一个适合需要的图形，点、线、面是 3 个基本要素，而色彩搭配是创造景观整体形象的重要方面之一。

通过观看学习优秀的作品再进行练习是一直较简单、快速的学习方法，同学们观看优秀作品得到一些启发，最终完成自己的创作。

实训 2　形态构成练习 2——立体构成练习

例图：

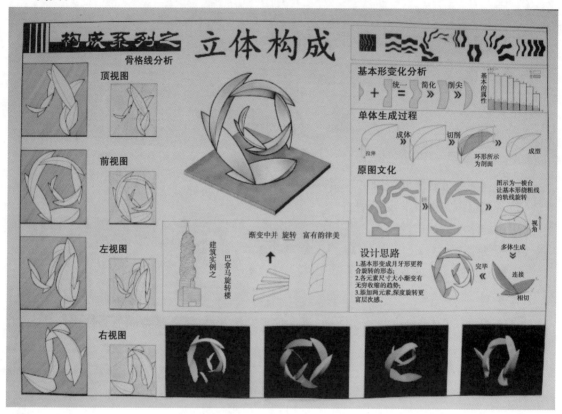

1. 实训目的

1）重点

掌握立体构成技术；学习常见园林构架设计表达。

2）教材关联章节

绘图前结合教材"4.1　形态构成基本知识""4.4　立体构成"内容讲解。

3）目的

（1）通过实际案例，了解立体构成的相关知识，能分析出案例的结构和组成。

（2）通过学习，了解和掌握立体造型的构成方法，并提高对立体设计中形式美规律的认识，提高设计能力和审美能力。

（3）通过学习，手工制作出从多个方向看都比较美观、有艺术感的立体手工作品。

2. 材料器材

（1）铅笔、钢笔、直尺、三角板、圆规、颜料水彩等。

（2）记录本、速写本、A4 纸等。

（3）橡皮泥、石膏、塑泥、纸板、吹塑纸、布、胶布、毛线、尼龙线、丝带、铁丝、竹木藤条和玻璃、塑料、金属等管形材料等。

3. 实训内容

(1)学习立体构成的相关知识和立体造型制作基本方法。
(2)观看一些优秀的立体雕塑、造型植物、石膏造型等。
(3)解析各个立体作品的组成、各方向的大致形象。
(4)独自完成立体的造型作品。

4. 实训步骤

(1)课前准备:阅读课本、准备材料。
(2)课堂教学:课堂讲解、记录、制作。
(3)课后作业:整理资料、完成制作。
(4)课堂交流:学习立体构成后的心得体会(作品展示交流)。

5. 实训要求

(1)认真听老师讲解,细心观察。
(2)记录重要的概念、注意事项和最终要求。
(3)认真参照优秀作品练习。
(4)注意观察优秀作品中的元素、要点、风格及特点。
(5)注意独自创作时避免雷同,有自己独到的设计。
(6)注意保持教室卫生。

6. 实训作业

完成一份有观赏性的立体设计作品。
要求:立体作品美观大方,有自己独到的设计风格,如果有多种色彩,需色彩搭配合理。
评分:总分(100 分)= 立体造型作品(80 分)+ 实训表现(20 分)。

7. 教学组织

1)老师要求

指导老师 1 名,辅导老师 1 名。

2)指导老师要求

(1)讲解学习的目的及步骤要求。
(2)强调学习的注意事项。
(3)全面组织现场教学及考评。
(4)现场随时回答学生的各种问题。

3)辅导老师要求

(1)准备立体造型制作的基本材料、用具。

（2）安排教室、场地。

（3）通知学生带必需的学习用具、材料，提前告知课程安排。

（4）现场随时回答学生的各种问题。

4）学生分组

2人1组，以组为单位进行各项活动，每人独立完成观看、学习立体造型作品，以组为单位进行交流。

5）实训过程

师生实训前各项准备工作→教师现场讲解答疑、学生现场提问记录练习→资料整理、制作立体的造型作品→全班课堂交流、教师点评总结。

8. 说明

立体较平面复杂，想象力、空间思维能力要求更高。立体是平面运动的轨迹，也可以是数个形体的叠加，或以一个形体相集聚。美观的立体造型在园林之中常作为标志、中心、焦点，是重要的园林组成部分，特别是在广场、欧式园林中运用较多。因此，立体构成规律是景观设计人员应该掌握的。

通过观看学习优秀的作品，有启发有想法后，将平面、曲面经过切割、折屈、压屈、拉伸或对空间的围绕封闭等方法，进行自己的具有三度空间的立体造型创作。这对学生的手动能力要求较高，却能使学生更好地认识、了解立体构成。

实训 3　形态构成练习 3——空间构成及模型制作练习

例图：

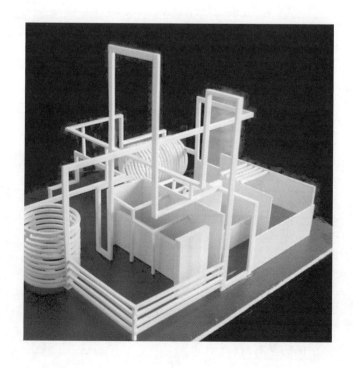

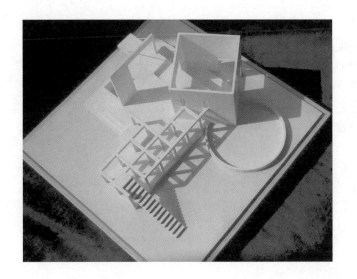

1. 实训目的

1) 重点

掌握立体构成技术。学习常见园林构架设计表达。

2) 教材关联章节

绘图前结合教材"4.1　形态构成基本知识""4.5　空间构成"内容讲解。

3) 目的

(1)通过模型制作视频,了解空间、立体构成的相关知识,能分析独立的结构和组成。

(2)通过学习,手工制作较复杂的模型作品。

2. 材料器材

(1)铅笔、钢笔、直尺、三角板、圆规、颜料水彩等。

(2)记录本、速写本、A4 纸等。

(3)纸板、雕塑泥、泡沫、胶泥、吹塑纸、木棍、铁丝、胶布、胶水等。

3. 实训内容

(1)学习形态构成的相关知识。

(2)观看一些模型制作视频。

(3)了解模型制作时的注意事项。

(4)独自完成模型的造型作品。

4. 实训步骤

(1)课前准备:阅读课本、准备材料。

(2)课堂教学:课堂观看、讲解、记录、制作。

(3)课后作业:整理资料、完成制作。

(4)课堂交流:学习形态构成后的心得体会(制作课件与作品展示)。

5. 实训要求

(1)认真听老师讲解,细心观看视频。

(2)记录重要的概念、注意事项和最终要求。

(3)认真观察优秀的模型制作,吸取精华。

(4)注意独自创作时避免雷同,有自己独到的设计。

(5)注意保持教室卫生。

6. 实训作业

完成一份园林空间组合构成模型作品。

要求:模型作品布局合理,贴合实际,模型牢固,如果有多种色彩,需色彩搭配合理。

评分:总分(100 分) = 模型作品(80 分) + 实训表现(20 分)。

7. 教学组织

1)老师要求

指导老师 1 名,辅导老师 1 名。

2)指导老师要求

(1)讲解学习的目的及步骤要求。

(2)强调学习的注意事项。

(3)全面组织现场教学及考评。

(4)随堂回答学生的各种问题。

3)辅导老师要求

(1)准备立体造型制作的基本材料、用具。

(2)安排教室、场地。

(3)通知学生带必需的学习用具、材料,提前告知课程安排。

(4)随堂回答学生的各种问题。

4)学生分组

2 人 1 组,以组为单位进行各项活动,每人独立完成观看、学习立体造型作品,以组为单位进行交流。

5)实训过程

师生实训前各项准备工作→教师现场讲解答疑、学生现场提问记录练习→资料整理、制作立体模型作品→全班课堂交流、教师点评总结。

8. 说明

此次模型制作比之前的立体构成要复杂,立体构成是独立三度空间立体造型,而空间构成及模型制作是将较统一、搭配的独立的立体物品组成起来,成为一个空间整体。因模型制作较费时,教学注意通过视频,然后老师讲解完成。这对学生的手动能力要求较高,却能使学生更好地认识、了解形态构成,完成模型制作。

5 风景园林设计入门

[本章导读]

该章先从广度上介绍了风景园林设计程序,然后又从深度上通过对景观进行调查与分析,以探讨场所功能、活动状况以及场地中植物景观对人的影响等一系列因素,使学生能够对景观的性质空间和形式空间作出评价,最后引导学生进行简单的"环境景观设计"作业练习,了解与实践风景园林设计的全过程。其中包括的内容有:风景园林设计的职责范围;风景园林设计的特点与要求;风景园林设计的方法;景观设计案例分析中的调查与分析;简图绘制;案例评价;方案任务分析;方案的构思与选择;方案的调整与深入;方案设计的表现。通过本章的学习,学生需掌握风景园林设计特点、基本原则及设计方法,了解风景园林设计的过程。

在掌握了基本的绘图方法、具备了多种表现技法与形象思维的能力之后,便进入设计阶段。一切基础训练都是为了从容面对各种设计课题,通过设计课题的练习完成向高年级设计课的过渡。

认识风景园林设计

5.1 认识风景园林设计

也许有些风景园林专业的学生认为把设计做好只要投入相当的时间和精力即可。其实不然,对于设计而言,掌握好设计的方法是至关重要的,这样在真正面对一个设计题目时,在收集了相关信息资料后,遵循一定的设计方法才能把设计工作推向深入。当然风景园林设计本身就是一门综合性很强的学科,要想设计好园林,还必须对园林有深入透彻的了解。本节从认识风景园林设计开始进行风景园林设计方法的讨论。

5.1.1 风景园林设计的内容

风景园林设计是一个由浅入深不断完善的过程,风景园林设计者在接到任务后,应该首先充分了解设计委托方的具体要求,然后善于进行基地调查,收集相关资料,对整个基地及环境状况进行综合概括分析,提出合理的方案构思和设想,最终完成设计。

风景园林设计通常主要包括方案设计、详细设计和施工图设计三大部分。这三部分在相互联系相互制约的基础上有着明确的职责划分。

方案设计作为风景园林设计的第一阶段,它对整个风景园林设计过程起到的作用是指导性的,该阶段的工作主要包括确立设计的思想、进行功能分区,结合基地条件、空间及视觉构图,确定各种功能分区的平面位置,包括交通的布置、广场和停车场地的安排、建筑及入口的确定等内容。

详细设计阶段就是全面地对整个方案各方面进行更为详细的设计,包括确定准确的形状、尺寸、色彩和材料,完成各局部详细的平立剖面图、详图、园景的透视图以及表现整体设计的鸟瞰图等。

施工图阶段是将设计与施工连接起来的环节,根据所设计的方案,结合各工种的要求分别制订出能具体、准确地指导施工的各种图纸,能清楚地表示出各项设计内容的尺寸、位置、形状、材料、种类、数量、色彩以及构造和结构,完成施工平面图、地形设计图、种植平面图、园林建筑施工图等。

5.1.2　风景园林设计的实质是空间设计

创造空间是风景园林设计的根本目的之一。在用地规划、方案设计中已理清了各使用区之间的功能关系及其与环境的关系,在此基础上还需将其转化为可用的、符合各种使用目的的空间。

规划主要是平面的布置,而设计主要是立体空间的创造。每个空间都有其特定的形状、大小、构成材料、色彩、质感等构成因素,它们综合地表达了空间的质量和空间的功能作用等。设计中既要考虑空间本身的这些质量和特征,又要注意整体环境中诸空间之间的关系。

1)风景园林空间的属性

风景园林空间中的围合性质,使人在不同围合程度的空间具有不同的心理感受。开放性和私密性体现在空间的围合质量上,而空间的围合质量与封闭性有关,主要反映在垂直要素的高度、密实度和连续性等方面。高度分为相对高度和绝对高度,相对高度是指围合墙面的实际高度和视距的比值,通常用视角或高宽比 D/H 表示(图5.1)。绝对高度是指围合墙面的实际高度,当围合墙面低于人的视线时空间较开敞,高于视线时空间较封闭。空间的封闭程度由这两种高度综合决定。影响空间封闭性的另一因素是围合墙面的连续性和密实程度。同样的高度,围合墙面越空透,围合的效果就越差,内外的渗透就越强。不同位置的围合墙面所形成的空间封闭感也不同,其中位于转角的墙的围合能力较强(图5.2)。空间封闭感强,则私密性强;反之,空间封闭性弱,即开放性强。

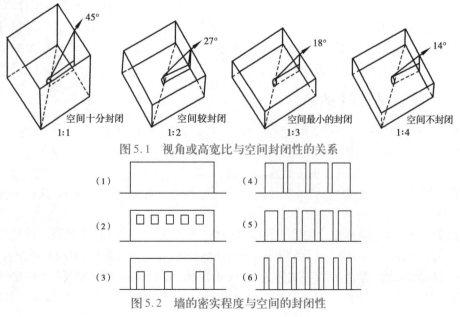

图5.1　视角或高宽比与空间封闭性的关系

图5.2　墙的密实程度与空间的封闭性

2）空间构成要素的处理

"底界面""顶界面""围合墙面"是构成风景园林空间的三大要素。底界面是空间的起点、基础；围合墙面因地而立，或划分空间或围合空间；顶界面的主要功能是遮挡。底界面与顶界面是空间的上下水平界面，围合墙面是空间的垂直界面。与建筑室内空间相比，外部空间中顶界面的作用要小些，围合墙面和底界面的作用要大些，因为围合墙面是垂直的，并且常常是视线容易到达的地方（图 5.3）。

空间的存在及其特性来自形成空间的构成形式和组成因素，空间在某种程度上会带有组成因素的某些特征。顶界面与围合墙面的空透程度、存在与否决定了风景园林空间的构

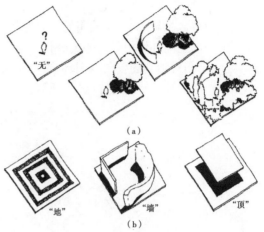

图 5.3　空间的产生和构成要素
（a）空间的产生：有与无；（b）构成空间的三要素

成，底界面、顶界面、围合墙面诸要素各自的线、形、色彩、质感、气味和声响等特征综合地决定了空间的质量。充分利用园林要素的特性，可以营造出丰富的空间。因此，首先要撇开底界面、顶界面、围合墙面诸要素的自身特征，只从它们构成风景园林空间的方面去考虑诸要素的特征，并使之能准确地表达所希望形成的空间的特点。

（1）空间中"底界面"的处理　"底界面"是园林空间的根本，不同的"地"体现了不同空间的使用特性。宽阔的草坪可供坐憩、游戏；空透的水面、成片种植的地被物可供观赏；硬质铺装、道路可疏散和引导人流。通过精心推敲的形式、图案、色彩和起伏可以获得丰富的环境，提高空间的质量。

（2）空间中"顶界面"的处理　"顶界面"是为了遮挡而设，风景园林空间中的顶界面有很多类型。景观拉膜可供遮阳避雨；廊架、花架可供休憩观赏。不同的造型、材质、色彩的顶界面，可以创造不同的空间。

（3）空间中"围合墙面"的处理　"围合墙面"因地而立，或划分空间或围合空间。植物和构筑物等都可以起到划分或围合空间的作用，高度不同的植物组合，可以营造出不同类型的景观空间，如封闭空间、半开敞空间等。

5.2　风景园林空间认知

创造空间是风景园林设计的根本目的之一。在创造空间之前应该对空间的功能关系及其与环境的关系、景观效应、周边资源（风土人情、文化、野生资源）等有所了解，对风景园林空间有所认识，才能对风景园林空间作出正确的评价。每个空间都有其特定的形状、大小、构成材料、色彩、质感等构成因素，它们综合地表达了空间的质量和空间的功能作用。评价时既要考虑风景园林空间本身的这些质量和特征，又要注意整体环境中诸空间之间的关系。

5.2.1　风景园林空间认知的基本方法

风景园林空间认知的基本方法有哪些？它是怎样的一种手段？在下面的内容中我们将以

某高校的校园公共空间共青团花园为例来进行详细的讲解。该校用地布局规整,教学组团和生活组团相对独立,系统性强,道路线形平直,空间结构清晰,建筑风格基本统一。共青团花园位于该大学南校区主轴线上,是校园的重要开放空间和节点,介于中观和微观空间环境之间,在整个校园的外部空间环境中具有一定的代表性。共青团花园始建于1957年,为对称几何式下沉花园,是一个相对独立的校园空间环境,周围有38教学楼、行政大楼、33教学楼、图书馆等建筑(图5.4)。这里是校园最具特色的场所之一,是学生重要的休憩场所。

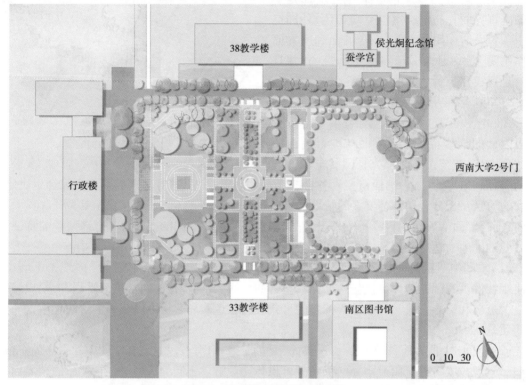

图5.4　共青团花园平面关系图

在对共青团花园进行空间认知之前,先要了解风景园林空间认知的活动有哪些。风景园林空间认知过程需要3种活动:一是记录与认知环境有关的各种因素和信息;二是分析信息,以获得对认知环境的了解;三是掌握场地测绘的相关知识。每一种活动记录、分析,对设计者都能提供很大的帮助。熟练掌握记录信息、分析信息和场地测绘的方法,也就是掌握风景园林空间认知的方法。

1)记录

风景园林空间认知的基础就是收集和记录信息。收集与记录信息就是对具体问题、设计前例以及我们所居住的环境的信息的收集,然后去体验设计成果的质量,而我们对环境和生活的体验深度和多样性,可以指导我们分析问题和解决问题的实践。空间认知就需要对解决这些问题的实践进行记录。

在不同场合下记录信息需要一套综合的技巧:观察、感知、辨别、交流、统计。为了风景园林空间认知有个好开端,我们需要了解这些技巧。

(1)观察　在进行收集和记录信息之前,我们应该先学会观察。要合理安排时间去仔细观察对象,掌握风景园林空间的特征,然后用速写的方式记录。

在对共青团花园进行观察时,主要对空间构成要素"底界面""顶界面""围合墙面"进行观察,记录下一些符号化的特征和速写图,同时可借助摄影影像记录等方式(图5.5)。

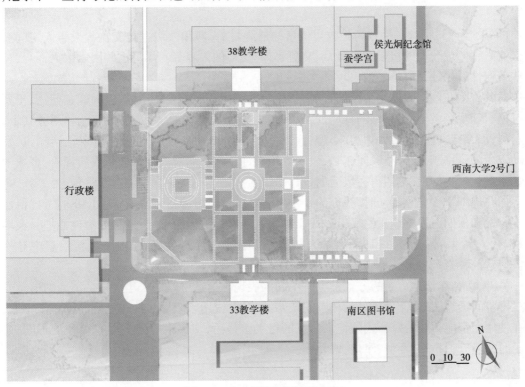

图 5.5 共青团花园场地布置图

(2)感知 当我们习惯收集和记录信息时,就会发现对所有事物的信息了解得更多。画了场地后,我们会注意到不同类型的场地,如宽阔的草坪、空透的水面、成片组织的地被物和硬质铺装,它们以不同的形式、图案、色彩和起伏构成风景园林景观。这些信息不仅可以作为真实素材来记录,而且其对场地的体验也可以作为重要信息来记录。

对共青团花园进行信息收集和记录后,就会有新的感知,"底界面"是由规则的草坪、硬质铺装和水面以不同的形式、图案、色彩组成,而"围合墙面"是由不同高度的植物划分或围合空间。

笔记的目的在于表达而不是画得漂亮,因此,记录这些新感知有很多方法:可以加文字说明,并用箭头指出信息,特殊物体速写则可用大比例,以获取更细致、更准确的记录。最初的速写图也可用平面图、剖面图或图表等形式来补充表现更多的观察结果。

(3)辨别 辨别是对加强感知力的补充。尽管我们期待提高做视觉笔记的速度与精确度,但时间仍是限制因素,即使对最有成就的画家来讲也是如此。信息有多个层次,我们希望把精力集中在对我们的工作有重要意义的特殊信息上,在这样做时,我们练习辨别我们笔记的主题,也可辨别符号的种类。

有些设计师收集和记录信息取得很好的效果,他们运用概括的方法,尽管别人不易看懂,但是他们的绘画有用。这方面特别好的例子是卡通画画家的作品,他们表达方式的特点,是力求用最节省的手段;他们的画简洁、清晰,值得人们学习。

在对共青团花园进行记录时,总的关注点涉及共青团花园的利用方式、利用率、环境氛围、设计风格、设施元素、周围交通建筑、绿化景观、空间效果、使用人群等各方面的问题。我们主要是对景观效果和空间功能情况进行调查,要记录的是景点的布局情况、景观效果和空间使用情况。

（4）交流   最后这一种技巧是收集信息的最终目的,即和人们进行交流。人与人之间有效的交流必须考虑预期的接受者或听众、交流媒体、交流的内容等。尽管这些因素因人而异,但有一些普遍性看法还是有帮助的。

对共青团花园空间使用情况调查时,学生为共青团花园的使用主体,教师偶尔使用,主要为穿过通行和现场教学。另外还有部分游人和校内工作人员在此游憩、维护等。利用方式上,主要有晨读、穿行、驻足、谈话、休憩、小型聚会等。上述活动基本上都是属于自发性活动,自发性活动发生的频率越高,持续时间越长,表明环境条件越好。而对整个环境景观的评价,多数学生感觉景观效果良好,很多值得在以后的设计中借鉴。

而在规划室内交流活动时,我们的一个有利条件就是对接受者很了解。让我们考虑他们的思维方式和他们对视觉刺激的反应方式。有的人能有效地运用思维,这是因为他能把一大堆信息移开,一次只专注于一件事;而有的人则喜欢多样性与合理性,乐于在一大堆信息中寻找思想。使这两种人产生最佳反应的信息的形式是不同的。

另外,在利用信息记录的方式上也有不同的表现。信息可以用来建立一个精确的模型或一张三维空间透视图,并作为风景园林空间认知的基础,或用来激发对特殊主题的进一步思考,这些在使用上都能得到特殊形式的记录信息的帮助。最后,交流内容因人而有很大的不同,这取决于时间、场所、条件、环境、序列、偏爱等。

2）分析

风景园林空间认知的第二步就是研究所收集的信息。正如我们所看到的,记录信息本身对设计师就有相当大的帮助,但记笔记的潜在作用超过了记录本身。一个人的洞察力可以通过思考和观察而获得加强。通常第二次观察一个物体,会产生新的思想或反馈出新的意义。为了了解收集到的信息的用处,我们将探讨对分析有用的技巧,即审查、概括和重构。

（1）审查   对记录信息的过程进行分析,如同直接观察一样,可能是一个发现的过程,大部分对于观察的建议也可以用来分析信息。我们绝不能认为因为我们做了记录,所以,我们就会知道其中包含的全部信息。要对记录的信息进行重新审查,以从中发现一些有用的信息,对风景园林空间有更进一步的认识。

在对共青团花园的记录信息进行审查时发现,共青团花园所处的位置,决定了它的使用者主要是在校学生和教职工,同时也对它的功能提出了要求。共青团花园是学生上课的必经之地,所以强制性穿越的人很多;环境清幽,适合学习,很多人在此晨读,就对坐凳有要求;已经设置的坐凳,吸引学生在此聚会搞活动,同时也对坐凳周围的景观提出更高的要求,在要求改善局部景观的同时要求增加一些私密性空间。

好的记录信息的价值在于它对物体有下意识的反应,例如绘画中最初画的阴影图案,是视觉受到刺激的结果,经过重新审查,设计师就能发现产生阴影的原因。另外一个例子,是原画中包括多根探索某种形式的流动线条,经研究发现这些线条可能暗示着在建筑物中包括自然植被或曲线形状。这种审查可用新草图记录下来,也可直接修改或补充原作。

（2）概括   通常仔细修改记录信息有利于分析。一种概括方法是只选择一个或几个特征来表现。另一种概括的方式,是把记录的信息变成较不特殊的形式,变成视觉代号或语言符号,这种过程可揭示普遍性与结构性的东西,从而能够被传递到其他相关事物或设计问题上。符号化的图像有助于我们忽略设计的特殊风格,而关注到形体的构图,它也能暗示设计的更多意义或功能。风景园林空间认知就是对风景园林景观进行分析,概括出一些便于应用到设计中的共性的东西。

共青团花园中的视觉代号有雕塑、水池、草坪和铺装,而它们组合的方式不同,就会形成不同的效果。共青团花园为对称几何式下沉花园,而这个风格的形成是由于它位于校园南区中心轴线上,要和整体的建筑风格相统一。

概括在绘图中的作用,通过画一幢简单的建筑和其窗户的轮廓线,就可以更清楚地发现建筑式样与窗户之间的关系,以及窗户对主要建筑物形体构图的影响。画出一座城市中的综合大楼平面视图的反图像,就可以分清公共空间和私密空间的关系。这就是概括的作用,通过对视觉笔记的分析,可以发现事物的特征。

(3)重构　通常,分析记录的信息会促使人们对所发现的图形进行取舍的思索。如果栏杆的护板被雕成有趣的装饰纹样的话,那么,在护板上研究不同的雕刻所产生的效果将是很有益处的。同样,很多视觉形象可以从概括的图形中重构而成。这些操作激发了人们的思想,使设计师把记录的信息移到了其他主要领域,即设计研究上。

对一些市政广场的雕塑景观进行分析,就可以发现,由于周围植物的生长,中心的雕塑显得体量过小,与周围环境不协调。这说明在以后的设计中,标志性物体的设置,体量和尺寸应该是最为关注的因素。

3)场地测绘图

(1)测绘内容　场地测绘图通常也被称为场地地图、资产平面图或竣工测绘图,本书将之称为场地测绘图。测绘图中给出的信息如下:场地所在地、场地边界线长度、场地布局、公共道路用地、功能分析和景观视线分析、交通分析和竖向空间分析。

校对场地测绘图,就是为了确保场地测绘图的正确性和时效性,在某些必要的地方进行测量,这样可以避免无谓的尴尬和浪费时间。上次测量后的某些改动或更新有可能会影响场地测绘图的准确性。

在向场地上添加物体和进行平面布局时都需要对场地进行测量。由于场地测绘图有时并不包括场地上的所有物体或区域,因此对场地进行准确测量就尤为重要。测量方法有如下几种:

①步测法。如果手边没有卷尺或测距仪,也可以使用步测的方法进行测量,保持步幅等于1 m即可。对大多数人来说,这一大步的步幅要比平时的步幅稍长。花点时间练习步测就可以准确掌握1 m的步幅。标出10 m的路程来练习步幅,以1 m一步恰好10步走完。

②直接测量法。它是测量两点间距离的简便方法。使用卷尺进行测量时要把尺子拉紧,卷尺上的任何部分稍有松弛就会导致测量数据失真。

③基线测量法。它是沿一条线测量可以同时获得多个测量数据的最快方法。它避免了时时移动卷尺,从而减少了误差的累积。利用基线测量获得测量数据的方法是,以线的一端为起点,将卷尺拉紧至线的另一端。找出沿线每一点在尺子上的位置并记录测量数据。只放尺一次,可以避免反复固定卷尺的麻烦及两次测量间的错误累积。

④方格网法。它可用来确定物体的位置或准确绘制场地平面上的某个区域。在已测的网格中可利用现有模型来定点以测量平行线。现有模型可以是房屋、建筑物或路缘等。可以利用平行线的长度来沿曲线定点,然后进行连接。

（2）场地定位　需要在场地中进行定位的物体有乔木、灌木及其他物体，定位方法可用方格网法。附属建筑的面积，定位方法可用直接测量法测面积。人行道、车行道、种植床或其他永久性设备，定位方法可用方格网法、直接测量法。

（3）绘制底图　根据场地测绘图和所得的全部测量数据，就可以按照适合平面图的比例来绘制草图了。草图也是一种平面图，它包括场地上所有的永久性物体及区域，它们都会影响到场地测绘图中所没有的设计方案。有些人也将这种平面图称为场地平面图。

绘制底图的步骤如下：

①绘制场地的边界线。注意比例问题，绘图时应使用描图纸，以便进行注释和更改错误，稍后再将图誊在绘图纸上。

②通过定点来确定布局图，如果无法确定场地标桩的所在位置，也可以通过测量其他的固定点来确定布局图。例如，可以确定车行道与路缘或栅栏（一般距场地边界线较近）的交汇处位置。

③添加其他物体和区域。现在可以向底图中添加场地上原有的其他物体或区域了。这一工作包括：用方格网测量法确定现有种植床和车行道的位置，用方格网画法绘制植物配置图。

此时，绘有场地边界线和布局图的底图即将宣告完成。接下来就可以将其置于绘图纸上进行描图、分析和评价。

5.2.2　风景园林空间认知的内容

在掌握了风景园林空间认知的方法后，我们要对风景园林空间认知内容进行了解。风景园林空间认知的内容可以概括为以下几个方面：

①风景园林空间基地情况及周边环境。

②风景园林空间的使用情况。

③风景园林空间的景观效果。

④风景园林空间中的植物景观。

1）风景园林空间环境调查内容

针对风景园林空间认知的内容，要进行环境调查。环境调查的过程可以分为 3 个阶段，即测绘风景园林空间、进行基地情况及周边环境评价、景观效应的评价。调查风景园林空间中植物的种类和植物景观的效果，通过问卷调查或者口头调查的形式了解风景园林空间的使用功能。

下面以共青团花园为例，按照这 3 个阶段展开环境调查。

（1）风景园林空间的基地情况及周边情况调查

①从交通关系入手调查。把场地周围的交通、人流关系调查清楚。交通关系的状况，可以影响人使用风景园林空间的情况。一般人的行为分为有目的、无意识和强制性行为，而风景园林空间的作用，就是尽量把无意识的人流吸引进入景观中，使他们的行为变成有目的的行为。

②周边环境调查。包括场地的区位分析、与周围环境的布局图以及功能分析。场地都是处于一定的环境中，功能由场地所处的环境决定。校园公共空间的功能，就是为在校的学生提供休憩、学习和聚会的地方。

③场地情况调查。具体到场地内部的情况调查就要细化，包括景观视线分析、景观节点分析和场地内部功能分区调查。景观视线分析是在整体把握景观效果的基础上作出的分析，是对景观的宏观感受。景观节点分析是对局部景观的效果进行评价，可以从中吸取一些设计的理

念。场地内部功能分区,是分析场地布局合理与否的重要标准。

（2）风景园林空间中植物景观调查　内容包括风景园林空间中植物种类调查,以及植物配置模式调查。针对植物景观的分析,可以从植物的配置模式和色彩两个方面分析。植物的配置模式是指植物是自然式配置模式还是几何整形式配置模式,提出适合风景园林空间的配置模式;植物色彩是指植物的季相变化是否丰富,在景观认知中如何,提出修改意见。

（3）风景园林空间使用功能的调查　利用问卷法对共青团花园进行定量研究,以检验学生对共青团花园评价的内在心理标准,并探讨评价指标相互间的重要性,找到对花园不佳评价的主要原因。

调查问卷的评价因子由 5 个大的方面构成:

①可视因子。包括设计风格和对花园景观感受的影响。

②文化气氛因子。包括共青团花园在学校环境中的地位和对环境气氛的感受。

③影响使用的因子。包括利用率、人行通道的使用便利性、休息设施、铺地材料及空间划分和使用。

④空间环境因子。即使用者对围合的空间感受。

⑤景观环境因子。包括绿化和景观。

2）风景园林空间分析图纸

针对风景园林空间调查的内容,需要绘制出相应的分析图纸。简短的文字说明和绘图技法能够有效地表现分析图,在草图上绘出分析图之后,就可以进行下一阶段的风景园林空间评价工作。分析图主要包括以下一些图纸:

（1）校园总图及区位分析图　表示该景观空间在校园中的区域位置及与校园其他绿地和景点等的相互关系的图纸(图5.6)。

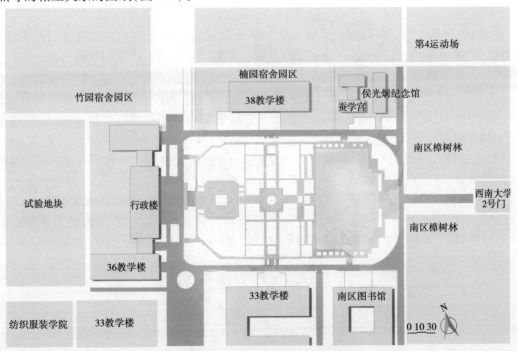

图5.6　共青团花园区位图

（2）校园交通图　表示校园主要道路走向、交通量及与该景观空间的交通联系的图纸。在图上要确定出主要出入口、主要广场的位置及主要环路和消防通道的位置。同时确定主干道、次干道的位置(图5.7)。

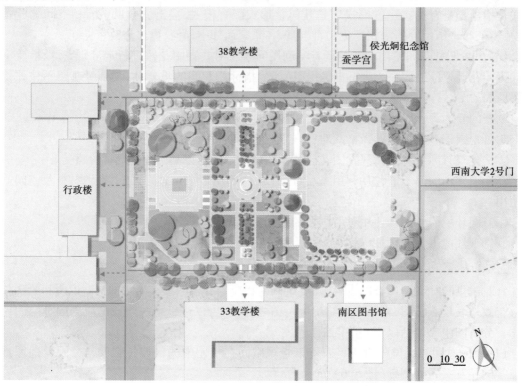

图5.7　共青团花园交通图

（3）场地布局草图　将调查的景观空间中各类设计要素（建筑物、构筑物、山石、水体、植物、道路、广场铺装、景墙、花池……）轮廓性地表示在图纸上。这张图纸除平面图外，各主要景点应附有彩色效果图，并可拍成彩色照片(图5.8)。

（4）功能分析图(泡泡图)　将景观空间分为几个空间,确定每个空间的位置与功能,应该使不同的空间不仅能反映不同的功能,又能反映各区内部设计因素间的关系,并运用功能与形式统一的原则进行分析(图5.9)。

（5）景观视线分析图　在功能分析图的基础上,分析景观空间内的视线关系,标明各景观节点的位置,标明景观视线的优劣关系(图5.10)。

（6）植物景观分析图　主要表现树木花草的种植位置、品种、种植方式、种植距离等。在图样上,表示出树冠的大小、树干的位置以及植物之间的位置关系。用图形、符号和文字表示设计种植植物的种类、种植方式、数量(图5.11)。

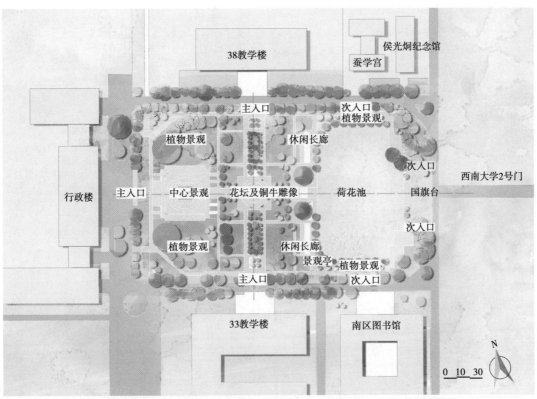

图 5.8　共青团花园景观布局图

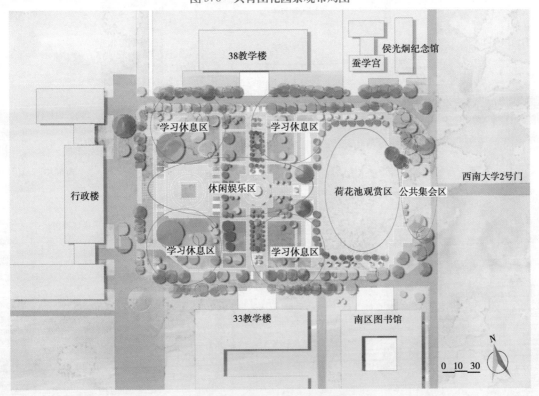

图 5.9　共青团花园景观功能图

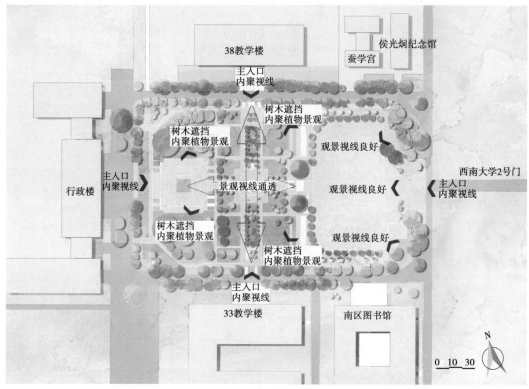

图 5.10　共青团花园景观视线分析图

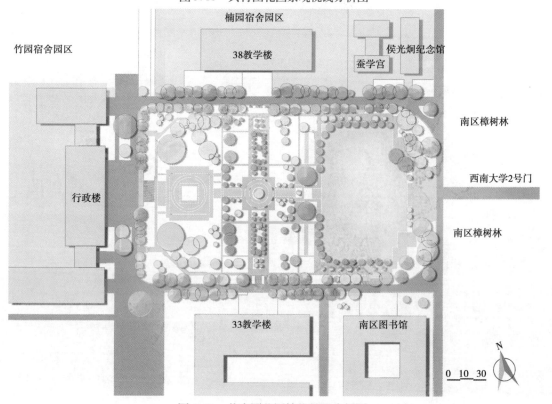

图 5.11　共青团花园植物景观分析图

风景园林方案设计方法

5.3　风景园林方案设计方法

功能和形式对于设计者来说,是始终要关注的两个方面。方案设计的方法大致可分为从逻辑思维入手和从形象思维入手两大类。它们最大的差别主要体现为方案构思的切入点与侧重点的不同。

"逻辑思维"对于风景园林设计来说是有重要意义的,逻辑思维的进行是通过一系列的推理而寻求"必然地得出"。设计具有强烈的目的性,它的最终结果就是要获得"必然地得出"——在社会生产、分配、交换、消费各领域中满足目标市场,体现多种功能,实现复合价值。因此,当逻辑思维被引入设计领域时,它便可以成为一种行之有效的理性方法或工具,从而指导设计的思考及实践过程。

"形象思维"是一种较感性的思维活动,是一种不受时间、空间限制,可以发挥很大的主观能动性,借助想象、联想甚至幻想、虚构来达到创造新形象的思维过程;它具有浪漫色彩,并也因此极不同于以理性判断、推理为基础的逻辑思维。形象思维在设计过程中体现了非常重要的指导意义,它作为设计思维的重要组成部分,给设计者提供三种具体表现形式:首先是原形模仿表现形式,其次是象征表现形式,最后一种是规定性表现方式。总之,无论哪一种表现方法都是形象思维在设计活动中的具体应用,它是一种实用的方法,在实践中具有很大的灵活性。

在掌握了多种表现技能与形象思维的能力后,便进入了方案设计的阶段。方案设计的阶段由以下几个方面组成。

5.3.1　方案任务分析

1)风景园林设计程序的特点和作用

设计程序有时也称为"课题解决的过程",它通常指遵循一定程序的不同设计步骤的组合,这些设计步骤是经过设计工作者长期实践总结,被建筑师、规划师、风景园林师广泛接受并用来解决实际设计问题。

(1)风景园林设计程序的特点

①为创作设计方案,提供一个合乎逻辑的、条理井然的设计程序。

②提供一个具有分析性和创造性的思考方式和顺序。

③有助于保证方案的形成与所在地点的情况和条件(如基地条件、各种需求和要求、预算等)相适应。

④便于评价和比较方案,使基地得到最有效的利用。

⑤便于听取使用单位和使用者的意见,为群众参加讨论方案创造条件。

(2)风景园林设计程序的作用

在风景园林空间设计中,典型的设计程序包括下列步骤:

①设计任务书的熟悉和消化。

②基地调查和分析阶段。a.基地现状调查内容;b.基地分析;c.资料表达。

③方案设计。a.理想功能图析;b.基地分析功能图析;c.方案构思;d.形式构图研究;e.初步总平面布置;f.总平面图;g.施工图。

④回访总结。上述设计步骤表示了理想设计过程中的顺序,实际上有些步骤可以相互重叠,有些步骤可能同时发生,甚至有时认为有必要改变原来的步骤,这要视具体情况而定。

　　初学者应理解,优秀设计的产生不是一蹴而就的,也没有不费力气就能解决实际设计问题的方程式和智力。设计也不仅仅是在纸上绘图,构思卜有特点的设计要求有敏锐的观察力、大量的分析研究、思考和反复推敲以及创造的能力。应注意的是,设计包含两个方面:一是偏理性方面,如编制大纲、收集信息,分析研究等;二是偏直觉方面,如空间感受、审美、观赏等。而设计程序是达到目标所采取的方法、手段,包括理性和直觉两个方面,这对设计者在组织工作、思考问题和对可能产生的最好的设计有很大帮助。

2) 设计前的准备和调研

　　设计前的准备和调研,是一项相当重要的工作。采用科学的调研方法取得原始资料,作为设计的客观依据,是设计前必须做好的一项工作。它包括:熟悉设计任务书;调研、分析和评价;走访使用单位和使用者;拟订设计纲要等。

　　(1)设计任务书的熟悉和消化　设计程序的第一步是熟悉设计任务书。设计任务书是设计的主要依据,一般包括设计规模、项目和要求,建设条件,基地面积(通常有由城建部门所划定的地界红线),建设投资,设计与建设进度,以及必要的设计基础资料(如区域位置,基地地形、地质,风玫瑰图,水源、植被和气象资料等)和风景名胜资源等。在设计前必须充分掌握设计的目标、内容和要求(功能的和精神的),熟悉地方民族及社会习俗风尚、历史文脉、地理及环境特点、技术条件和经济水平,以便正确地开展设计工作。

　　(2)调研和分析　熟悉设计任务书后,设计者要取得现状资料及其分析的各项资料,在通常的情况下,还要进行现场踏勘。

　　园林拟建地又称为基地,它是由自然力和人类活动共同作用所形成的复杂空间实体,它与外部环境有着密切的联系(图5.12)。在进行园林设计之前应对基地进行全面、系统的调查和分析,为设计提供详细、可靠的资料与依据。基地的现场调查是获得基地环境认知和空间感受不可或缺的途径。

　　①基地现状调查内容。基地现状调查包括收集与基地有关的技术资料和进行实地勘察、测量两部分工作。有些技术资料可从有关部门查询得到,如基地所在地区的气象资料、基地地形及现状图、各种相关管线资料、相关的城市规划资料等。对查询不到的但又是设计所必需的资料,可以通过实地调查、勘测得到,如基地及其周边环境的视觉质量、基地小气候条件、详细的现状植被状况等。如果现有资料精度不够、不完整或与现状有差异,则应重新勘测或补测。基地现状调查的内容涉及以下几方面:

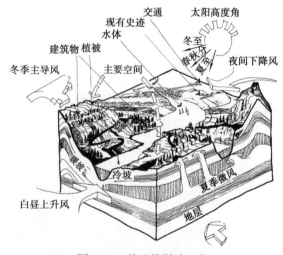

图5.12　基地的影响因素

　　a.自然条件:地形、水体、土壤与地质、植被。

　　b.气象资料:日照条件、温度、风、降雨。

　　c.人工设施:建筑及构筑物、道路和广场、各种管线设施。

d. 人文及视觉环境:基地现状自然与人文景观、视域条件、与场地相关的历史人文资源。

e. 基地范围及其周边环境:基地范围、基地周边知觉环境、基地周边地段相关的城市规划与建设条件。

现状调查并不需要将以上所列的内容全部调查清楚,应根据基地的规模与性质、内外环境的复杂程度,分清主次目标。相关的主要内容应深入详尽地调查,次要的仅需作一般了解。

②基地分析。调查是手段,分析才是目的。基地分析是在客观调查和基于专业知识与经验的主观评价的基础上,对基地及其环境的各种因素作出综合性的分析与评价,趋利避害,使基地的潜力得到充分发挥。基地分析在整个设计过程中占有很重要的地位,深入细致的基地分析有助于园林用地规划和各项内容的详细设计,并且在分析过程中产生的一些设想通常对设计构思也会有启发作用。基地分析包括在地形资料的基础上进行坡级分析、排水类型分析,在地质资料的基础上进行地面承载分析,在气象资料的基础上进行日照条件分析、小气候条件分析等。

较大规模的基地需要分项调查,因此基地分析也应按不同性质的分项内容进行,最后再综合。首先,将调查结果分别绘制在基地底图上,一张底图上通常只作一个单项调查内容,然后将诸项内容叠加到一张基地综合分析图上(图5.13)。由于各分项的调查或分析是分别进行的,因此能够做得较细致与深入,但在综合分析图上应该着重表示各项的主要和关键内容(图5.14、图5.15)。基地综合分析图的图纸宜用描图纸,各分项内容可用不同的颜色加以区别。基地规模较大、条件相对复杂时可以借助计算机进行分析,例如很多地理信息系统(GIS)都具有很强的分析功能。

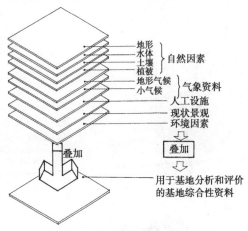

图5.13 基地分析的分项叠加方法

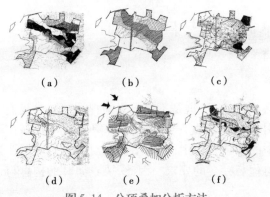

图5.14 分项叠加分析方法
(a)坡级图;(b)土壤;(c)地形排水;
(d)植被;(e)气候;(f)视觉条件

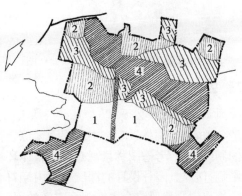

图5.15 分项叠加综合分析图

③资料表达。在基地调查和分析时,所有资料应尽量用图面或图解并配以适当的文字说明,做到简明扼要。这样资料才直观、具体、醒目,给设计带来方便。

带有地形的现状图是基地调查、分析不可缺少的基本资料,通常称为基地底图。基地底图应依据园林用地规模和建设内容选用适宜的比例。在基地底图上需表示出比例和朝向、各级道路网、现有主要建筑物,以及人工设施、等高线、大面积的林地和水域、基地用地范围等。另外,在需要缩放的图纸中应标山缩放比例尺图,用地范围采用双点画线表示。基地底图不要只限于表示基地范围之内的内容,也应给出一定范围的周边环境。为了能准确地分析现状地形及高程关系,也可作一些典型的场地剖面(图5.16、图5.17)。

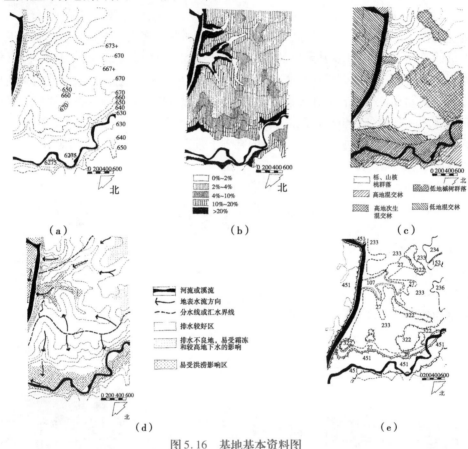

图5.16　基地基本资料图

(a)地形资料图;(b)坡级分布图;(c)植被现状图;(d)排水类型图;(e)土壤类型图

5.3.2　方案的构思推演

风景园林设计必须"以人为本",从人的实际需求出发,这是不变的大前提。但同时我们必须清楚地看到,园林景观是主客观因素综合作用的结果,因此对于设计,我们不能不考虑城市环境的制约作用,考虑园林景观在城市整体环境中的地位和作用;不能不认真对待自然环境要素的影响,使风景园林设计的深层文化内涵符合时代与社会的要求。因此,风景园林的构思与选择的过程中必然要综合主客观多方面的因素。

1)构思立意——功能推演

(1)功能空间的确定　涉及具体的功能设置,首先要确定风景园林空间具体的功能组成。在风景园林空间的设计之初,由于许多时候设计者不会收到特别详尽的任务书,因此许多具体功能只能自行确定。这就需要设计者对功能的设置要控制得当,过多不切合实际的功能设置,往往会使环境质量无法得到保证,空间也会变得凌乱不堪。

在明确了风景园林空间具体的功能组成以后,就需要为所设定的功能寻求相对应的室外空间。

这主要包括:确定不同的功能区所需要的空间的大小、形态、位置以及它们之间的组合关系等。

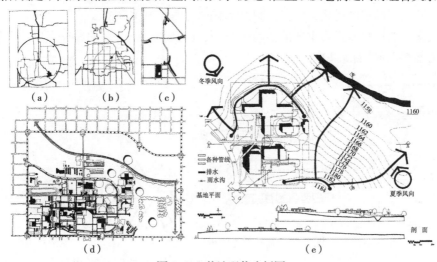

图 5.17　基地现状分析图

(a)城市及其环境范围;(b)基地在城市中位置;(c)基地与周围环境;

(d)基地与邻近环境;(e)基地状况

根据功能的要求在确定空间的大小时,有些情况下是比较明确的,如体育活动场地的尺寸几乎是定值,道路的尺寸可以根据车流或人流的情况加以推算;有些时候可以用最小值来控制;但更多的时候是"模糊的"。这主要是因为,很多情况下在功能的量化过程中,不仅要满足使用功能的要求,还需考虑其精神、文化功能以及与周围环境尺度上的和谐等。这时,设计人员没有确切的数值可供参考,但可以通过对同类环境的研究,凭借自己的经验和对场所功能的理解来进行推断。

根据风景园林空间的功能组成明确了相应的空间大小和形态特点以后,接下来就需要具体的功能组织。这些大小不等、形态各异的空间必须经过一定脉络的串联才能成为一个有机的整体,从而形成风景园林平面的基本格局。由于不同使用性质的园林景观其功能组成有很大差别,所以在进行功能组织时,必须根据具体的情况具体解决。但从设计过程来看,我们都是先对这些功能进行分类,明确功能之间的相互关系,再根据功能之间的远近亲疏进行功能安排。需要注意的是:在进行功能组织时,虽然应以满足使用的合理性为前提,但也要考虑与功能相对应的空间形态的组合效果。同一个园林景观对应的功能组织方式并不是唯一的,所以也没带来各种空间组合变化的可能,从而创造出不同的环境氛围,对于这些在设计中要有统一的考虑。这也是一个园林景观功能组织是否成功的重要依据。

(2)理想功能图析　功能空间的组织可以通过理想功能图来分析。理想功能图析是设计阶段的第一步,也就是说,在此设计阶段将要采用图析的方式,着手研究设计的各种可能性。它要把研究和分析阶段所形成的结论和建议付诸实现。在整个设计阶段中,先从一般的和初步的布置方案进行研究(如后述的基地分析功能图析和方案构思图析),继而转入更为具体和深入的考虑。

许多功能性概念易用示意图表示,比如用不规则的斑块或圆圈表示使用面积和活动区域。在绘出它们之前,必须先估算出它们的尺寸,这一步很重要,因为在一定比例的方案图中,数量性状要通过相应的比例去体现。比如要设计一个能容纳 50 辆车的停车场,就需要迅速估算出它所占的面积。

然后可用易于识别的一个或两个圆圈来表示不同的空间(图 5.18)。

简单的箭头可表示走廊和其他运动的轨迹,不同形状和大小的箭头能清楚地区分出主要和次要走廊以及不同的道路模式,如人行道和机动车道(图5.19)。

星形或交叉的形状能代表重要的活动中心、人流的集结点、潜在的冲突点以及其他具有较重要意义的紧凑之地(图5.20)。

图5.18　理想功能空间图析

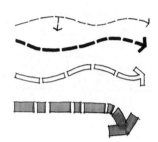

图5.19　道路通道图析

图5.20　集结点图析

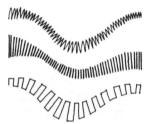

图5.21　区隔物图析

"之"字形线或关节形状的线能表示线性垂直元素如墙、屏、栅栏、防护堤等(图5.21)。

在这一设计阶段,使用抽象而又易画的符号是很重要的。它们能很快地被重新配置和组织,这能帮助你集中精力做这一阶段的主要工作,即优化不同使用面积之间的功能关系,解决选址定位问题,发展有效的环路系统,推敲一些设计元素为什么要放在那里并且如何使它们之间更好地联系在一起。普遍性的空间特性,不管是下陷还是抬升,是墙还是顶棚,是斜坡还是崖径,都能在这一功能性概念阶段得到进一步发展。

概念性的表示符号能应用于任何比例的图中,如图5.22所示的是一个住宅小庭院的设计实例。

另一个概念性方案的例子是一个社区的中心,它下一步的设计思路可以用以下简单的文字来表示:为了尽可能地减少现有小溪和植被的干扰,先把3个主要建筑物定位。设计能停放100辆小车的停车场,使汽车停车场出入口尽可能不相互影响,人行道便于通向邻近的街区。设计多用途的广场或古罗马式圆形竞技场,以满足临时表演、户外课堂、娱乐、艺术展、雕塑展等之需。标出放置某些设施的位置。设计一些开敞的草坪空间以供休闲。

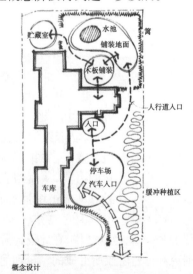

图5.22　某住宅小区概念性图析

这些思想能很容易且很快地按一定比例在方案图上表现出来。在这一设计过程中,有两个重要的步骤尽管没有写出来,但却应该先于概念性方案而做:一个是场地清单,它记录着场地的现状;另一个是对场地的分析,它记录着设计者的观点和对这些场地现状的评估。事先完成一张根据比例记录场地现状的草图和场地分析计划是绘制概念性方案的有效途径,这一过程可以把场地的相关信息和设计者的思想融合在一起。

图5.23显示了未来社区中心现存的场地条件。图5.24和图5.25显示了社区进一步设计的两种不同的概念。这两个概念都对场地现存的条件进行了分析且满足设计原则,可这两个概念却彼

此不同。接下来要仔细地比较这两个概念,揭示出它们的利弊,理性地选出一个较好的概念性方案。

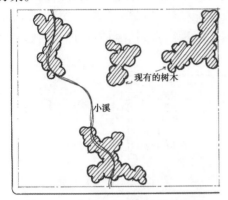

图5.23　未来小区现存的场地条件

图5.24　概念性图析设计方案之一

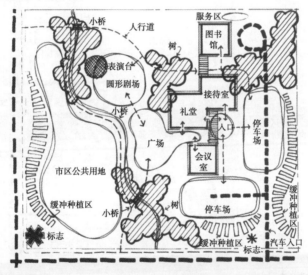

图5.25　概念性图析设计方案之二

在这一阶段圆圈的界线仅表示使用面积的大致界线(如多用途的广场),并不表示特定物质或物体的准确边界。定向的箭头代表走廊的走向,也不表示它们的边界。

可以指出一些表面物质如硬质景观、水、草坪、林地的类型,但没必要喧宾夺主地去表示一些细节,如颜色、质地、图案、样式等。如果某一部场地需要详细地表示,仅需要把这一部分的概念性方案细化就可以了。

此外,理想功能图析是采用图解的方式进行设计的起始点。做理想功能图析的目的是,在设计所要求的主要功能和空间(即前述设计组成中的空间或项目)之间求得最合理、最理想的关系。进一步的意义是,它有效地帮助设计创作工作,保证使用上的合理性,消除各种功能和空间之间可能存在的矛盾。

理想功能图析是没有基地关系的,它像通常所说的"泡泡图"或"略图"那样,以抽象的图解方式安排设计的功能和空间。

(3)基地分析功能图析　基地分析功能图析是设计阶段的第二步,它使理想功能图析所确定的理想关系适应既定的基地条件。基地分析功能图析除要表示上述理想功能图析所表示的资料外,还应考虑两个问题:一是功能/空间的布置应与基地的实际情况相结合,住宅内部房间的安排也要与基地实际条件相适应;二是功能/空间的范围可用轮廓图并按一定比例绘出其布置情况。在这一步骤中,设计者最关注的事情,一是主要功能/空间相对于基地的配置;二是功能/空间彼此之间的相互关系。所有功能/空间都应在基地范围内得到恰当的安排。基地分析功能图析的示例见图 5.26。

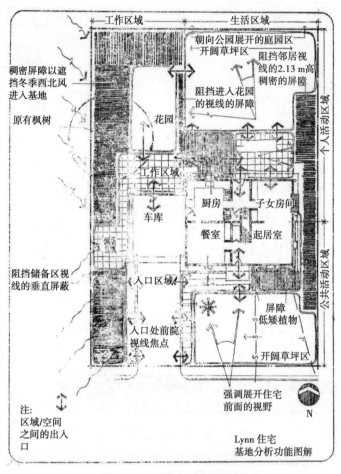

图 5.26　基地分析功能图析

现在,设计者已着手考虑基地本身条件了。为了正确地适应于基地的实际情况,由理想功能图析所确定的基本关系往往会有些改变,这样的变化,如果与基地条件相适应的话,那就不必担忧或防止。基地分析功能图析是在对基地的调查和分析的基础上,研究基地的合理功能关系,这是促使设计者根据基地的可能和限制条件,来考虑设计的适应性和合理性的最好方法。因为现在基地分析功能图析中的不同使用区域,已与功能/空间取得联系和协调,这有助于设计者考虑基地的现状。

在这一设计方案的过程中,第一步概念层次的组织形式已被应用于场地上了。随着从概念到形式的进程,我们将应用另一层次的组织形式对该场地进行进一步设计。

2) 方案构思——空间形态的推演

从概念到形式的跳跃被看成是一个再修改的组织过程。在这一过程中,那些代表概念的松散的圆圈和箭头将变成具体的形状,可辨认的物体将会出现,实际的空间将会形成,精确的边界将会被绘出,实际物质的类型、颜色和质地也将会被选定。在后面的部分将详细介绍如何创造性地选择这些元素,但在此之前了解它们的基本特征还是很重要的。

(1)构图要素 我们把设计的基本元素归纳为10项,其中前7项,即点、线、面、形体、运动、颜色和质地是可见的且常见形式。而后3项,声音、气味、触觉则是非视觉形式。

①点。一个简单的圆点代表空间中没有量度的一处位置。

②线。当点被移位或运动时,就形成了一维的线。

③面。当线被移位时,会形成二维的平面或表面,但仍没有厚度。这个表面的外形就是它的形状。

④形体。当面被移位时,就形成三维的形体。形体被看成实心的物体或由面围成的空心物体。就像一座房子由墙、地板和顶棚组成一样,户外空间中形体是由垂直面、水平面或包裹的面组成。把户外空间的形体设计成完全或部分开敞的形式,就能使光、气流、雨和其他自然界的物质穿入其中。

⑤运动。当一个三维形体被移动时,就会感觉到运动,同时也把第四维空间——时间当作了设计元素。然而,这里所指的运动,应该理解为与观察者密切相关。当我们在空间中移动时,我们观察的物体似乎在运动,它们时而变小时而变大,时而进入视野时而又远离视线,物体的细节也在不断变化。因此在户外设计中,正是这种运动的观察者的感官效果比静止的观察者对运动物体的感觉更有意义。

⑥颜色。所有物体的表面部分都有特定的颜色,它们能反射不同的光波。

⑦质地。在物体表面反复出现的点或线的排列方式使物体看起来粗糙或光滑,或者产生某种触摸到的感觉。质地也产生于许多反复出现的形体的边缘,或产生于颜色和映像之间的突然转换。

剩余的三种元素是不可见的元素。

⑧声音。听觉感受。对我们感受外界空间有极大的影响。声音可大可小,可以来自自然界也可以人造,可以是乐音也可是噪声等。

⑨气味。嗅觉感受。在园林中花、阔叶或针叶的气味往往能刺激嗅觉器官,它们有的带来愉悦的感受,有的却引起不快的感觉。

⑩触觉。触摸的感受。通过皮肤直接接触,我们可以得到很多感受:冷和热、平滑和粗糙、尖和钝、软和硬、干和湿、有无黏性、有无弹性,等等。

把握住这些设计元素能给设计者带来很多机会,设计者能有选择地或创造性地利用它们满足特定的场地和使用者的要求。

伴随着概念性草图的进展,探讨了许多设计形式,这些形式仅仅是设计中最普遍和有用的形式,绝非唯一的形式。它们仅仅是经过设计者描绘过的一幅调色板。

设计形式进一步的发展过程取决于两种不同的思维模式。一种是以逻辑为基础并以几何图形为模板,所得到的图形遵循各种几何形体内在的数学规律。运用这种方法可以设计出高度统一的空间。

但对于纯粹的浪漫主义者来说,几何图形可能是比较乏味的、丑陋的、令人厌倦的和郁闷的。他们的思维更偏向以自然为模板,通过更加直觉的、感性的方法把某种意境融入设计中。他们设计的图形似乎无规律、琐碎、离奇、随机,但却迎合了使用者喜欢消遣和冒险的一面。

两种模式都有内在的结构,但没必要把它们绝对地区分开来。如看到一系列规则的圆随机排列在一起能产生愉悦感,但看到一些不规则的一串串泡泡也会产生类似的感觉。

（2）构图方式　在了解构图要素之后，可以应用不同的思维模式，对构图要素进行组合，形成不同的构图方式。

重复是组织中一条有用的原则，如果我们把一些简单的几何图形或由几何图形换算出的图形有规律地重复排列，就会得到整体上高度统一的形式。通过调整大小和位置，就能从最基本的图形演变成有趣的设计形式。

几何形体开始于3个基本的图形：正方形、三角形和圆形。

从每一个基本图形又可以衍生出次级基本类型：从正方形中可衍生出矩形；从三角形中可衍生出45°/90°和30°/60°的三角形；从圆形中可衍生出各种图形，最常见的包括两圆相接、圆和半圆、圆和切线、圆的分割、椭圆、螺线等。

归纳几何形体在设计中的应用，把一个社区广场的概念性规划图用不同图形的模式进行设计（图5.27—图5.34）。每一方案中都有相同的元素：临水的平台、设座位的主广场、小桥和必要的出入口。例中显示了用这些相当规则的几何形体为模式所产生的不同空间效果。

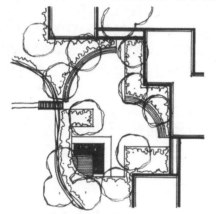

图5.27　圆的一部分为主体的概念性方案图

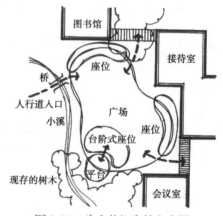

图5.28　为主体概念性方案图

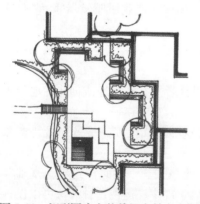

图5.29　矩形图为主体的概念性方案图

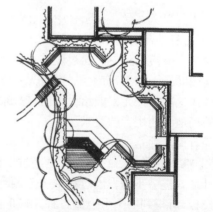

图5.30　45°/90°角为主体的概念性方案图

（3）构图空间组织　风景园林空间是由建筑、场地、水体、绿化等实体要素组成的，空间形态就是这些实体要素组合关系最直接的表达，人们通过对实体要素的感觉来感知它，通过在其中的各种活动来体验和评价它。但实际上，对空间形态的考虑也反过来制约实体要素的生成，所以在风景园林设计中对空间的设想必然伴随着对实体的思考，对风景园林空间设计也必然是与考虑实体要素的设计相伴而行。

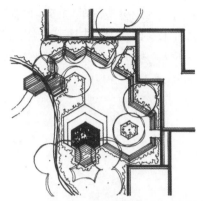

图 5.31　30°/60°角为主体概念性方案图

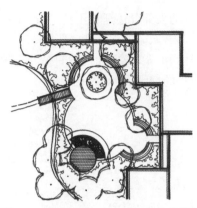

图 5.32　多圆组合为主体概念性方案图

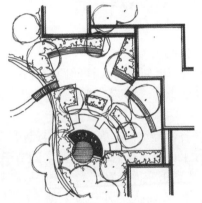

图 5.33　圆和半径为主体概念性方案图

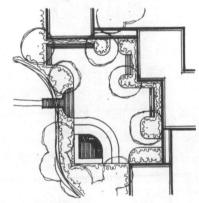

图 5.34　圆弧和切线为主体概念性方案图

①空间的形态。风景园林空间的形态是与功能要求相适应的结果,它主要包括空间的形态和空间的开放性两个方面。由于建筑外部空间是"没有屋顶的建筑",边界有时也是虚化的界面,所以其平面形式是决定空间形态的重要因素。点、线、面是3种基本的平面形式,从抽象形式美的角度来看,优秀的风景园林设计常常体现出点、线、面的完美组合。但需要注意的是,在这里我们虽然将空间形态划分为点、线、面3种基本形式,但这三者是一个相对的概念,例如,广场环境是以完整的面的形式出现的,但对于整个城市环境来说它只是一个节点。

空间的开放性主要是指空间开敞或封闭的程度。由于风景园林空间的顶面是广阔的蓝天,所以其封闭的程度主要取决于围护面要素的形态、组合方式以及围护面的高度与它所围合的空间宽度的比值等。

例如,沿着棋盘式道路修建建筑时,建筑物转角成为以直角突出到道路上的阳角时,外部空间的转角由于出现纵向缺口,使空间的封闭性遭到破坏;相对地,在保持转角而创造阴角空间时,即可大大加强空间的封闭性。

因为除了建筑,诸如围墙、绿篱、树丛、组合的灯柱都可以作为风景园林空间的围护面要素,草坪、水体、道路也可作为外环境的边界来限定空间,所以风景园林的空间形态可以从封闭到开敞产生丰富的变化,与人们不同的生理、心理需求相适应。

讨论空间封闭性时,应当考虑到围合面的高度与人眼的高度有密切的关系。30 cm 的高度只是能达到勉强区别领域的程度,几乎没有封闭性,其高度适合于憩坐;在 60～90 cm 高度时,空间在视觉上依然具有连续性,还没有达到封闭的程度,其高度适于凭靠休息;当达到1.2 m高度时,身体的大部分逐渐看不到了,产生一种安全感,同时,作为划分空间的隔断性加强了,但视觉上依然具有充分的连续性;到达 1.5 m 高度时,除头之外的身体都被遮挡了,产生了相当的封闭感;当达到 1.8 m 高度时,空间被完全划分开来(图 5.35)。对于下沉空间,对其空间的封闭感和连续性的判断,也可依此。

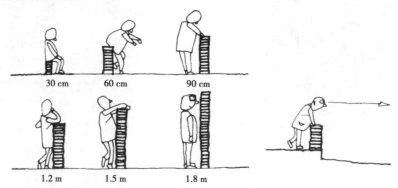

图 5.35　墙壁高度对空间的影响

另外,在建筑作为围合面要素时,前面介绍过的建筑高度(H)与邻幢间距(D)的比值关系仍然适用。当 D/H 小于 1 时,空间有良好的封闭感;等于 2 时,是具有封闭感空间的临界值;随着比值的加大,空间逐渐由封闭向开敞转化。

在进行风景园林空间组织时,我们还必须要处理好各部分空间之间的渗透与层次。风景园林空间通常不会也不必要被实体围合得严严密密,实际上也只有当各部分空间之间由于开口或虚化的界面而互相渗透时,空间才能更具有层次感,才能真正变得丰富起来。

我国传统的北京四合院空间就是通过增加空间层次,在不大的外环境中创造出深远的感受。高高的院墙围合成大大小小的院落空间,通过沿轴线布置的垂花门、敞厅、花厅、轿厅的通透部位使各个空间在视觉上联系起来,一重重的院落隔而不断,空间互相因借,彼此渗透,给人以"庭院深深深几许"的强烈感受。

空间的层次感还体现在不同使用性质的空间之间相互的联系与渗透(图 5.36),例如:

外部的→半外部的→内部的;

公共的→半公共的→私用的;

嘈杂的、娱乐的→中间性的→宁静的、艺术的;

动的、体育性的→中间性的→静的、文化的。

在风景园林中空间之间互相渗透,形成丰富的层次感,同时也使环境景观得到了极大的丰富。由于空间之间的互相渗透而产生视觉上的连续性,人们在观景时视线不再只停留在近处的景观上,可以渗透出去到达另一个空间的某一个景点,并可由此再向外扩展,这种景致绝对不是可以在一个单一的空间中获得的。另外,随着视线的不断变幻渗透,空间也由静止的状态产生了流动的感觉,从而变得丰富起来。

那么,如何形成并有效控制空间的渗透,增强空间的层次感呢?关键在于围护面的虚实设计。由于在风景园林中,可以作为围护面的要素十分丰富,这就为我们创造层次丰富的风景园林空间创造了条件。在设计中,可以用建筑作为较为封闭的围护面,也可以用连廊、矮墙作为较为开放的围护面;用树丛、水体、列柱则可形成更为开放的虚界面。这样,通过围护面虚中有实、虚实相生、实中留虚等不同的处理,并有计划地安排好空间连接和渗透的位置、大小和形式,就可以创造出较为丰富的空间层次(图 5.37)。

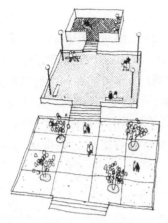

图5.36 "外部式→半外部式→内部式"
空间以踏步相连接

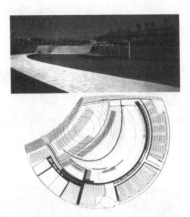

图5.37 从圆心发射性展开的外部空间

②空间的序列。空间的序列与空间的层次有许多相似的地方,它们都是将一系列空间互相联系的方法。但看见的序列设计更注重的是考察人的空间行为,即当人依次由一个空间到另一个空间,亲身体验每一个空间后,最终所得到的感受。

对于空间序列的设计,在东西方传统的风景园林空间中有着很大的差异。一个是从一开始就一览无余地看到对象的全貌;一个是有控制地一点一点给人看到。前者往往一下给人以强烈的印象,具有标志性;后者给人以种种期待,耐人寻味。我们虽然不能妄下结论,断定哪一种空间序列的处理方式更好,但如何使整个空间序列具有变化是这两种处理方式中都必须考虑的问题。随着人的移动而时隐时现,为空间带来变化的情况是常有的。例如,让远景一闪而现,一度又看不到了,然后又豁然出现,使景观在空间中产生跳跃,避免了单调感。又如,在中国古典园林中常有这样的情形,当你在一个空间中赏景时,透过景窗或园门另一个景观开始引起你的注意,这种吸引力伴随着你由一个空间进入另一个空间,直至游遍整个园林。这种逐渐展开的空间序列使游人始终沉浸在由好奇到惊叹,又产生新的好奇这样有节奏的情绪激荡中,不由自主地沿着观景的路线行进。

总之,通过空间形态的收放来突出主体空间,运用形态的重复来增强空间的节奏感,利用空间的转折或突现来增强空间的趣味性等空间序列的处理手法,可以使平淡的空间变得亲切、生动,更具吸引力。

③空间的布局。建筑空间是建筑使用功能的反映,同样,风景园林的空间布局也必然是园林景观功能布局的体现,但这种体现和反映不是被动的。风景园林空间所对应的功能组织方式并不是唯一的,因此,在设计中出于对空间效果的考虑也常常反过来影响着功能布局方式的选择。因此,寻求空间变化与使用效率的最佳契合点也成为设计中的重点和难点。

风景园林的空间布局还与人的心理需求有关。人对空间布局的感知是在运动中完成的,人们随着位置的变化来感受不同的空间氛围,体验着空间序列的变换。在这个感知过程中,人们希望看到预想的景致,但适宜的出乎意料所带来的激动和惊喜有时效果会更好。因此,在空间布局阶段必须对空间的"统一"和"变化"作整体的考虑。

下面介绍几种常见的空间布局模式:

a. 轴线组织。沿轴线组织空间是最常见的空间布局形式之一,它能给人以理性、有序的整体感。轴线可以转折,产生次要轴线,也可做迂回、循环式展开。设置的方法可以与已建的建筑群的轴线一致,与基地的某一边一致或者与周围区域及城市的主要轴线相一致。当然也可以根据基地条件有意识地与上述轴线呈一定的夹角,使空间成为整体布局中的活跃因素(图5.38)。

在一些需要体现秩序感、庄严感的空间中,运用轴线能有效地增强环境的空间效果;当需要在一群松散的个体之间形成秩序时,设置轴线将一部分的要素组织起来也是一个有效的方法。

b.中心组织。将一个空间置于中心位置,其他的空间依据同一种或几种模式与之衔接的空间布局模式。在建筑外环境中,如果某一空间很重要,或者与周围的空间联系密切,在空间布局时采用中心组织的模式是比较适合的。中心组织还包括双中心组织、多中心组织等变化形式(图5.39)。

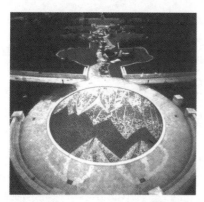

图5.38　轴线组织空间

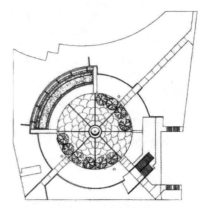

图5.39　中心组织空间

c.聚集组织。空间以不确定的模式集合成整体。这种空间布局的特点是形态丰富多变,但由于缺少严谨的秩序,所以在设计中需对各个空间的形态以及它们之间的组合方式作整体的考虑(图5.40)。

d.嵌套组织。较小的空间依次连续地套在下一个更大的空间单元中,如果嵌套在一起的各个空间共有一个中心,可给人以严谨的秩序感(图5.41)。

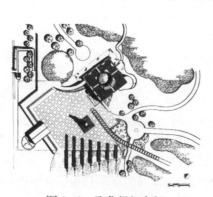

图5.40　聚集组织空间

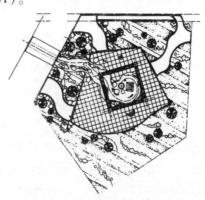

图5.41　嵌套组织空间

④空间的处理。空间的处理应从单个空间本身和不同空间之间的关系两方面去考虑。单个空间的处理中应注意空间的大小和尺度、封闭性、构成方式、构成要素的特征(形、色彩、质感等)以及空间所表达的意义或所具有的性格等内容。多个空间的处理则应以空间的对比、渗透、序列等关系为主。

空间的大小应视空间的功能要求和艺术要求而定。大尺度的空间气势壮观,感染力强,常使人肃然起敬,多见于宏伟的自然景观和纪念性空间。有时大尺度的空间也是权力和财富的一种表现和象征,例如北京的颐和园、法国巴黎的凡尔赛宫苑等帝王园林中就不乏巨大尺度的空间。小尺度的空间较亲切怡人,适合于大多数活动的开展,在这种空间中交谈、漫步、坐憩常使人感到舒坦、自在。

为了塑造不同性格的空间就需要采用不同的处理方式。宁静、庄严的空间处理应简洁;流动、活泼的空间处理要丰富。

为了获得丰富的园林空间,应注重空间的层次,获得层次的手段有添加景物层次,设置空透的廊、开有门窗的墙和稀疏的种植。

在有限的基地中要想扩大空间可采用借景或划分空间的方式。"园虽别内外,得景则无拘远近。"借景是将园外景物有选择地纳入园中视线范围之内,组织到园景构图中去的一种经济、有效的造景手法,不仅扩大了空间,还丰富了空间层次。例如,苏州拙政园远借北寺塔塔影的景观就十分成功(图5.42)。空间的划分能丰富空间层次、增加景的多样性和复杂性、拉长游程,从而使有限的空间有扩大之感(图5.43);但若处理不当,则会给人带来不适之感(图5.44、图5.45)。

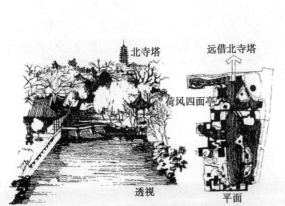

图5.42 苏州拙政园远借北寺塔塔影的景观

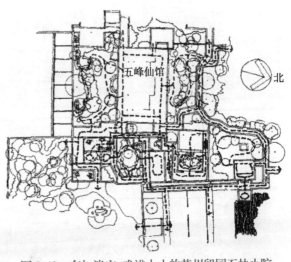

图5.43 有如迷宫、难辨大小的苏州留园石林小院

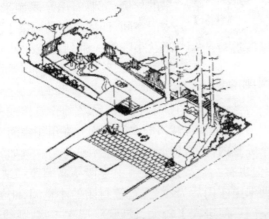
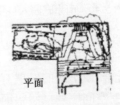

图5.44 过于生硬的过渡空间

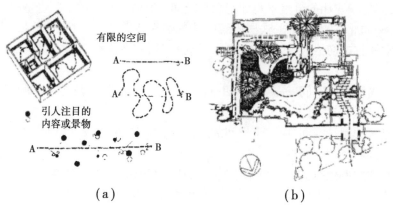

（a）　　　　　　　　　　　　　（b）

图5.45　拉长游程、扩大空间

（a）拉长游程、精心安排视线；（b）桂林盆景园西部平面

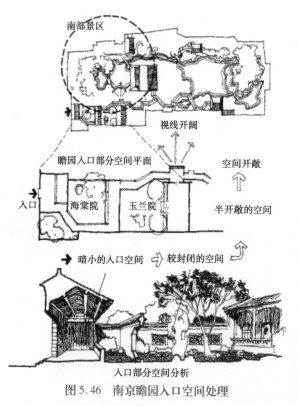

图5.46　南京瞻园入口空间处理

空间的对比是丰富空间之间的关系，形成空间变化的重要手段（图5.45）。当将两个存在着显著差异的空间布置在一起时，由于大小、明暗、动静、纵深与广阔、简洁与丰富等特征的对比，而使这些特征更加突出。没有对比，就没有参照，空间就会单调、索然无味；大而不见其深，阔而不显其广。例如，当将幽暗的小空间和开敞的大空间安排在空间序列中时，从暗小的空间进入较大的空间，由于小空间的暗，小衬托在先，从而使大空间给人以更大、更明亮的感受，这就是空间之间大小、明暗的对比所产生的艺术效果。我国古典园林中不乏巧妙地运用空间对比获得小中见大艺术效果的佳例。例如，南京瞻园采用小而暗的入门空间、四周封闭的海棠小院、半开敞的玉兰小院等一系列小空间处理入口部分，作为较大、较开敞的南部空间的序景来衬托主要景区（图5.46）。

当将一系列的空间组织在一起时，应考虑空间的整体序列关系，安排游览路线，将不同的空间连接起来，通过空间的对比、渗透、引导，创造富有性格的空间序列。在组织空间、安排序列时应注意起承转合，使空间的发展有一个完整的构思，创造一定的艺术感染力。例如，规模较小的苏州拥翠山庄，空间序列虽然很简单，但也有一个从开始段→引导段→高潮段→结尾段的完整构思。从很长的台阶拾级而上，进入拥翠山庄门后为一简洁、较封闭的小空间，北侧为抱瓮轩，经过该较小、较暗、简单、封闭的过渡空间后便进入了较大、较明亮、层次丰富、视线开敞的大空间；过抱瓮轩后拾级而上，过问泉亭、月驾轩直到灵澜精舍，台地迭起、石径盘转、树木茂盛、视线开阔，确有"城市山林"之势，该空间为全园的高潮景区；过灵澜精舍之后直到送青簃是一组视线封闭、布置简单、整齐的空间。整个庭园空间布局主次分明、序列结构清晰完整（图5.47、图5.48）。

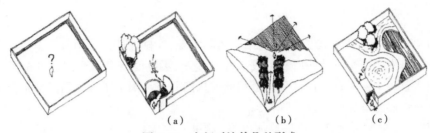

图5.47　空间对比的几种形式

（a）用封闭的小空间作对比；（b）用窄长的空间作对比；（c）用暗、小的空间作对比

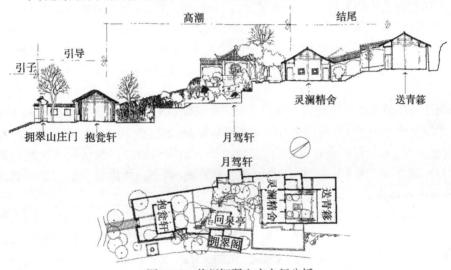

图5.48　苏州拥翠山庄空间分析

（4）案例方案构思介绍

①构思。方案构思是基地分析功能图析的直接结果和进一步的推敲和精炼，两者之间的主要区别是，方案构思图在设计内容和图像的想象上更为深化、具体。它把基地分析功能图析中所划分的区域，再分成若干较小的特定用途和区域。另外，用徒手画的外形轮廓和抽象符号虽可用来作为方案构思图像的表现，但它还未涉及区域的具体形状和形式。

②图式研究。以方案构思来说，设计者可以把相同的基本功能区域作出一系列的不同配置方案，每个方案又有不同的主题、特征和布置形式。而这些设计方案还可用直线、曲线、圆形、多角形、弧形以及它们的变体或复合体组合而成。设计所要求的形状或形式可直接从已定的方案构思图中求得。因此，在形式构图研究这一设计步骤中，设计者应该选定设计主题（即什么样的造型风格），使设计主题最能适应和表现所处的环境。设计主题的选择可根据建筑特征、基地场所、设计者或使用者的喜爱而定。

由于设计者考虑了形式构图的基本主题，接着就要把方案构思图中的区域轮廓和抽象符号转变成特定的、确切的形式。形式构图研究是重叠在初定的方案构思图上进行的，所以方案构思图上的基本配置是保留的。设计者在遵守方案构思图中的功能和空间配置的同时，还要努力创造富有视觉吸引力的形式构图。形式构图的组织结构应以"形式构成基本原理"为基准。

5.3.3 方案的调整与深入

1) 方案的调整与深入的主要内容

方案的调整是描述设计程序中,如何结合实际情况,安排处理设计的所有组成部分,使之基本安排就绪。首先要研究设计的所有组成部分的配置,不仅要研究单个组成部分的配置,而且要研究它们在总体中的关系。在方案构思和形式构图研究步骤中所确定的区域范围内,方案调整时再作进一步的考虑和研究。

(1) 整体   方案的调整首先要从整体出发,这里的整体包括 3 个层面的意义:每一个风景园林的形成都要考虑基地内原有自然要素的制约作用,使自然环境与人工环境均衡发展;考虑与相邻的外部空间的协调关系,使"邻里"之间友好对话;考虑与包含着该环境的更大的外部环境,以至城市整体空间环境的协调关系,使外环境成为城市整体的有机组成部分。

在制约风景园林设计的自然因素中场地中的地形、水体和植被对设计的影响最大,作为有形的要素它们直接参与到外环境设计中来,并可以很自然地成为设计人员进行外环境设计的出发点。

地形起伏的场地可以产生层次丰富而有特征的环境,但同时也给各类室外活动带来一定的影响。一般而言坡度小于 4% 的场地可以近似看成平地;坡度在 10% 之内对行车和步行都不妨碍;坡度大于 10%,人步行时会觉得吃力,需要改造并设置台阶。但起伏较大的地形也给创造更加丰富的外部空间带来了机会,结合地形合理设置踏步、平台可以增加空间的趣味性和层次感,使外环境更具有特色(图 5.49)。

如果在基地中有自然水体濒临或穿过,就需要弄清该水体的现状,加以改造利用,使其成为风景园林空间的一部分。在设计中要注意,应尽量避免水面处于建筑的大片阴影中,因为水在阳光的照射下才会呈现活跃闪烁的动人魅力,而阴影中的水则容易让人产生冷漠的感受。滨河区域的设计应考虑使人易于接近水面,进行各种亲水活动(图 5.50)。

图 5.49   起伏场地景观   图 5.50   水体景观

基地内部如果有成熟的林带、植被,甚至古树名木是十分难得的有利因素。人天生就对绿树怀有好感,绿树能为人们提供清新的空气,隔绝噪声,遮蔽烈日,还能产生宁静、舒适的心理感受以及清新优雅的生活气息,所以在设计中,有可能的条件下应尽力保留树木,使其成为构成美好风景园林空间的重要因素(图 5.51)。

对基地周边自然环境的尊重和利用主要体现在:设计中如何运用对景、借景、框景等手法,将远近的自然景观引入小环境之中;同时,对外环境中的建筑物和构筑物的体量加以控制,避免对基地景观产生不利影响。

图 5.51 树木景观

图 5.52 轴线序列景观

在进行风景园林设计时还需要考虑基地内已建的建筑、道路和各类环境设施,特别是周边业已形成的特征环境、人文环境对设计的制约作用。赖特在有机建筑理论中指出,建筑应该是从环境中自然生长出来的,风景园林景观何尝不是如此。每一处新建的风景园林景观是否成功,是否有生命力,关键在于它是否能成为周围大的环境的有机组成部分,与"邻里"之间友好相处。要做到这一点其实并不难,关键是要有谦虚的态度和理性的思索。如,有时设计需朴实适用,而将美丽的城市景观引入环境,作为主景;沿轴线序列展开空间时,使场地的轴线与基地附近重要建筑的轴线相一致,加强空间效果;保持基地内的道路与周边道路衔接、畅通等(图5.52)。

从城市的整体来考虑,每一个新的风景园林景观都是在续写城市环境的新篇章。基于这一点,风景园林景观的设计应当与城市的整体风貌相一致,并具有前瞻性,推动整个城市环境建设向更高的层次发展。而只顾自身个性的张扬,只能是对内虽自成一体,但对外却是"破坏性建设"的失败之作。

(2)细部 细部是一个相对的概念,这里所说的细部设计是针对风景园林空间中的实体要素而言的。

实际上,在前面介绍风景园林空间的构成要素时,我们已经对相关实体要素的设计要点作了简要的介绍。需要补充的是,具体到每一个实体要素的设计时,必须以尊重外环境的整体构思为前提。对于初学者常有这样的情况发生,痴迷于外环境中某个局部的设想,甚至具体到某个实体要素的设想,从而因小失大,忽略了环境的整体。更可惜的是,有的方案整体构思很有特点,但由于某个不切主题的细部设计而显得画蛇添足。因此,单独一个实体要素不论设计得如何精彩,如果与环境整体不协调,也不能算是成功的。

方案的调整要考虑风景园林要素加入后对比产生的效果,首先对风景园林要素的特征和设计要点进行讲解。

①"地"的处理。"地"是风景园林空间的根本,不同的"地"体现了不同空间的使用特性。宽阔的草坪可供坐憩、游戏;空透的水面、成片种植的地被物可供观赏;硬质铺装、道路可疏散和引导人流。通过精心推敲的形式、图案、色彩和起伏可以获得丰富的环境,提高空间的质量。

a.材料选择。用于"地"的材料很多,有混凝土、块石、缸砖等硬质的,也有草皮、低矮的灌木等软质的。另外,还有以视觉为主的,如水面、细碎石子和砂砾等(图5.53)。不同的材料在交通和视觉作用上各有特点,选择材料时可考虑下面一些因素:空间中地的使用性质,包括交通和视觉两方面;控制使用时,可用水面或行走不易的材料;表面有令人愉快的色彩、图案、质感;

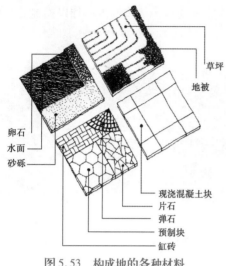

图 5.53　构成地的各种材料

避免使用易产生噪声、反光和起灰尘的材料；较耐用、不易磨损的材料应该用于要求使用强度较高的地段；材料来源方便、养护容易、费用低。

b."地"的视觉效果。为了创造视觉层次丰富的空间，应把握住地的材料选择、平面形状、图案、色彩、质感、尺度、比例等。

构成地的材料不同，地面所具有的质感也不同。利用不同质感的材料之间的对比能形成材料变化的韵律节奏感。例如，丹·凯利（Dan Kiley）设计的某城市广场空间，整个地面的图案由草皮和硬质铺装两种材料组成，一硬一软、一明一暗，地面的平面构图十分简洁明快，有一种与现代城市景观相和谐的气氛。同时还避免了夏季地面过热，能改善广场的小气候条件，这无疑是不可多得的设计佳例（图 5.54）。

设计中应考虑地面的图案、分格，尽量避免大面积单一地使用一种材料铺装地面。地面若用硬质材料，应注意地面的分格。若空间构成简洁，可结合空间的形状、色彩、风格，对地面作些精心安排，使空间稍有变化（图 5.55）。

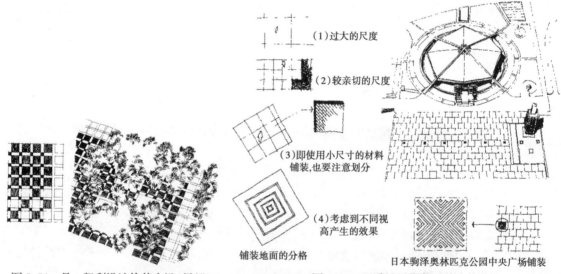

图 5.54　丹·凯利设计的某广场（局部）

（1）过大的尺度
（2）较亲切的尺度
（3）即使用小尺寸的材料铺装，也要注意划分
（4）考虑到不同视高产生的效果
铺装地面的分格

日本驹泽奥林匹克公园中央广场铺装

图 5.55　硬质材料铺装时的分格

用预制块、条石、缸砖等尺寸和形状规则的材料铺装地面时，应拼合成具有一定质感和图案的平面（图 5.56）。

屋顶或建筑天井等类似的低视面也可按地的处理方式设计，但应注重平面构图、图案的设计、色彩和质感的应用（图 5.57）。对一些不上人的屋顶或建筑天井，不必过多地考虑使用功能，可以使用地面上不易使用的、以观赏为主的材料。例如日本铃木昌道设计事务所设计的日本某市喜来登大饭店门厅建筑屋顶上的"流水庭"就是以平面视觉构图为主的，除了外侧两条一高一低的种植带以外，其余部分的图案均由不同颜色的细碎砂砾铺筑而成（图 5.58）。

图 5.56　玛莎·舒达兹设计的某建筑
前庭地面铺装图案

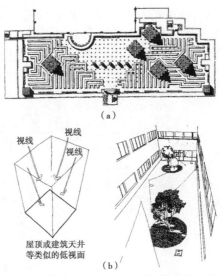

图 5.57　屋顶或建筑天井所采用的地面的处理方法
(a)P.沃克设计的剑桥中心屋顶花园;(b)某建筑天井庭园

c.限制性地面。地面若要使用,就应该平整、耐用。但是,有时有些地段并不希望大量地使用,但又必须使视线通透,或只希望行人使用,而不允许一般车辆驶入,这类地面可以根据具体情况加以特殊处理。如采用仄立的卵石铺面、嵌草的混凝土块、散铺嵌草的块石等(图 5.59)。

d.地面高差处理。英国著名建筑师戈登·库仑(Gordon Gullen)在《城镇景观》一书中说道:"地面高差的处理手法是城镇景观艺术的一个重要部分。"利用地面的高差可以简单而微妙地分隔一些不同性质的活动,改变地面的行走节奏、划分新的空间、创造场所感。

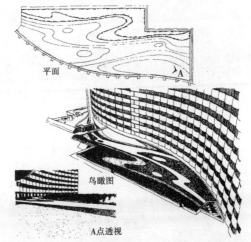

图 5.58　铃木昌道设计的"流水庭"平面和鸟瞰图

例如,澳大利亚达林港水滨的一处喷泉设计就十分巧妙地利用了地的高差。从地面到处于中心的喷泉之间有一组螺旋线组成的复合台阶,每条螺旋线从地面开始渐渐下降,一直到达处于底部的中心喷泉。整个设计造型简洁,巧妙地利用螺旋线产生的渐变高差创造出了一种场所感(图 5.60)。

②植物材料。在风景园林设计中,植物是另一个极其重要的素材。在许多设计中,风景园林师主要是利用地形、植物和建筑来组织空间和解决问题的。植物除了能作设计的构成因素外,它还能使环境充满生机和美感。下面将着重讨论植物在景观中的作用和与植物有关的因素,包括植物的功能作用、建造功能、观赏特性与限制空间功能以及美学功能。

现在,首先应认识植物的各种功能,并加以分门别类,才能有助于更好地了解植物和应用植物。一般植物在室外环境中能发挥 3 种主要功能:建造功能、环境功能及观赏功能。所谓建造功能指的是植物能在景观中充当像建筑物的地面、天花板、墙面等限制和组织空间的因素。这些因素影响和改变着人们视线的方向。在涉及植物的建造功能时,植物的大小、形态、封闭性、相通性也是重要的参考因素。环境功能是说,植物能影响空气的质量、防治水土流失、涵养水源、调节气候。观赏功能即是因植物的大小、形态、色彩和质地等特征,而充当景观中的视线焦点,也就是说,植物因其外表特征而发挥其观赏功能。此外,在一个设计中,一株植物或一组植物,同时发挥至少两种以上的功能。

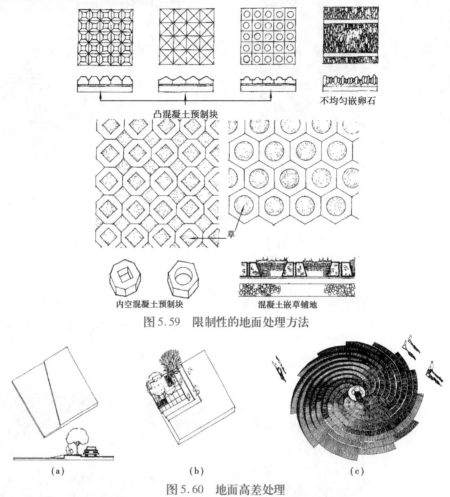

图 5.59　限制性的地面处理方法

图 5.60　地面高差处理

（a）用高差简单划分不同的空间;（b）即使几级台阶、一块铺装也能产生吸引人的空间;
（c）澳大利亚达林港水滨的一处喷泉

　　a. 从空间功能选择植物。植物的建造功能对风景园林的总体布局和风景园林空间的形成非常重要。在设计过程中,首先要研究的因素之一,便是植物的建造功能。它的建造功能在设计中确定以后,才考虑其观赏特性。从构成角度而言,植物是一个设计或一室外环境的空间围合物。然而,"建造功能"一词并非是将植物的功能仅局限于机械的、人工的环境中。在自然环境中,植物同样能成功地发挥它的建造功能。下面将讨论植物建造功能的几个值得注意的方面。

　　● 植物构成空间:植物可以用于空间中任何一个平面,在地平面上,以不同的高度和不同种类的地被植物或矮灌木来暗示空间的边界。在此情形中,植物虽不是以垂直面上的实体来限制着空间,但它确实在较低的水平面筑起了一道范围(图 5.61)。

　　在垂直面上,植物能通过几种方式影响着空间感。首先,树干如同直立于外部空间中的支柱,它们多是以暗示的方式,而不仅仅是以实体限制着空间。其空间封闭程度随树干的大小、疏

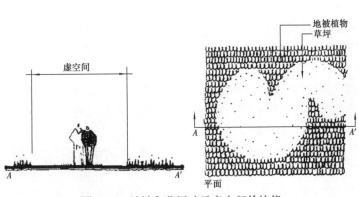

图 5.61　地被和草坪暗示虚空间的边缘

密以及种植形式而不同。树干越多,如像自然界的森林,那么空间围合感越强。植物的叶丛是影响空间围合的第二个因素。叶丛的疏密度和分枝的高度影响着空间的闭合感。阔叶或针叶越浓密、体积越大,其围合感越强烈。而落叶植物的封闭程度,随季节的变化而不同。在夏季,浓密树叶的树丛,能形成一个个闭合的空间,从而给人以内向的隔离感;而在冬季,同是一个空间,则比夏季显得更大、更空旷,因植物落叶后,人们的视线能延伸到所限制的空间范围以外的地方。植物同样能限制、改变一个空间的顶平面。植物的枝叶犹如室外空间的天花板,限制了伸向天空的视线,并影响着垂直面上的尺度。当然,此间也存在着许多可变因素,例如季节、枝叶密度以及树木本身的种植形式。当树木树冠相互覆盖、遮蔽了阳光时,其顶面的封闭感最强烈。亨利·F.阿诺德在他的著作《城市规划中的树本》中介绍道,在城市布局中,树木的间距应为 3~5 m,如果树木的间距超过了 9 m,便会失去视觉效应。

• 植物构成障景:植物的另一建造功能为障景。植物材料如直立的屏障,能控制人们的视线,将所需的美景收于眼里,而将俗物障之于视线以外。障景的效果依景观的要求而定,若使用不通透植物,能完全屏障视线通过,而使用不同程度的通透植物,则能达到漏景的效果。为了取得一有效的植物障景,风景园林师必须首先分析观赏者所在位置、被障物的高度、观赏者与被障物的距离以及地形等因素,所有这些因素都会影响所需植物屏障的高度、分布以及配置。就障景来说,较高的植物虽在某些景观中有效,但它并非占绝对的优势。因此。研究植物屏障各种变化的最佳方案,就是沿预定视线画出区域图,然后将水平视线长度和被障物高度准确地标在区域内。最后,风景园林师通过切割视线,就能定出屏障植物的高度和恰当的位置了。在图 5.62 中,A 点为最佳位置。当然,假如视线内需要更多的前景,B 点和 C 点也是可以考虑的。除此之外,另一需要考虑的因素是季节变化影响植物的障景作用,而常绿植物则较少受季节变化影响,能起到永久性屏障作用。

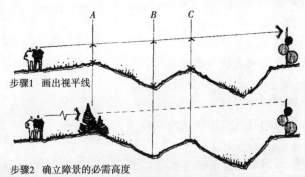

步骤1　画出视平线

步骤2　确立障景的必需高度

图 5.62　植物障景设计示意

• 控制私密性:与障景功能大致相似的作用,是控制私密的功能。私密性控制就是利用阻挡人们视线高度的植物,进行对明确的所限区域的围合。就是将空间与其环境完全隔离开。私密控制与障景二者间的区别,在于前者围合并分割一个独立的空间,从而封闭了所有出入空间的视线;而障景则是慎重种植植物屏障、有选择地屏障视线。私密空间杜绝任何在封闭空间内的自由穿行,而障景则允许在植物屏障内自由穿行。在进行私密场所或居民住宅的设计时,往往要考虑到私密控制。

b. 从观赏特性选择植物。植物种植设计的观赏特征是非常重要的。这是因为任何一个赏景者的第一印象便是对其外貌的反应。观赏植物的特性包括植物的大小、形态、色彩、质地等,在此将讨论运用植物材料进行风景园林设计。

植物最重要的观赏特性之一,就是它的大小。因此,在为设计选择植物素材时,应首先对其大小进行推敲,因植物的大小直接影响着空间范围、结构关系以及设计的构思与布局。按大小标准可将植物分为六类:大中型乔木、小乔木、高灌木、中灌木、矮小灌木、地被植物。一个布局中的植物大小和高度,能使整个布局显示出统一性和多样性。另一方面,若将植物的高度有所变化,能使整个布局丰富多彩,远处看去,其植物高低错落有致,要比植物在其他视觉上的变化特征更明显(除了色彩的差异外)。因此,种植设计创作中植物大小的选择应该首先考虑植物大小的观赏特性;植物的其他特性,都是依照已定的植物大小来加以选用。

单株或群体植物的外形,是指植物从整体形态与生长习性来考虑大致的外部轮廓。虽然它的观赏特性不如其大小特征明显,但是它在植物的构图和布局上,影响着统一性和多样性。

植物的色彩在风景园林空间设计中能发挥众多的功能。常认为植物的色彩足以影响设计的多样性、统一性以及空间的情调和感受,植物色彩与其他植物视觉特点一样,可以相互配合运用,以达到设计的目的。

植物的质地,是指单株植物或群体植物直观的粗糙感和光滑感。它受植物叶片的大小、枝条的长短、树皮的外形、植物的综合生长习性,以及观赏植物的距离等因素的影响。

我们可以看到,植物是风景园林设计和室外环境布置的基本要素。植物不仅仅是装饰因素,它还具有许多重要的作用,例如构成室外空间、障景或框景、改变空气质量、稳定土壤、改善小气候和补充能源消耗,以及在室外空间设计中作为布局元素。植物应在设计程序的初期,作为综合要素与地形、建筑、铺地材料以及园址构筑物一同加以分析研究,它们的大小、形体、色彩及质地被当作可变的模式,以满足设计的实用性和观赏效果。

总之,鉴于植物能为室外环境带来生气和活力,因此应将其作为设计的有机体,而加以认真考虑。

③建筑物及构筑物。作为景观中两个主要因素之一的建筑物及其相关的地面,在户外环境的组合与特征方面是至关重要的。建筑群体可以构成从小型庭院到较壮观的城市广场等不同的户外空间。主要由建筑物所构成的户外空间,其确切的特征除取决于建筑物的大小和尺度外,还取决于其平面布局。在限制户外空间的构架工程中,应力求做到利用恰当的地形处理、同一材料的反复使用、建筑物的平面布局以及建筑物入口的过渡空间等方法,从视觉上和功能上将建筑物与其周围环境协调地连接在一起。

在风景园林空间中,若仅使用地形、植物、建筑以及各种铺装等要素,并不能完全满足景观设计所需要的全部视觉和功能要求。一个合格的风景园林师还应知道如何使用其他有形的设计要素,例如园林基本构筑物。所谓园林构筑物是指景观中那些具有三维空间的构筑要素,这些构筑物能在由地形、植物以及建筑物等共同构成的较大空间范围内,完成特殊的功能。园林构筑物在外部环境中一般具有坚硬性、稳定性,以及相对长久性。园林构筑物主要包括踏跺(台阶)、坡道、墙、栅栏以及公共休息设施。此外,阳台、顶棚或遮阳棚、平台以及小型建筑物等也属于园林构筑物,但在此不予讨论。从以上所列举的种种构筑物可以看出。园林构筑物属于小型"建筑"要素,它们具有不同特性和用途。

a. 台阶。台阶在景观中适用于两个区域之间的坡度变化,可以用各种不同的材料来建造,这样使它们在视觉上可以适应于任何场所。石头、砖块、混凝土、水材、枕木,甚至于经适当处理的碎石,只要边缘稳固,都可以作为台阶的材料。台阶除了适应坡度变化外,它们还能在景观中发挥其他的作用。

台阶还具有以暗示的方式,而不是实际有形封闭的方式,分割出外部空间的界限的作用;以及转换空间的作用,为相邻空间提供缓慢而明显的转变。

从美学的角度来看,台阶在风景园林景观中还有一些美学功能。其一,是台阶可以在道路的尽头充当焦点物或醒目的物体,引导和引人注目。其二,它们能在外部空间中构成醒目的地平线。这些线条由于具有水平特性,因而能有效地建立起稳定性,或重复变化线条形成抽象的形状,产生视觉的魅力。

在景观中,台阶还有一个潜在的用途。那就是作为正式的休息处,台阶的这一用途在那些繁华的公共行人区,或市区多用途空间中,而且休息场所如长椅又极其有限的情况下,尤其有效。

另外,人们喜欢观察他人的活动。因此,只要台阶设置得当,它就会成为观众的露天看台。

b. 坡道。坡道是使行人在地面上进行高度变化的第二种重要方法。坡道与台阶相比具有一重要的优点,那就是坡道面几乎容许各种行人自由穿行于景观中。在"无障碍"区域的设计中,坡道乃是必不可少的因素。

一般说来,坡道应尽可能地设置在主要活动路线上,使得行人不必离开坡道而能达到目的地。最后还应提到,坡道的位置和布局应尽早地在设计中决定,这是因为我们需将它与设计中的其他要素相互配合,否则坡道会显得格格不入。总之,坡道应在总体布局中成为非常协调的要素。将坡道与台阶结合起来乃是一种创新的设计方法。这种方法在温哥华罗布森广场的实例中可以说明这一点。

c. 墙与栅栏。应用于外部环境中的另一种现场构筑形式便是墙体和栅栏。这两种形式都能在景观中构成坚硬的建筑垂直面,并且有许多作用和视觉功能。墙体一般是由石头、砖或水泥建造而成。它可以分为两类,独立墙和挡土墙。独立墙是单独存在,与其他要素几乎毫无联系,而作为挡土墙来说,是在斜坡或一堆土方的底部,抵挡泥土的崩散。这两种墙在景观中的各种功能,在下面将讨论。栅栏可以由木材或金属材料构成,栅栏比墙薄而轻。不论是墙还是栅栏都有不同作用。

独立式墙体和栅栏可以在垂直面上制约和封闭空间。至于说它们对空间的制约和封闭程度,取决于它们的高度、材料和其他。也就是说,墙体和栅栏越坚实、越高,则空间封闭感越强烈。

屏障视线:限制空间的墙体和栅栏也能对出入于空间的视线产生影响。一方面,我们可以使用墙和栅栏将视线加以完全封闭;另一方面,也可以不同程度的封闭或不封闭。由此可见,墙和栅栏的设计和布局取决于所需要的效果。

分隔功能:与其构成空间和屏障视线作用密切相关的另一作用,是墙和栅栏能将相邻的空间彼此隔离开。

d. 座椅。座椅、长凳、墙体、草坪或其他可供人休息就座的设施,是园林构成的另一要素。它们可以直接影响室外空间游人的舒适和愉快感。室外座位的主要目的是提供一个干净又稳固的地方供人就座。此外,座位也提供人或人们休息、等候、谈天、观赏、看书或用餐的场所。

从观赏和美学观点来看,座椅设施应该成为经过周密思考的总设计中不可分割的要素。也就是说,座椅设施的设计、位置以及布置形式与其他要素一道,应受到与其他因素一样的重视。座椅设施必须与其他要素和形状相互协调,这样才能与之融为一体。例如,有曲线的座椅就应安放于曲线的环境设计中,有折角的座椅就应安放在转角处。当然,这样的设计方式造价较高,这是因为它们需要根据现场的特定要求而特制座椅。为了使座椅设施与其他设计因素组合起来,最好是将座椅设施做成环绕此空间的矮墙。

景观中的座椅可用多种材料建造。因为木质比较暖和、轻便,并且来源容易。石头、砖以及水泥也用于座面材料,不过暴晒后座面会烫人,难以就座。而在冬季又冷冰冰,令人难以忍受。再则,如果石头、砖及水泥铺砌不当,座面在雨后就不能及时干燥。以上所述材料均可以多种形式为所需要的设计内容和特性服务。

台阶、坡道、墙、栅栏以及座椅等要素,均能增加室外环境的空间特性和价值。在较大的、较显著的要素如地形、植物和建筑的关系对比上,园林构筑物可算是规模较小的设计要素。它们主要被用以增加和完善室外环境中细节处理方面。台阶和坡道便于两个不同高度面的运动,墙体和栅栏则为分割空间和空间结构提供方便。而座椅则为游人休息和观赏提供方便,从而使室外空间更人性化,对景观设施明智的使用,会使景观更具吸引力,更易满足人们的需求。

④水。水的特性是其本身的形体和变化依赖于外在因素。这就是说,风景园林师首先要决定水在设计中对景观空间的功能作用,其次再分析以什么形式和手法才适合这种功能。故在设计时,应首先研究容体的大小、高度和容体底部的坡度。还有些不能加以控制的因素,如阳光、风和温度,它们都能影响水体的观赏效果。平静的水在室外环境中能起到倒影景物的作用,一平如镜的水使环境产生安宁和沉静感,流动的水则表现环境的活泼和充满生机感,而喷泉犹如一惊叹号,强调着景观焦点。运用水的这些特性,能使风景园林景观增加活力与乐趣。

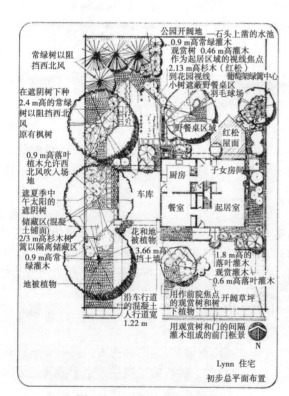

图5.63　初步总平面布置图

2)方案的调整与深入的案例介绍

(1)方案的调整　在了解了方案的构思及设计要素的运用后,需进行方案调整。方案调整最好重叠在形式构图研究图的上面进行,在描图纸上反复进行可行性的研究和推敲,直到设计者认为设计问题得到满意解决为止。在方案调整以前的步骤中所形成的初步想法,到此时会有所改变,这是完全可能的。这是因为有了新的构思,或者设计者感到个别组成部分,或组成部分相互之间在形式构图方面存在某种不协调的缘故。方案调整完成时,设计者应再次检查是否达到设计意图。其次是应与使用单位一道再次复核所提资料数据是否满足要求;也可给使用单位看设计图,征求他们的审查意见,如果顺利的话,使用单位就同意设计方案。有时,使用单位会提出少量修改意见和要求,这时,设计者必须对方案再作进一步的考虑和修改,甚至补充。修改工作量的大小,要视意见的多少和设计的复杂程度而定,有时,设计者仅对使用单位作方案的说明,而不再进行修改。

方案调整时的图纸如图 5.63 所示。它应包括:

①所有组成部分和区域所采用的材料(建筑的、植物的),包括它们的色彩、质地和图案(如铺地材料所形成的图案)。

②各个组成部分所栽种的植物,要绘出它们成熟期的图像(如乔木、灌木、地被植物等),这样,就要考虑和研究植物的尺寸、形态、色彩、肌理。

③三度空间设计的质量和效果,如树冠群、棚架、高格架、篱笆、围墙和土丘等组成部分的适宜位置、高度和形式。也就是说,所有设计组成部分彼此间的相对高度应加以考虑。

④室外设施如椅凳、盆景、塑像、水景、饰石等组成部的尺度、外观和配置。

(2)方案的深入　方案的深入是对调整方案的精细加工,如图 5.64 所示。在这一步骤中,设计者要把从使用单位那里得到的对初步方案的反映,再重新加以研究、加工、补充完善,或对方案的某些部分进行修改。由于这一变化,设计者要重新绘制修改后的、经得起推敲的正式总平面图。初步方案图与总平面图之间的主要区别之一是,除对设计进行必要的修改之外,就是图示的格式不同。初步方案的绘制较为粗略,采用清楚的草图格式,而总平面图是按更为正式的标准绘图,不是全部徒手画,而是在总平面的某些部分(如基地界线、住宅建筑及其附近的边界线等),采用三角板、丁字尺画轮廓,其他组成部分(如植物等)仍然采用徒手画成。通常,绘制正式总平面图较之绘制初步总平面布置所花费的时间多。由于绘制总平面图要求更多的时间,很多设计者选择与初步总平面布置图相似的作图格式来绘制总平面图,以节约时间和精力。

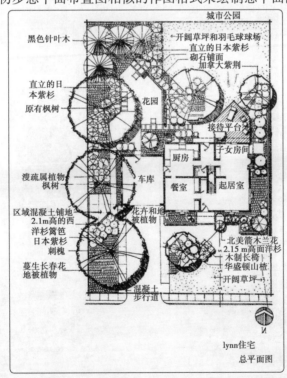

图 5.64　总平面图

(3)方案的对比　对于同样的场地条件,在合理解决地块基础分析、场地功能要求、场地建设现状等条件下,根据设计者的构思、反映的风格、业主的需求等,可以形成不同的设计方案,用以对比,找出最优化的场地使用模式。图 5.65—图 5.69 反映出在基本相近的用地条件下,形成了风格各异的园林方案。学习这些构图,理解其反映的主要思路,体会所带来的不同空间气氛。

直线式:
直线式设计途径在方格中全部采用垂直线和水平线

网格/关键符号

特点:
显著　容易制作　直接　有力
快速　逻辑性强　坚固　明确
有序　容易预测　呆板　静态
基本方式缺乏创造力

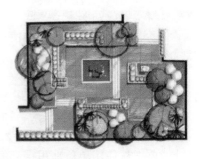

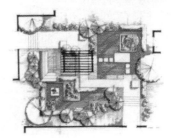

图5.65　直线条构图

45°直线式:
45°直线式设计途径在网格里除了应用水平线和垂直线之外,还应用了45°斜线,因此而得名

网格/关键符号

特点:
动态　活跃　让人兴奋　突出
强烈　锯齿状　坚固　富有精力
多变　有张力　快速　富有连接效果

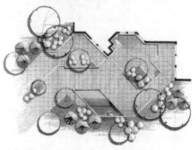

图5.66　斜线条构图

辐射式：
辐射式设计途径以某点为中心，在辐射状网格上以辐射分布许多圆圈，圆弧和向各个方向辐射的直线

网格/关键符号

特点：
强烈 螺旋形 突出 神秘
激发人的兴趣 向外扩张 华丽 中心突出
方向感强 具有进取性 吸引人 迷宫般
具有发展的趋势 坚固

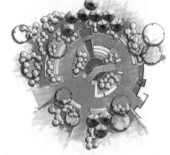

图 5.67 辐射线条构图

曲线式：
曲线式的方格中只有曲线的组合，没有任何直线

网格/关键符号

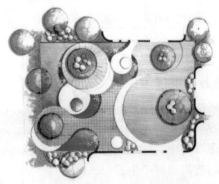

特点：
流畅 流动 愉悦感观 反传统
柔和 美丽 平静 随意
起伏 有机 亲近感 连续
激发人的兴趣 脱俗 放松 令人愉悦
优美 精致

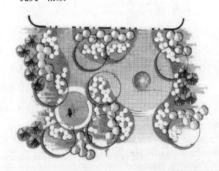

图 5.68 圆弧曲线构图

不规则方式：
不规则的设计途径在方格
上包含垂直线、水平线、
45°直线以及其他多个方
向的直线

网格/关键符号

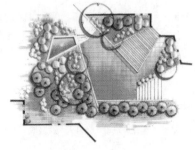

特点：
不对称　令人兴奋　流动感　复杂
激发人的兴趣　种类多样　波动感　动态
多变　活跃　不规则　独特
反传统　出人意料　不确定　令人好奇

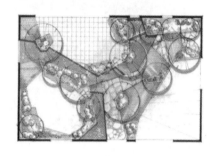

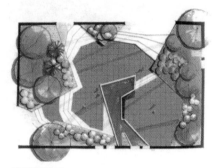

图 5.69　折线条不规则构图

5.3.4　方案设计的表现

　　方案设计的表现是方案设计的一个重要环节，方案表现是否充分，是否美观得体，不仅关系到方案设计的形象效果，而且会影响到方案的社会认可。依据目的性的不同，方案表现可以划分为设计推敲性表现与展示性表现两种。

1）设计推敲性表现

　　推敲性表现是设计师为自己所表现的，它是设计师在各阶段构思过程中所进行的主要外在新工作，是设计师形象思维活动最直接的记录与展现。它的作用体现在两个方面：其一，在设计师的构思过程中，推敲性表现可以以具体的空间布局与空间形态强化形象思维，从而诱导更为丰富生动的构思的产生；其二，推敲性表现的具体成果为设计师分析、判断、抉择方案构思确立了具体对象与依据。推敲性表现在实际操作中有以下几种形式：

　　（1）草图表现　草图表现是一种传统的但也是被实践证明行之有效的推敲性表现方法，它的特点是迅速、简捷、便于修改。方案的整体关系、布局关系、细节深入都可以运用草图来推敲，尤其适宜于对细节深入的推敲处理。草图一般在草图纸上描绘，草图纸透明而柔韧，便于拼贴修整。

　　草图具有多次性的特点。有一草、二草或三草，最终方案以正式草图定稿，每次草图都是改进与深化的过程。

　　草图表现的不足在于它对徒手表现技巧有较高的要求，从而决定了它有流于失真的可能，并且每次只能表现一个角度，在一定程度上制约了它的表现力。

　　（2）草模表现　草模是三维空间的效果，与草图表现相比较，草模表现显得更为真实、直观而具体，可以宏观地观察整体布局，准确地把握各种空间形态之间的关系，调整变动都极为方便，且草模不需要细致的表现，着眼于构思的推敲。

草模表现的缺点是观察角度有局限性,基本是俯视状态。另外由于具体操作技术的限制,细部的表现有一定难度。

(3)计算机模型表现　近几年来随着计算机技术的发展,计算机模型表现为推敲性表现增添了一种新的手段。计算机模型表现兼顾了草图表现和草模表现两者的优点,在很大程度上弥补了它们的缺点。例如它既可以像草图表现那样进行深入的细部刻画,又能使其表现做到直观具体而不失真;它既可以全方位表现空间造型的整体关系与环境关系,又能有效地杜绝模型比例大小的制约等。

计算机模型表现的主要缺点是其必需的硬件设备要求较高,操作技术也有相当的难度,对低年级学生不太现实。

(4)综合表现　所谓综合表现是指在设计构思过程中,依据不同阶段、不同对象、不同要求,灵活运用各种表现方式,以达到提高方案设计质量之目的。例如在方案初始的研究布局阶段采用草模表现,以发挥其整体关系、环境关系表现的优势;而在方案深入阶段采用草图表现,以发挥其深入刻画之特点,等等。

2)展示性表现

展示性表现是指设计师针对阶段性的讨论,尤其是最终成果汇报所进行的方案设计表现。要求形态完整、准确,图面生动、美观,以保障把方案所具有的立意构思等充分展现出来,从而最大限度地赢得评审者的认可。因此,对于展示性表现尤其是最终成果表现除了在时间分配上应予以充分保证外,还应注意以下几点:

(1)绘制纸质正式图前的工作　绘制纸质正式图前应完成全部的设计工作,并将各图形绘制出正式底稿,包括图题、图标、标注文字的定位,立面图中包括配景的树木、人与汽车等,在绘制正式图时不再改动,以保证将全部精力放在提高图纸的质量上。应避免在设计内容尚未完成时即匆匆绘制正式图,因为图面的不确定性会导致更多的偏差与错误,铅笔线的反复涂改会弄脏图面。如果需要勾描墨线,也会影响墨线的质量,且一旦已经勾描了墨线,则难以改动。

(2)注意选择合适的表现方法　图纸的表现可以选择多种表现方法,如运用铅笔、墨笔、彩色勾线等,另外还可在黑卡纸上描白线。着色则可运用水墨渲染、水彩渲染、彩色铅笔、马克笔以及水粉色等。整个图面还可以采用拼贴的方法。墨线的图纸最为普遍,因为墨线清晰、肯定,与纸面黑白对比分明;采用水彩渲染着色利用其透明性能与相互衬托,效果最好。

最初设计时,由于表现能力的制约,应采用一些相对比较基本的或简单的画法,如用铅笔或钢笔线条,平涂颜色,然后将局部加深;也可将透视图单独用颜色表现。总之,表现方法的提高也应按循序渐进的原则,先掌握比较容易和基本的画法,以后再去掌握复杂的和难度大的画法。

(3)注意图面构图　正式底稿一经确定,便要着手正式方案设计图的绘制。所有图面要表现的内容必须经过构图设计以达到较为完美的组合。内容非常丰富的方案设计则更应注意构图的一些基本要求,注意图面的疏密安排、图纸中各图形的位置均衡、图面主色调的选择以及标题、注字的位置和协调,使阅览图面顺序清楚,易于辨认,美观悦目。

(4)计算机表现　除了纸质的方案表现外,随着计算机科技的发展,越来越多的设计方案采用软件绘画进行数字表现。同纸质的方案表现一样,数字绘图也要遵从基本的构图、色彩等审美原则。运用于园林景观设计专业表现的常用软件包括绘制平面线稿和工程图的 AutoCAD(天正建筑);用于建模的 3ds Max、SketchUp、Luminous、Rhino 等;用于平面、效果表现以及排版用的 Photoshop、In Design、Ai。其中常将 Vary(渲染插件)结合 SketchUp、Rhino 等对模型进行渲染出图。另外 grasshopper 插件结合 Rhino 的建模发展迅速,其对数字化、精确化、科学化出图非常有帮助。希望同学们能精通这几款基本的表现软件,定能对项目的表现有所帮助。

复习思考题

　　1.风景园林设计的内容包括哪些?
　　2.风景园林空间认知过程需要的几种活动是什么?
　　3.风景园林设计程序包括哪些步骤?

实训1　小型场地测绘练习

　　例图:

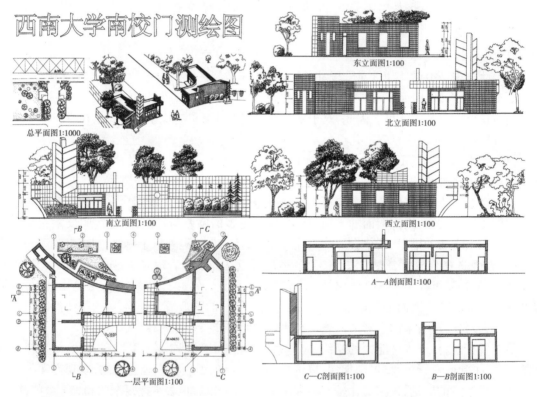

西南大学南校门测绘图

1. 实训目的

1)重点

　　掌握场地测绘技术,园林方案规范表达。

2)教材关联章节

　　绘图前结合教材"5.1　认识风景园林设计""5.2　风景园林空间认知"内容讲解。

3)目的

　　(1)通过测绘,熟悉测量步骤,能对实际选择的场地进行较准确、较快、有用的测量。
　　(2)用测量之后的数据,以及测量时对场地的了解,绘制平面图、立面图、剖面图。

2. 材料器材

铅笔、钢笔、橡皮擦、直尺、三角板、圆规、记录本、速写本、图板、A3 绘图纸、皮尺、测量仪、标杆等。

3. 实训内容

(1)学习测量工具的使用知识及注意事项。

(2)学习现场测绘的步骤,了解绘图要求等。

(3)学习平面图、立面图、剖面图的画法、要求。

4. 实训步骤

(1)课前准备:阅读课本、准备材料,并提前通知学生着装要求。

(2)现场教学:现场讲解、现场测量、现场记录、现场绘图。

(3)课后作业:整理资料、完成绘图。

(4)课堂交流:学习测绘后的心得体会(展示作品交流)。

5. 实训要求

(1)测量实习分小组进行,每个小组由组长负责,小组成员要团结合作,共同完成实训项目。

(2)实习课是正常的教学环节,上课不得迟到、早退,更不允许旷课。实习应在指定的时间和地点进行,不得擅自离开实习场所。

(3)实习时,必须在指导教师讲解完后,同学们才能按正确的操作程序进行,有问题及时向指导教师请教。

(4)必须爱护测量仪器和工具,在教师指导下进行操作使用,不得损坏仪器和工具。

(5)实习过程中不可打闹嬉戏,爱护环境,不得破坏公共设施。

6. 注意事项

1)仪器和工具

(1)携带仪器时,应确保仪器箱扣紧、锁好。

(2)应将仪器箱放置平稳再开箱,严禁托在手上或抱在怀里开箱,以免仪器坠落摔坏,取仪器前记住仪器在箱中的摆放位置,避免再装箱时位置放错,盖不上盖。

(3)从箱内取仪器时,应先放松制动螺旋,然后一手扶住基座部分,一手握住照准部支架,轻拿轻放,不能只用一手抓取仪器。把仪器放在三脚架上,保持一手握住仪器,一手拧连接螺旋,确保连接牢固。仪器上架后应关上仪器箱盖。严禁在仪器箱上坐人。

(4)若清洁望远镜透镜表面,应先用软毛刷轻轻拂去污物,再用镜头纸擦拭。

(5)不要将仪器直接对准阳光,以免损伤眼睛和仪器内部元件。

(6)在仪器操作过程中,各制动螺旋勿拧过紧,微动螺旋和脚螺旋勿旋到尽头,以免损伤螺纹。要想使用微动螺旋时,应先固定制动螺旋。操作仪器时,动作要准确,轻捷,用力要均匀。

(7)观测过程中,仪器旁必须有人保护仪器,不许闲杂人员操作仪器。

(8)尽量不在烈日下或小雨雪天气观测,如在这样的条件下观测必须撑伞保护仪器。如果仪器受潮必须先让其风干后才能放进箱中。

(9)电子仪器更换电池时,应关闭电源,装箱之前也必须关闭电源。

(10)仪器装箱时,应松开制动螺旋,装入仪器箱后先试关一次,在确认位置正确后,再拧紧各制动螺旋,以免仪器在箱中晃动受损,最后关箱上锁。

(11)仪器迁站时,如距离远或通过行走不便的地区时,必须将仪器装箱后再迁站。如距离较近且地面平坦时,可将仪器连同三脚架一起搬迁,必须将连接螺旋拧紧,一手握住仪器,另一手抱拢脚架竖直地搬移,严禁将仪器斜扛肩上,以防损坏仪器。罗盘仪迁站时应将磁针固定,使用时再松开。

(12)使用测距仪或全站仪瞄准反射棱镜进行观测时,应尽量避免在视场内存在其他反射面如交通信号灯、猫眼反射器和玻璃镜等。

(13)使用钢尺时,要防止行人踩踏或车辆碾压,防止扭曲、打折,防止折断钢尺。携尺前进时,不得沿地面拖拉,用完应擦净钢尺并涂油防锈。

(14)皮尺应防潮湿,一旦受水浸,应晾干后再卷入皮尺盒内,收卷尺时切忌扭转卷入。

(15)水准尺和花杆应由立尺员扶直,防止摔坏,不得用水准尺或花杆抬东西,不得坐人,更不能用来玩耍。

(16)仪器工具若发生故障,应及时向老师汇报,不得自行处理。

2)外业测量记录与计算

(1)观测记录必须直接填写在规定的表格内或实习报告簿中,不得用其他纸张记录再行转抄。

(2)字体力求工整清晰,字高稍大于格子的一半,一旦记录中出现错误,便可在留出的空隙处对错误的数字进行更正。更正时,不准用橡皮擦擦去错误数字,不准在原数字上涂改,应将错误的数字划去并把正确的数字记在原数上方。

(3)观测者读数后,记录者应立即回报读数,经确认后再记录,以防听错、记错。

(4)记录数据时,不能省略有效零位,如水准尺读数1.400,度盘读数中0°00′00″中的"0"均应填写。

(5)一些简单的计算与必要的检核应在测量现场及时完成,精度符合要求后方可迁站。否则应重测。

(6)实习结束后,每人或每组上交一份实习报告和测绘图纸作为实训成绩。

7. 实训作业

完成一份场地现状测绘作品(平面图、立面图、剖面图)和一份实训报告(300字左右)。

要求:测量时严格按照场地的现状测量,数据要准确,最终完成的绘图要符合作图规范。实训报告要求写出自己的实际感受和有用的经验总结。

评分:总分(100分)=最终场地测绘图纸(70分)+实训表现(20分)+实训报告(10分)。

8. 教学组织

1)老师要求

指导老师1名,辅导老师1名。

2)指导老师要求

(1)讲解学习的目的及要求。

(2)强调学习时注意事项和测量工具使用。

（3）全面组织现场教学及考评。

（4）现场随时回答学生的各种问题。

3）辅导老师要求

（1）准备测绘需要的材料、用具。

（2）通知学生带必需的学习用具，提前告知课程安排。

（3）安排实训场地，需外出时要安排车辆，负责学生、老师的安全。

（4）现场随时回答学生的各种问题。

4）学生分组

4人1组，以组为单位进行各项活动，每人都要参加测量，最终独自完成绘图。

5）实训过程

师生实训前各项准备工作→教师现场讲解答疑、学生现场提问记录、测量→资料整理、完成场地现状的平面图、立面图、剖面图的绘制→全班课堂交流、教师点评总结。

9. 说明

测绘工作因场地的不同，难度和耗时都有所不同；也较平时的绘图复杂得多，如遇下雨，场地湿滑，甚至无法进行测量，或者场地形状复杂、不规则等状况也较多，都无法避免。但测量数据不准确、不全等是可以避免的，需要同学们团结合作、互帮互助来完成。

实训2 小型场地设计练习

例图：

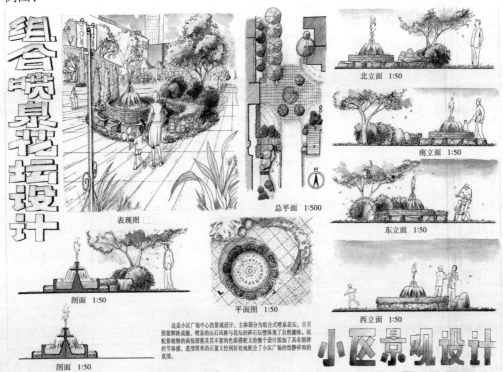

北立面 1:50

南立面 1:50

东立面 1:50

西立面 1:50

表现图

总平面 1:500

剖面 1:50

平面图 1:50

剖面 1:50

这是小区广场中心的景观设计，主体部分为组合式喷泉花坛，日月图案辉映成趣。喷泉的山石风格与花坛的碎石坛壁体现了自然趣味。而配景植物的高低错落及其丰富的色彩搭配又给整个设计添加了具有韵律的节奏感，造型简单的石蛋又恰到好处地配合了小区广场的怡静祥和的氛围。

小区景观设计

1. 实训目的

1)重点

掌握小场地设计方法及过程,园林方案规范表达。

2)教材关联章节

绘图前结合教材"5.1　认识风景园林设计""5.3　风景园林方案设计方法"内容讲解。

3)目的

(1)通过练习,熟悉园林设计的基本步骤,并了解园林设计的特点与要求。

(2)掌握园林景观设计表现,画出平面图、立面图、剖面图。

2. 材料器材

铅笔、钢笔、直尺、三角板、圆规、记录本、速写本、A3 绘图纸、皮尺或测量仪、标杆等。

3. 实训内容

(1)学习测量工具的使用知识及注意事项。

(2)学习现场测绘的步骤,了解设计现场环境的特点以及对设计的要求。

(3)掌握园林设计方案构思与选择、调整与深入、方案与表现这一园林设计的基本步骤。

4. 实训步骤

(1)课前准备:阅读课本、准备材料,选择具有一处代表性的、面积适中的空地,或者现有的园林空间进行设计或改造。

(2)现场教学:老师进行现场讲解,引导学生对场地土壤、地形、交通、光照、朝向等一系列环境进行分析,并布置设计功能、布局、风格、图纸数量、图幅大小、设计表现等要求。

(3)课后作业:整理资料、完成设计图。

(4)课堂交流:场地设计的心得体会(制作课件与作品展示)。

5. 实训要求

(1)认真听老师讲解,细心观察。

(2)记录重要的概念、注意事项和最终要求。

(3)认真测量、记录需要的数据。

(4)注意按要求、规范的使用测量工具。

(5)测量的数据要准确,注意长度单位的换算。

(6)注意保持场地卫生。

6. 实训作业

完成一份场地设计作品(平面图、立面图、剖面图)并制作课件进行交流。

要求:测量时严格按照场地的现状测量,数据要准确,并合作完成符合制图规范、功能布局合理、设计合理美观的设计图,有自己独特的想法和风格最好。

评分:总分(100 分)=最终设计图纸(80 分)+ 实训表现(10 分)+语言表达及课件制作

（10 分）。

7. 教学组织

1）老师要求

指导老师 1 名，辅导老师 1 名。

2）指导老师要求

(1) 讲解学习的目的及要求。
(2) 强调学习时注意事项。
(3) 全面组织现场教学及考评。
(4) 现场随时回答学生的各种问题。

3）辅导老师要求

(1) 准备测绘需要的材料、用具。
(2) 通知学生带必需的学习用具、提前告知课程安排。
(3) 安排实训场地，需外出时要安排车辆，负责学生老师的安全。
(4) 现场随时回答学生的各种问题。

4）学生分组

4 人 1 组，以组为单位进行各项活动，每人都要参加测量及设计工作，最终合作完成设计图纸的绘画。

5）实训过程

师生实训前各项准备工作→教师现场讲解答疑、学生现场提问记录、测量→资料整理、完成场地设计图→全班课堂交流、教师点评总结。

8. 说明

本次实训从广度上介绍了风景园林设计程序，从深度上通过对场地的调查与分析，了解场地的功能、活动状况以及场地中植物对人的影响等一系列因素，使学生能够对景观的性质空间和形式空间作出评价，在掌握了基本绘图方法，具备了多种表现技法与形象思维能力之后，引导学生进行简单的景观设计，了解与实践风景园林设计的基本过程。

主要参考文献

[1] 中国大百科全书编辑委员会. 中国大百科全书[M]. 北京:中国大百科全书出版社,1998.

[2] 周维权. 中国古典园林史[M]. 北京:清华大学出版社,2010.

[3] 田学哲. 建筑初步[M]. 北京:中国建筑工业出版社,2010.

[4] 谷康. 园林设计初步[M]. 南京:东南大学出版社,2010.

[5] 谷康. 园林制图与识图[M]. 南京:东南大学出版社,2010.

[6] 王晓俊. 风景园林设计[M]. 南京:江苏科技出版社,2000.

[7] 辛华泉. 形态构成学[M]. 杭州:中国美术出版社,1999.

[8] 吴家骅. 景观形态学[M]. 叶南,译. 北京:中国建筑工业出版社,1999.

[9] 张维妮. 景观设计初步[M]. 北京:气象出版社,2004.

[10] 田学哲,俞靖芝,郭逊,等. 形态构成解析[M]. 北京:中国建筑工业出版社,2004.

[11] 格兰特·W. 里德,美国风景园林设计师协会. 园林景观设计:从概念到形式[M]. 北京:中国建筑工业出版社,2010.

[12] 胡长龙. 园林规划设计[M]. 3 版. 北京:中国农业出版社,2010.

[13] 俞孔坚,李迪华. 景观设计:专业、学科与教育[M]. 北京:中国建筑工业出版社,2003.

[14] 刘学文. 现代环境空间设计基础[M]. 沈阳:辽宁美术出版社,2007.

[15] 贝尔托斯基. 园林设计初步:园林设计师书系[M]. 闫红伟,李俊英,王蕾,译. 北京:化学工业出版社,2006.

[16] 陈六汀,梁梅. 景观艺术设计[M]. 北京:中国纺织出版社,2004.

[17] 诺曼·K. 布思. 风景园林设计要素[M]. 曹礼昆,曹德鲲,译. 北京:中国林业出版社,2015.

[18] 彭一刚. 中国古典园林分析[M]. 北京:中国建筑工业出版社,1986.

[19] 安怀起. 中国园林史[M]. 上海:同济大学出版社,1991.

[20] 刘敦桢. 苏州古典园林[M]. 北京:中国建筑工业出版社,2005.

[21] 鲁愚力. 钢笔画与技法[M]. 哈尔滨:黑龙江科学技术出版社,2002.

[22] 赵春仙,周涛. 园林设计基础[M]. 北京:中国林业出版社,2006.

[23] 彭敏. 实用园林制图[M]. 广州:华南理工大学出版社,2001.

[24] 葛大伟. 园林制图[M]. 徐州:中国矿业大学出版社,2004.

[25] 王晓春. 园林制图与花园设计[M]. 北京:中国农业出版社,1999.

[26] 吴贵凉. 建筑钢笔画写生技法[M]. 成都:西南交通大学出版社,2005.

[27] 段大娟. 园林制图[M]. 北京:化学工业出版社,2012.

[28] 石宏义. 园林设计初步[M]. 北京:中国林业出版社,2006.

［29］刘敦帧.苏州古典园林［M］.北京:中国建筑工业出版社,2005.

［30］黄元庆,朱瑾.建筑风景钢笔画技法［M］.上海:东华大学出版社,2006.

［31］芦原义信.外部空间设计［M］.尹培桐,译.北京:中国建筑工业出版社,1985.

［32］孙祥林,史意勤.空间构成［M］.上海:学林出版社,2005.

［33］吴昊.环境艺术设计［M］.长沙:湖南美术出版社,2005.

［34］杨·盖尔.交往与空间［M］.何人可,译.北京:中国建筑工业出版社,1992.

［35］荀平,杨平林.景观设计创意［M］.北京:中国建筑工业出版社,2004.

［36］章俊华.规划设计学中的调查分析法与实践［M］.北京:中国建筑工业出版社,2004.

［37］凯文·林奇.城市的印象［M］.项秉仁,译.北京:中国建筑工业出版社,1990.

［38］周立军.建筑设计基础［M］.哈尔滨:哈尔滨工业大学出版社,2003.

［39］张建林.园林工程制图［M］.北京:科学技术文献出版社,2001.

［40］诺曼·克罗,保罗·拉塞奥.建筑师与设计师视觉笔记［M］.吴宇江,刘晓明,译.北京:中国建筑工业出版社,1994.

［41］吕琦.建筑与景观的设计表达［M］.北京:中国计划出版社,2005.

［42］李铮生.城市园林绿地规划与设计［M］.北京:中国建筑工业出版社,2006.

［43］李敏.城市绿地系统规划［M］.北京:中国建筑工业出版社,2008.

［44］马建武.园林绿地规划［M］.北京:中国建筑工业出版社,2007.

［45］王祥荣.国外城市绿地景观评析［M］.南京:东南大学出版社,2003.

［46］王向荣,林箐.西方现代景观设计的理论与实践［M］.北京:中国建筑工业出版社,2002.

［47］建筑设计资料集编委会.建筑设计资料集［M］.2版.北京:中国建筑工业出版社,1994.

［48］陈志华.外国造园艺术［M］.郑州:河南科学技术出版社,2001.

［49］郦芷若,朱建宁.西方园林［M］.郑州:河南科学技术出版社,2002.

［50］针之谷钟吉.西方造园变迁史:从伊甸园到天然公园［M］.北京:中国建筑工业出版社,2004.

［51］童寯.造园史纲［M］.北京:中国建筑工业出版社,1983.

［52］黄晖,王云云.园林制图［M］.重庆:重庆大学出版社,2019.

附图1 技法训练

(1)工具墨线练习示例

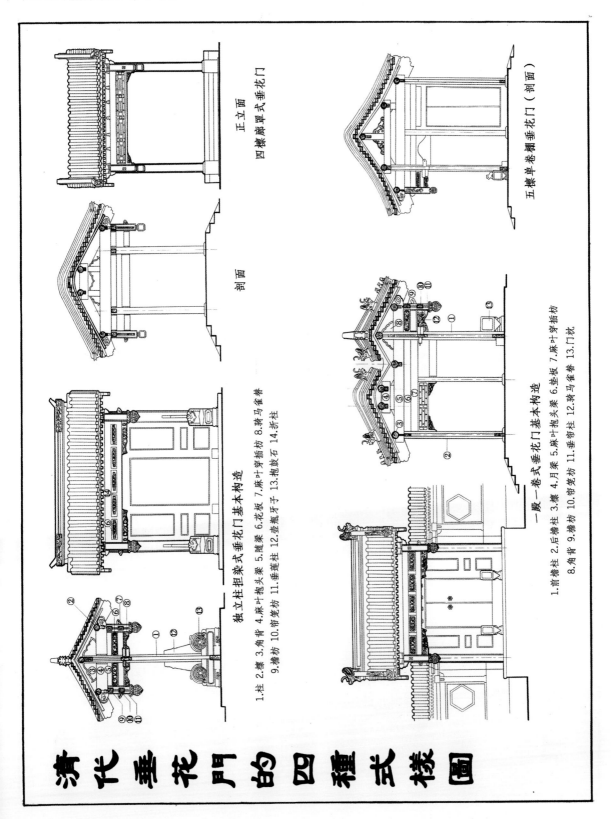

正立面

四檩廊罩式垂花门

剖面

独立柱担梁式垂花门基本构造

1.柱 2.檩 3.角背 4.麻叶抱头梁 5.随梁 6.花板 7.麻叶穿插枋 8.骑马雀替
9.檐枋 10.帘笼枋 11.垂莲柱 12.壶瓶牙子 13.抱鼓石 14.折柱

五檩单卷棚垂花门（剖面）

一殿一卷式垂花门基本构造

1.前檐柱 2.后檐柱 3.檩 4.月梁 5.麻叶抱头梁 6.垫板 7.麻叶穿插枋
8.角背 9.檐枋 10.帘笼枋 11.垂帘柱 12.骑马雀替 13.门枕

清代垂花门的四种式样图

251

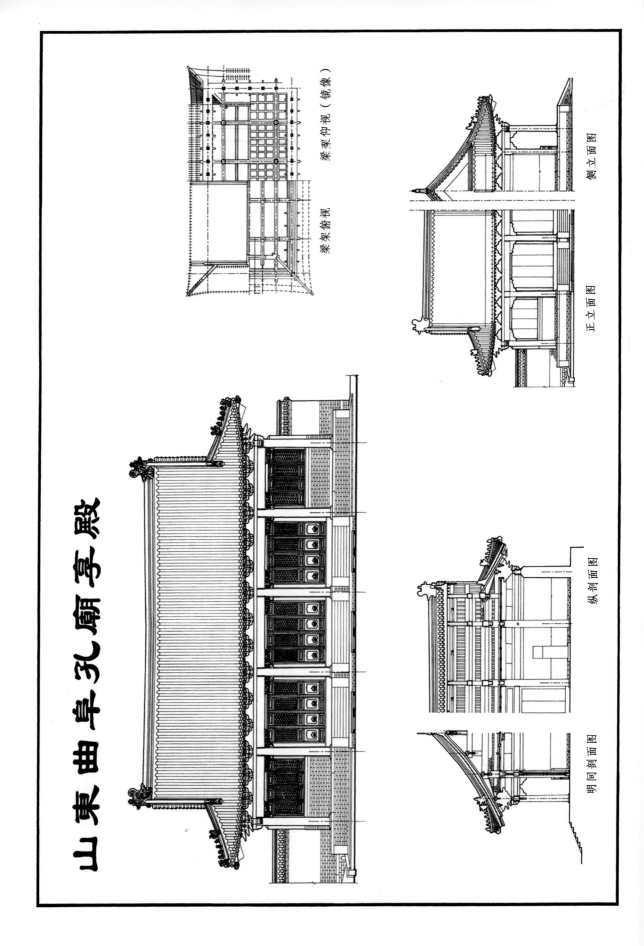

山東曲阜孔廟寢殿

梁架仰視（鏡像）

梁架俯視

側立面圖

正立面圖

縱剖面圖

明間剖面圖

(2) 钢笔徒手配景练习示例

徒手线条植物平面组合

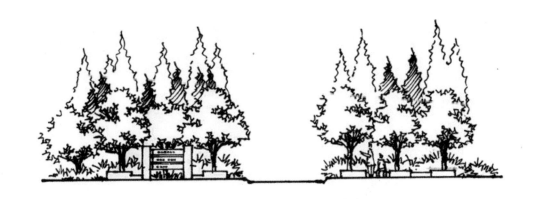

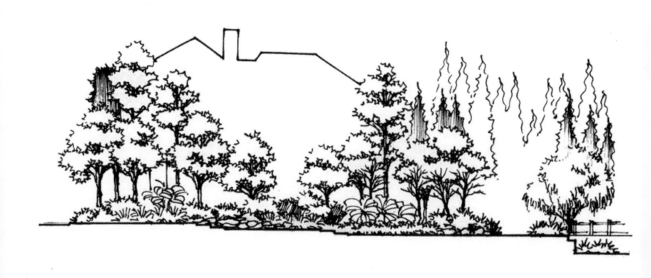

徒手线条植物立面组合

徒手线条小透视组合

徒手透视淡彩

（3）钢笔徒手淡彩效果示例

徒手透视淡彩

徒手剖面淡彩

（4）小庭院平面淡彩效果示例

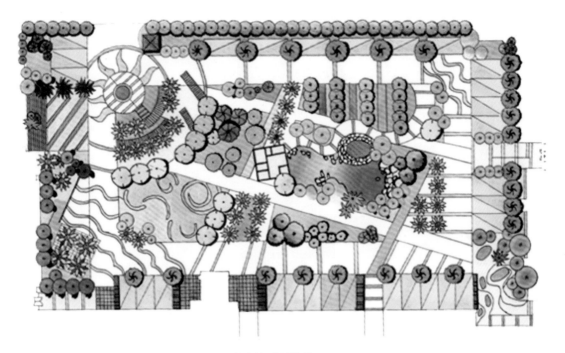

小庭院平面淡彩 1

小庭院平面淡彩 2

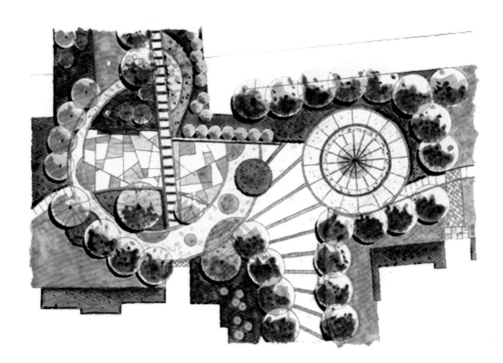

小庭院平面淡彩 3

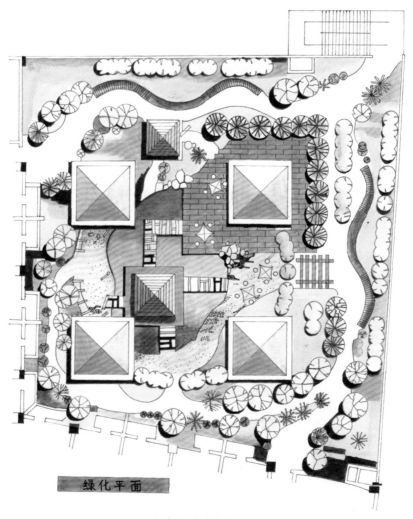

绿化平面

小庭院平面淡彩 4

（5）公园平面淡彩练习示例

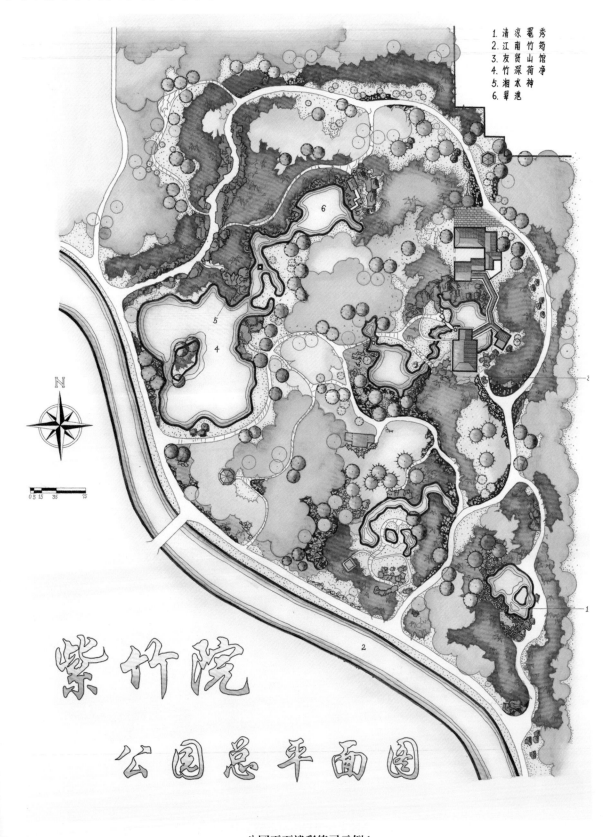

1. 清江竹山净
2. 凉南贤荷神
3. 江友竹深水池
4. 竹湘翠

公园平面淡彩练习示例1

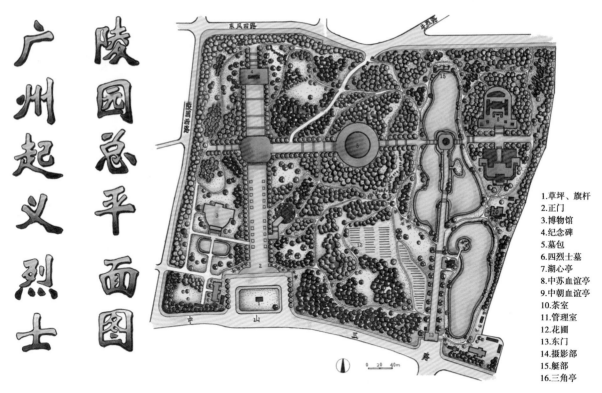

广州起义烈士陵园总平面图

1.草坪、旗杆
2.正门
3.博物馆
4.纪念碑
5.墓包
6.四烈士墓
7.湖心亭
8.中苏血谊亭
9.中朝血谊亭
10.茶室
11.管理室
12.花圃
13.东门
14.摄影部
15.艇部
16.三角亭

公园平面淡彩练习示例2

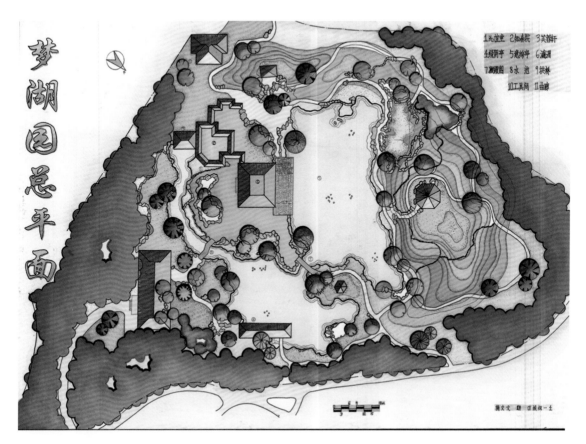

梦湖园总平面

公园平面淡彩练习示例3

（6）钢笔淡彩场景表现图练习示例

钢笔淡彩场景表现图练习示例1

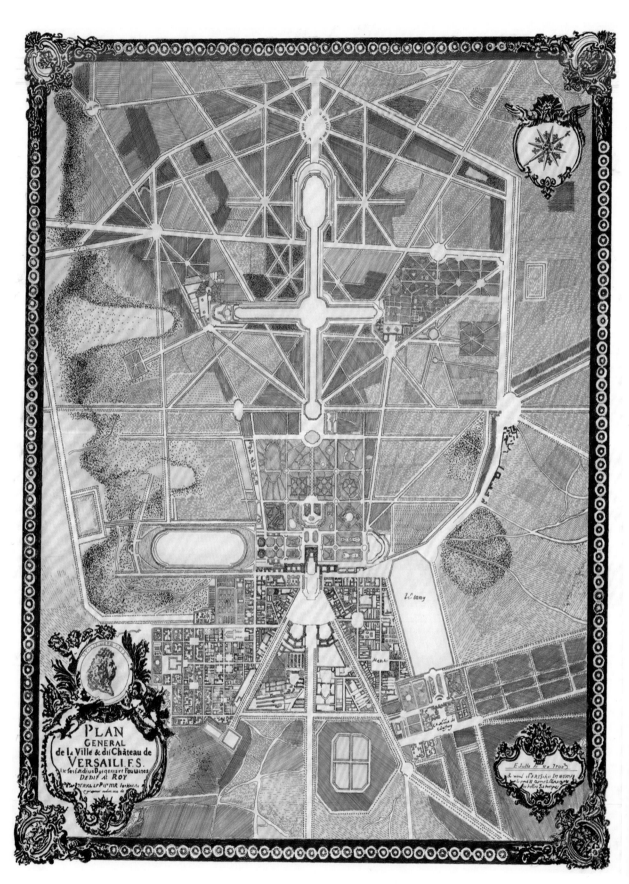

钢笔淡彩场景表现图练习示例2

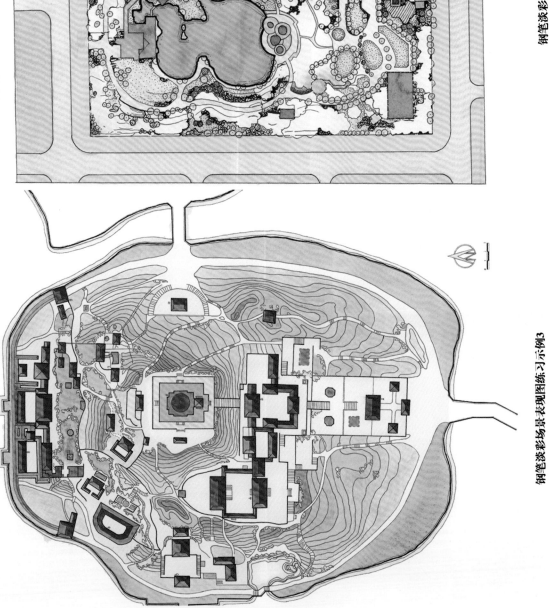

丽都公园总景平面图

鄂尔多斯市植物园平面图

钢笔淡彩场景表现图练习示例4

钢笔淡彩场景表现图练习示例3

钢笔淡彩场景表现图练习示例6

钢笔淡彩场景表现图练习示例5

颐和园照片改绘

钢笔淡彩场景表现图练习示例7

钢笔淡彩场景表现图练习示例8

（7）空地图案设计练习示例

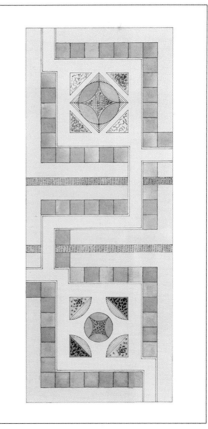

空地图案设计练习示例2

空地图案设计练习示例1

（8）小型场地测绘练习示例

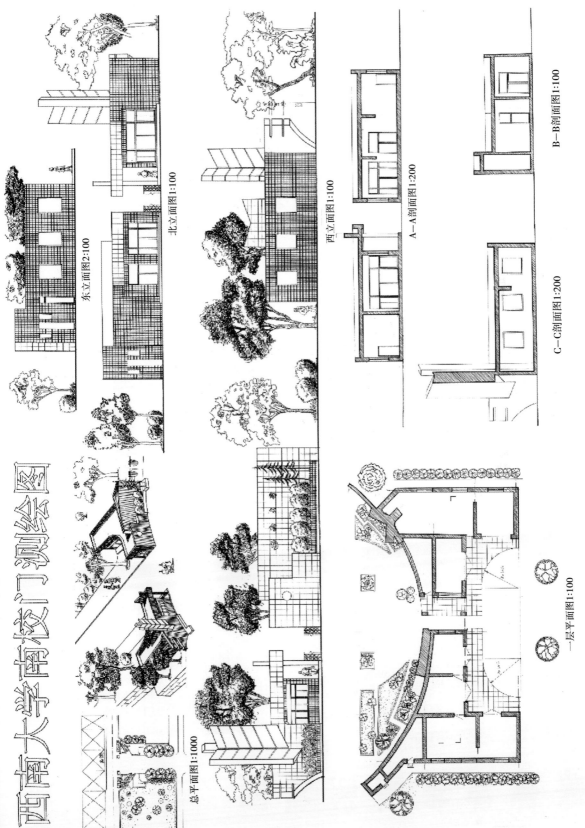

西南大学南校门测绘图

东立面图2:100

北立面图1:100

西立面图1:100

A—A剖面图1:200

C—C剖面图1:200

B—B剖面图1:100

总平面图1:1000

一层平面图1:100

小型场地测绘练习示例1

267

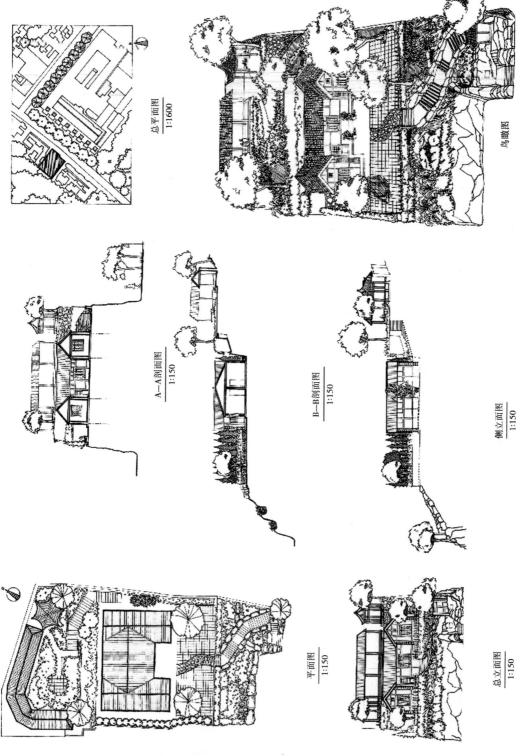

总平面图
1:1600

鸟瞰图

A—A剖面图
1:150

B—B剖面图
1:150

侧立面图
1:150

平面图
1:150

总立面图
1:150

小型场地测绘练习示例2

梁秋秋故居测绘图

（9）园林小型场地设计练习示例

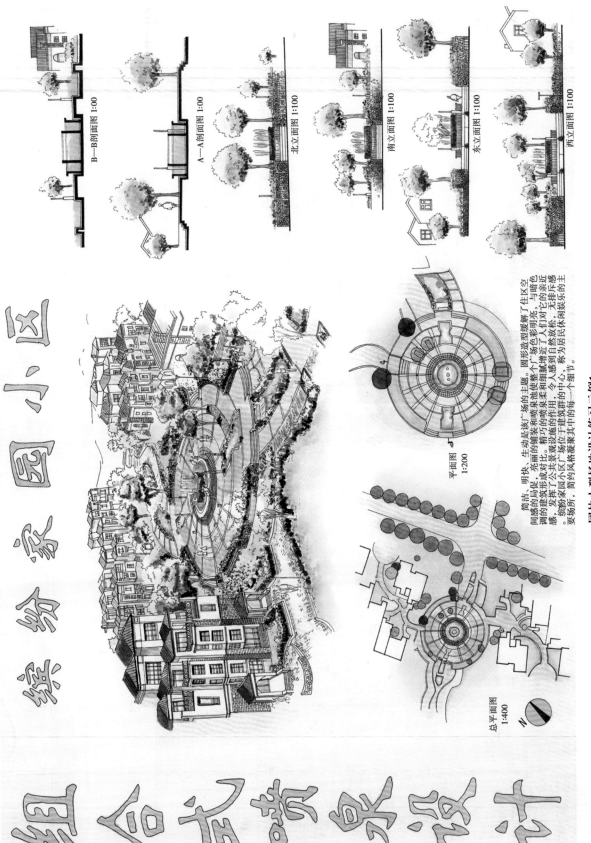

B—B剖面图 1:00

A—A剖面图 1:00

北立面图 1:100

南立面图 1:100

东立面图 1:100

西立面图 1:100

缤 纷 家 园 小 区

组 合 方 格 景 设 计

平面图 1:200

总平面图 1:400

简洁、明快、生动是该广场的主题。圆形造型缓解了住区空间感的局促，亮丽的喷泉池使整个广场色彩明亮，与暗色调的建筑形成对比。精巧的喷泉设施的作用，令人感到自然舒缓，无排斥感。发挥了公共景观设施的作用，令人感到自然放松。称为居民休闲娱乐的主要场所，简约风格就赛其中的每一个细节。选择家园小区广场位于建筑群的中心，成为居民休闲娱乐的主要场所，简约风格就赛其中的每一个细节。

园林小型场地设计练习示例1

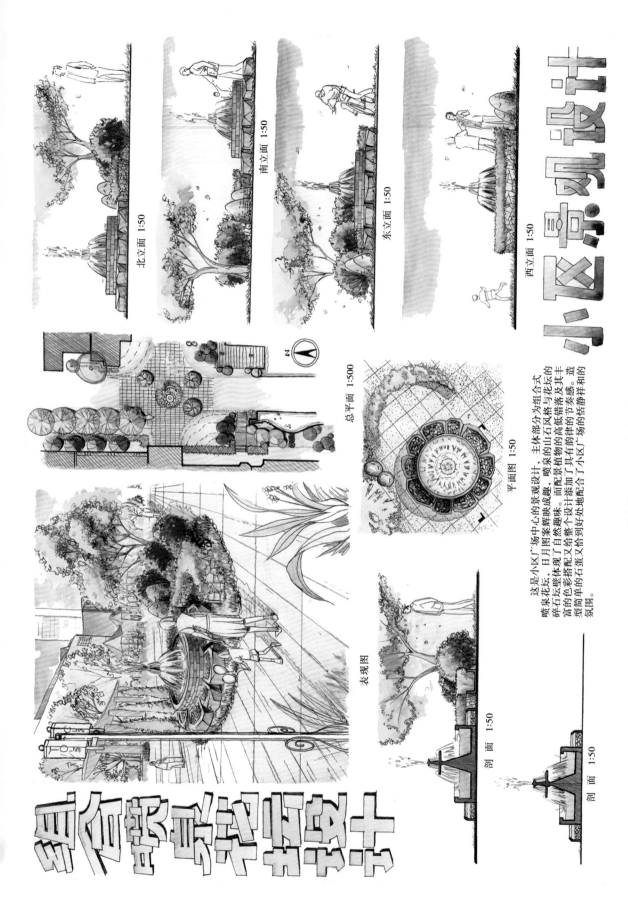

北立面 1:50

南立面 1:50

东立面 1:50

西立面 1:50

小区景观设计

总平面 1:500

平面图 1:50

表现图

剖面 1:50

剖面 1:50

组合式景观环境设计

这是小区广场中心的景观设计。主体部分为组合式喷泉花坛，日月图案体现了自然情趣。而配景植物的高低错落及其丰富的色彩搭配又给整个设计添加了小区广场的节奏感。造型简单的石蛋又恰到好处地配合了小区广场的恬静祥和的氛围。

喷泉花坛，主体部分为组合式喷泉花坛，喷泉的山石风格与花坛的碎石花坛壁恰成趣。而配景植物的高低错落及其丰富的色彩搭配又给整个设计添加了小区广场的节奏感。造型简单的石蛋又恰到好处地配合了小区广场的恬静祥和的氛围。

园林小型场地设计练习示例2

270

附图 2　形态构成设计基础（第 4 章彩图）

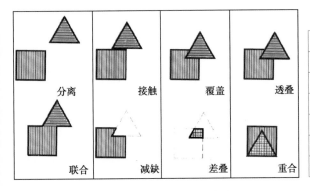

彩图 4.1　形与形的八种关系

（分离　接触　覆盖　透叠　联合　减缺　差叠　重合）

彩图 4.2　基本形的变化

	重 复			渐 变			近 似			对 比	
形　状	●	●	●	●	●	■	●	⬢	●	●	■
大　小	●	●	●	●	●	●	●		●	•	●
色　彩											
肌　理	〰	〰	〰	—	〰	〰	〰		〰	—	〰
位　置	●	●	●	●	●	●	●		●		●
方　向	↗	↗	↗	→		↘	↗		↑		→

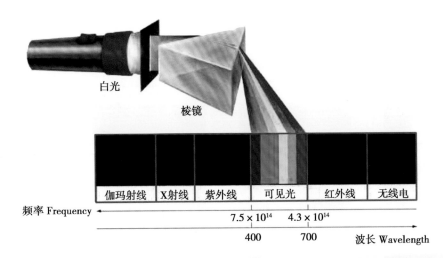

白光　棱镜

| 伽玛射线 | X射线 | 紫外线 | 可见光 | 红外线 | 无线电 |

频率 Frequency →

7.5×10^{14}　4.3×10^{14}

400　700　波长 Wavelength

彩图 4.3　可见光的分解与分布

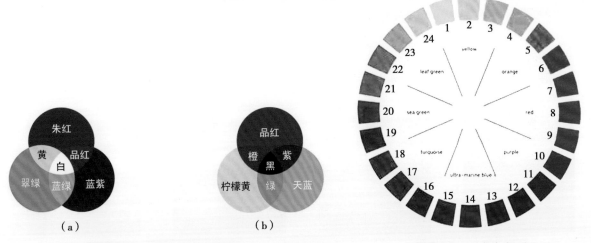

（a）　（b）

彩图 4.4　光和颜料的三原色

（a）光的三原色；（b）颜料三原色

彩图 4.5　24 色色相环

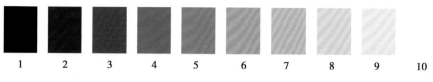

1   2   3   4   5   6   7   8   9   10

彩图 4.6　孟赛尔明度标尺

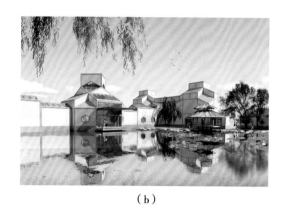

（a）　　　　　　　　　　　　　　　　（b）

彩图 4.7　高低彩度对比

（a）高彩度（云南红土地）；（b）低彩度（苏州博物馆）

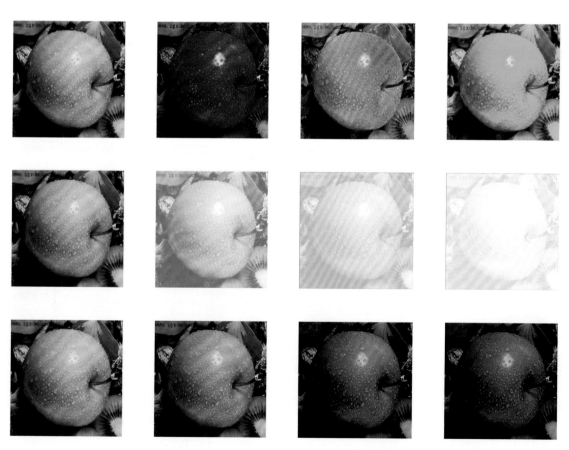

彩图 4.8　物体与环境色彩属性的相应变化

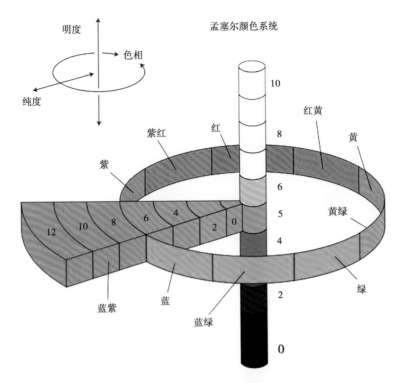

彩图4.9 孟赛尔色立体系统示意图

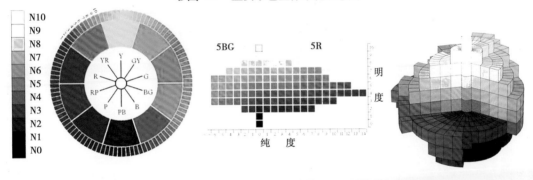

彩图4.10 孟赛尔色立体系统(明度尺、色相环、纵剖面阶梯表、色立体)

彩图4.11 色彩的冷暖对比

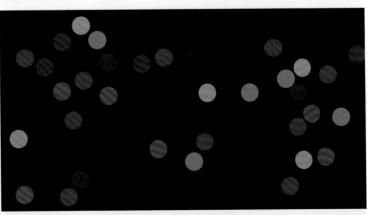

彩图4.12 色彩的进退现象

彩图4.13　园林景观色彩的季相变化

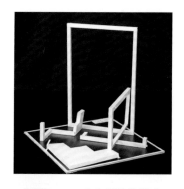
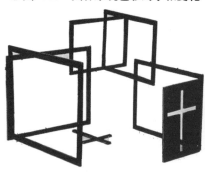

彩图4.14　直角折线的构成　　　　彩图4.15　直角折线和面的构成　　　　彩图4.16　各种弧度曲线的组合构成

彩图4.17　各种弧度曲线和　　　　彩图4.18　连续弧度曲线的组合构成　　　　彩图4.19　连续弧度曲线的
折线原理的组合构成　　　　　　　　　　　　　　　　　　　　　　　　　　　　和圆的组合构成

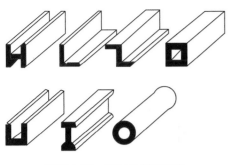

彩图 4.20 型材的断面形态

彩图 4.21 面得反转

彩图 4.22 由点聚集形成的面

彩图 4.23 虚形面的构成

彩图 4.24 面的体功能

彩图 4.25 对角对称的正负形

彩图 4.26 左右对称的正负形

彩图 4.27 矩形体块的复合形象

彩图 4.28 单元形体的点接触构成

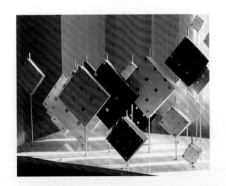

彩图 4.29 相似体的组合

彩图 4.30 体的异化处理（木）

彩图 4.31 体的异化处理（石）

彩图 4.32　点线面肥厚化构成的立体与空间

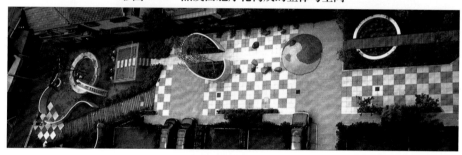

彩图 4.33　各种不用形态的体构筑的儿童活动空间

彩图 4.34　立方体的复合空间

彩图 4.35　三角锥与柱体的模糊空间

彩图 4.36　"构筑"雕塑造型

彩图 4.37　北京绿城御园前庭的花园布局

彩图4.38　外形统一而局部变化的非对称均衡

彩图4.39　相似性组合的非对称均衡造型

彩图4.40　借助风力动态造景的艺术小品

彩图4.41　风车造型在风景园林造景中的运用

彩图4.42　西安大唐芙蓉园的水车和水景造型

(a)

(b)

(c)

(b)

彩图4.43
(a)4个相同线造型在不同转速和静止时的状态;(b)16根同步转动的折线造型

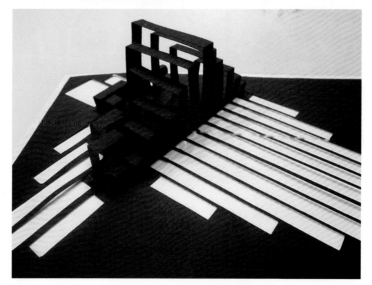

彩图 4.44　线状、面状集聚

彩图 4.45　北京奥林匹克公园下沉广场的草、木、石序列造景

彩图 4.46　北京奥林匹克公园火炬接力雕塑的着色铁丝和铁网造型

彩图 4.47　园林景观中的金属构件与石材的结合运用

彩图 4.48　现代景观与建筑小品中钢构与玻璃的序列造景

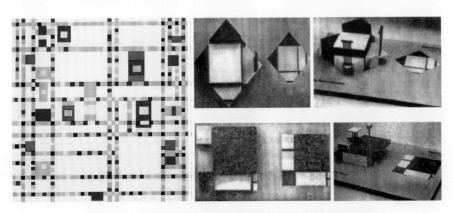

彩图 4.49　由蒙德里安的平面绘画构成的立体、空间形态

彩图4.50 平面标志赋予"高度"的立体化造型

彩图4.51 鸟的负形和正形

彩图4.52 标志的正形
与负形分离造型

彩图4.53 九根树枝的平面立体化过程

彩图4.54 "水往高处流"

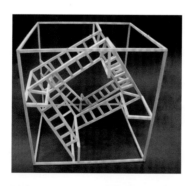

彩图4.55 正方形内部的矛盾空间

彩图4.56 下沉立体空间的模糊处理

彩图4.57 人形雕塑与座凳的暗示

彩图4.58 大树化为飞鸟

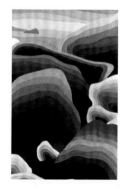

图4.59 山涧、山峦与云
彩的渐变与融合